Neil F. Comins
Der Schweif des Kometen

Neil F. Comins

Der Schweif des Kometen

Irrtümer und Legenden über das Universum

Aus dem Amerikanischen von Angelika Beck

Deutsche Verlags-Anstalt
Stuttgart München

Die Originalausgabe erschien 2001 unter dem Titel *Heavenly Errors. Misconceptions About the Real Nature of the Universe* bei Columbia University Press, New York, NY.

Die Deutsche Bibliothek - CIP-Einheitsaufnahme
Ein Titeldatensatz für diese Publikation ist
bei Der Deutschen Bibliothek erhältlich

Gestaltung und Satz: Brigitte Müller, Stuttgart
Einrichtung der Illustrationen für die deutsche Ausgabe:
Peter Palm, Berlin
Druck- und Bindearbeiten: Friedrich Pustet, Regensburg
Auf chlor- und säurefrei gebleichtem, alterungsbeständigem
Papier gedruckt.
Printed in Germany

ISBN 3-421-05610-2

Meinen Studenten gewidmet –
den ehemaligen, den gegenwärtigen
und den zukünftigen

Inhalt

Vorwort

Nur wenige Dinge in der Natur entsprechen unseren Erwartungen: Gegenstände unterschiedlichen Gewichts fallen mit gleicher Geschwindigkeit zu Boden; die Zeit verlangsamt sich, je schneller Sie sich bewegen; die Materie eines Baumes stammt zum größten Teil direkt aus der Luft. Die wissenschaftliche Erkenntnis offenbart, daß sich Raum, Zeit, Materie und Energie anders verhalten, als wir mit unserem gesunden Menschenverstand meinen. Wie ist das möglich?

Das menschliche Gehirn entwickelte sich, um uns überleben zu helfen, nicht, damit wir den Kosmos begreifen. Gewissermaßen als Nebenprodukt jener Evolution hat sich in uns aber ein Verstand ausgebildet, der verstehen möchte oder, besser gesagt, verstehen muß, wie die Natur um uns herum funktioniert. Zwar reicht dieses Verlangen bis in die graue Vorzeit zurück, doch erst seit ein paar Jahrhunderten bringen wir die notwendige intellektuelle Disziplin auf, um mit Hilfe der Wissenschaft die Kluft zu überbrücken, die sich zwischen dem, was zu geschehen scheint, und dem, was tatsächlich geschieht, auftut.

Während der letzten zehn Jahre habe ich die Unterschiede zwischen Schein und Sein in der Natur erforscht, vor allem in meinem Fachgebiet, der Astronomie. Es gibt buchstäblich Tausende weitverbreiteter falscher Ansichten über den Kosmos, die auf alle möglichen Ursachen zurückzuführen sind. Um einige dieser Unterschiede zwischen Wahrnehmung und Wirklichkeit zu erörtern, habe ich dieses Buch geschrieben.

Man sollte wissen, daß sich seit einigen Jahren weltweit Pädagogen, Psychologen und andere Wissenschaftler mit der skizzierten Problematik auseinandersetzen und sie unter den verschiedensten Gesichtspunkten erforschen. Herausgekommen sind dabei zahlreiche Veröffentlichungen und verschiedene Ideen, die natürlich keineswegs in allen Punkten übereinstimmen, im Gegenteil. Ich will hier auch keinen vollständigen Überblick über diese eindrucksvolle Arbeit geben. Vielmehr habe ich versucht, die Punkte hervorzuheben, die, wie ich glaube, für alle diejenigen am aufschluß- und hilfreichsten sind, denen es um ein besseres Verständnis der Unterschiede zwischen wissenschaftlicher Realität und Wahrnehmung geht.

Zu großem Dank verpflichtet bin ich den mehr als achttausend Studenten, die ich in die Anfangsgründe der Astronomie einführen durfte. Sie und meine beiden Kinder machten mir klar, wie verschieden unsere Annahmen – zumindest im Bereich der Physik und den ihr verwandten Naturwissenschaften – von der Wirklichkeit sind. Professor Joel Mintzes gebührt mein besonderer Dank dafür, daß er mir seine Diagramme über falsche Vorstellungen zur Verfügung stellte. Es kommt selten vor, daß ein Experte zu eigenen Fehleinschätzungen steht, und noch seltener, daß er sie anderen anvertraut, selbst wenn es einem guten Zweck dient. Danken möchte ich auch meinen Kollegen in verschiedenen Institutionen rund um die Welt, die mir großzügig Einblick in diverse Facetten dieses Wissensgebiets gewährten. Mein Dank gilt außerdem Neil DeGrasse Tyson, Alex Filippenko, Jeanne E. Bishop und Joseph Nuth, die die ersten Fassungen dieses Buchs durchsahen und Verbesserungsvorschläge machten, und meinen Freunden im Verlag W. H. Freeman, die mir liebenswürdigerweise gestatteten, Graphiken aus meinem mit William J. Kaufmann III. verfaßten Lehrbuch *Discovering the Universe*, 5. Aufl., sowie aus *Universe* von William J. Kaufmann III. und Roger Freedman hier wiedergeben zu dürfen. Ganz besonders danke ich meiner Frau Suzanne und meinen Söhnen James und Joshua, die mir bei der Arbeit an diesem Buch stets ein Feedback gaben und sich damit abfanden, daß ich oft keine Zeit für sie hatte, und schließlich Holly Hodder von der Columbia University Press für ihre Unterstützung während der langen Zeit, in der das Buch Gestalt annahm.

»Gebt auf euren gesunden Menschenverstand,
Alle, die ihr hier eintretet!«

(frei nach Dante)

Einleitung

Das Mayall-4-Meter-Spiegelteleskop, eines der wichtigsten optischen Teleskope auf der Welt, beherrscht die Landschaft um das Kitt Peak National Observatory, südwestlich von Tucson, Arizona. Achtzehn Stockwerke überragt das »Vier-Meter« den 2065 Meter hoch gelegenen Gipfel des Berges, und in jeder klaren Nacht öffnet sich lautlos die Kuppel der Sternwarte, Techniker richten das Teleskop aus, und Astronomen sammeln neue Informationen über den Kosmos. Damit das teuere Gerät nicht bei unvorhergesehenem Regen naß wird, müssen die Astronomen in regelmäßigen Abständen nach Wolken Ausschau halten. In den achtziger Jahren geschah das von einem Steg aus, der sich um die Kuppel zieht. Ich vollzog dieses Ritual des öfteren, und immer gegen drei Uhr morgens nahm ich die Wirklichkeit irgendwie anders wahr.

Man läßt die ruhige, sachliche Atmosphäre des Kontrollraums mit seinen zahllosen Computern, Datenspeichern und Instrumenten zur Lenkung des Teleskops hinter sich und ist schnell bei der Eingangstür, einer Stahlkonstruktion, die mich immer an eine Schiffsluke erinnerte. Wenn sich die Tür quietschend öffnet und man nach außen tritt, fühlt man sich, zehn Stockwerke über dem Erdboden, ins Dunkel geschleudert, denn Sie stehen auf einem schmalen, zerbrechlich wirkenden Stahlsteg. Nachts sind der Steg und das Schutzgeländer kaum zu sehen, so daß man das ungute Gefühl hat, im Nichts zu hängen. Obwohl ich meine Höhenangst überwunden hatte, als ich beim Militär aus Flugzeugen springen mußte, war mir bei meinem ersten Inspektionsgang dort oben in stockdunkler Nacht doch etwas mulmig zumute.

Für einen Rundgang brauchte man etwa fünf Minuten. Über mir leuchtete die Milchstraße, deren Sterne kaum funkelten (Astronomen hassen das Funkeln, weil es die Konturen eines Objekts verwischt). Angesichts der atemberaubenden Schönheit und der Tatsache, daß ich hoch über einem Berggipfel stand und dem Himmel so nah war, fühlte ich mich dem Universum verbundener denn je zuvor.

Weit im Norden sah ich Blitze durch die Wolken zucken, eines der wundervollsten Naturschauspiele. Jene Wolken, die nach Osten zogen, stellten keine Bedrohung meiner nächtlichen Beobachtung dar. Unter mir fuhr ein Auto langsam die gewundene Bergstraße hoch. Der Fahrer hatte nur das Standlicht eingeschaltet, um nicht die Arbeit der Teleskope zu stören. Ich konnte es durch das Gitter unter meinen Füßen sehen, was den Eindruck, über dem Abgrund zu schweben, noch verstärkte.

Als ich so unter dem Himmelsdom mit seinem herrlichen Lichterspiel dahinschlenderte, wurde mir wieder einmal deutlich bewußt, wie viel es noch über unsere kosmische Umgebung zu lernen gibt. Jeder Planet, Mond, Asteroid, Komet, Stern, interstellare Nebel, jede Galaxie, jeder Quasar und jedes Schwarze Loch, um nur einige Himmelsobjekte zu nennen, kann uns etwas Neues lehren, und der Gedanke, an diesen Entdeckungen beteiligt zu sein, versetzte mich in einen wahren Freudentaumel. Aber ein solches Engagement hat seinen Preis. Wie alle Astronomen habe ich gewisse Vorstellungen darüber, wie verschiedene Teile des Kosmos funktionieren. Sehr oft müssen meine Kollegen und ich aufgrund neuer Beobachtungen liebgewordene Überzeugungen ändern oder über Bord werfen. Es ist ein Preis, den die meisten von uns gern zahlen, um die Wirklichkeit besser zu verstehen.

Wenige Tage nach jenem Kontrollgang war ich wieder an der University of Maine und stand vor zweihundertfünfzig Studenten, die mehr über das Universum wissen wollten. Zehn Jahre lang hatte ich Semester für Semester ein solches Seminar über die neuesten astronomischen Entdeckungen und Erkenntnisse abgehalten. Immer war ich davon ausgegangen, daß die Studenten derartige Informationen, wenn ich sie nur klar und deutlich vermittelte, verarbeiten, mögliche Fehlurteile ersetzen und sich die richtige Erklärung zu eigen machen würden. Dieses intellektuelle Kartenhaus stürzte an jenem Tag zusammen.

Es war am Anfang der zweiten Seminarsitzung des Semesters. Ein schwüler Tag. Ich merkte, daß die Klimaanlage völlig unzureichend war, daß Köpfe nickten und mein T-Shirt allmählich von Schweiß troff: »Ich löse mich auf!« stöhnte ich. Die Klasse lachte. Ich hatte ihre Aufmerksamkeit wieder, aber mein Unterbewußtsein sagte mir, daß sie sich von ihrem körperlichen Unbehagen weg auf einen Professor richtete, der ihnen noch verrückter vorkam als sonst. Wie auf dem Stahlsteg des Kitt-Peak-Observatoriums, als ich die Welt um mich herum anders wahrgenommen hatte, veränderte sich nun mein Blick auf das Auditorium. Ich sah mich auf einmal mit den Augen eines Studenten, der in meinem Seminar saß und mir zuhörte.

Ich zeigte ihnen die Sternbilder und die Bewegung der Erde, und hatte den Punkt erreicht, an dem ich immer erkläre, daß es dreizehn Sternbilder gibt, durch die die Sonne jedes Jahr zieht. »Worüber redet der Kerl eigentlich?« dachte ich und versetzte mich in die Lage eines Studenten. »Ich weiß, es gibt zwölf Tierkreiszeichen. Sie stehen doch jeden Tag in der Zeitung.« Ich schaute in ihre Gesichter. Viele der jungen Leute dachten anscheinend genau das.

Meine Vorstellung vom Lernprozeß war ziemlich naiv gewesen. Die Studenten nahmen nicht an, was ich sagte, nur weil ich es sagte. Sie verglichen es mit dem, was sie schon zu wissen glaubten. Während der nächsten Vorlesungen hörte ich mir selbst aufmerksam aus ihrer Perspektive zu. Dutzende von Begriffen und Konzeptionen, die ich vortrug, klangen für sie fraglich, weil ihnen andere Erklärungen, die sie sich vielleicht selbst zurechtgelegt hatten, plausibler schienen. So zeigte ich zum Beispiel Aufnahmen des Mondes in verschiedenen Phasen, um zu beweisen, daß er der Erde stets dieselbe Seite zukehrt. Während des gesamten Mondphasenzyklus weisen die Fotos an den gleichen Stellen immer dieselben Krater auf (Abbildung 1). Dem »Studenten« in mir schien einleuchtend, daß der Mond, weil uns dieselbe Seite zugewendet bleibt, sich nicht drehen

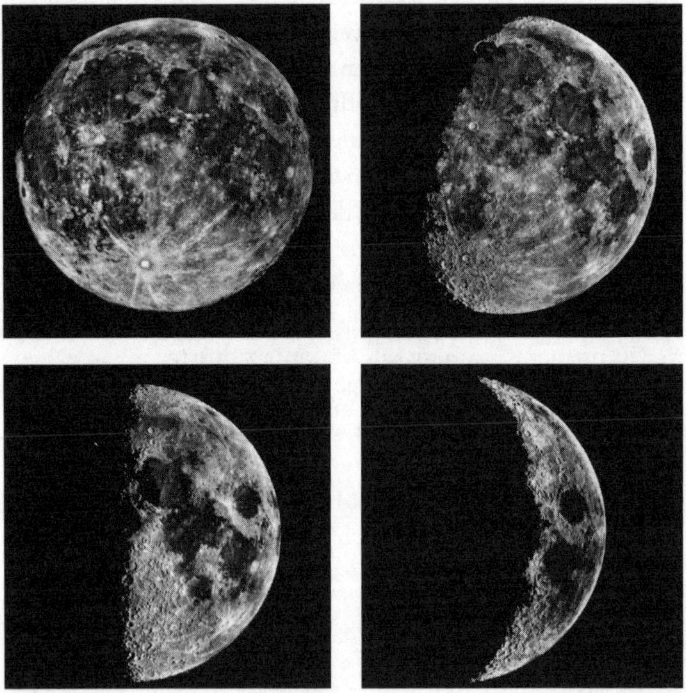

Abbildung 1: Der rotierende Mond. Auf allen vier Fotografien, die Phasen des zunehmenden Mondes bis zum Vollmond zeigen, erkennen Sie dieselben Oberflächenstrukturen, weil wir immer dieselbe Seite des Monds sehen, gleich in welcher Phase er sich befindet.

oder um seine Achse rotieren darf. Und mir fiel ein, daß auch ich das geglaubt hatte, als ich noch zum College ging.

Der Mond dreht sich jedoch um sich selbst und zwar genauso schnell, wie er um die Erde kreist. Sie können sich davon überzeugen, indem Sie einen Arm ausstrecken und Ihre Hand so halten, daß die Innenseite zu Ihnen zeigt. Ihr Handteller stellt die der Erde zugewandte Seite des Monds dar. Bewegen Sie Ihren Arm horizontal um sich und halten Sie dabei den Handteller so, daß er Ihnen zugewandt bleibt. Das geht nur, wenn Sie dabei Ihren Handteller kreisen lassen (rotierender Mond). Eine Drehung Ihres Arms um Ihren Körper (der Mond dreht sich um die Erde) muß exakt mit einer Rotation Ihres Handtellers übereinstimmen. Andernfalls würde Ihr Handteller (die gleiche Seite des Mondes) Ihnen (Erde) nicht immer zugewandt sein.

Hier nun einige Fragen zu Sachverhalten, über die es häufig falsche Vorstellungen gibt. Die Antworten finden Sie auf Seite 20 unten.

Gehen die Jahreszeiten auf den sich verändernden Abstand der Erde von der Sonne zurück?
Ziehen Kometenschweife hinter den Kometen her?
Haben alle Planeten feste Oberflächen?
Scheint die Sonne, weil in oder auf ihr Gas verbrennt?
Ist die Sonne ein Stern?
Bewegt sich die Sonne mit einer Geschwindigkeit von Millionen von Kilometern pro Stunde durchs Weltall?
Verändern Sterne blitzartig ihre Helligkeit (funkeln sie)?
Sind Schwarze Löcher so etwas wie riesige Staubsauger im Weltall, die alles um sich herum einsaugen?
Sind Schwarze Löcher schwarz?
Sind sie überhaupt Löcher?

Erklärungen zu diesen und anderen Fragen werde ich später noch ausführlicher erörtern.

Verbreitete Irrtümer beschränken sich nicht nur auf Dinge, die wir falsch gelernt oder gedeutet haben. Wir denken und argumentieren oft fehlerhaft. Nehmen Sie folgendes Beispiel: Ein Jahr auf der Erde ist die Zeit, die unser Planet braucht, um einmal die Sonne zu umkreisen. Angenommen, die Erde, immer noch in ihrer gegenwärtigen Entfernung die Sonne umkreisend, hätte nur die Hälfte ihrer gegenwärtigen Masse. (Die Masse eines Gegenstandes ist die Gesamtzahl der in ihm enthaltenen Partikel, ganz unabhängig von seiner Größe oder Ausdehnung.) Würde dann ein Jahr kürzer, länger oder gleich lang sein? Wie bei dem Beispiel mit den fallenden Gegenständen unterschiedlichen Gewichts (das ich im Vorwort erwähnte), könnten wir vermuten, daß eine Erde von geringerer Masse mit anderer Geschwindigkeit kreisen würde. Doch dem ist nicht so. Das Jahr auf der Erde würde sich nicht verändern, weil die Masse eines Körpers keinerlei Auswirkungen auf seine Bewegung um die Sonne hat.

Im Laufe des Lebens eignen wir uns über zahllose Dinge Erklärungen an oder denken uns selbst welche aus. Unausgesprochen gehen wir von ihrer Richtigkeit aus – sonst würden wir sie ja nicht annehmen. Dieser Prozeß beginnt in der Kindheit und setzt sich bis ans Lebensende fort. Aber sind die Vorstellungen, zu denen wir gelangen, immer richtig? Zweifellos nicht. Sonst fiele es uns nicht so schwer, in der Schule Dinge zu lernen, die wir bereits zu wissen glauben. Der erste Schritt, unser Wissen zu korrigieren, besteht darin, sich dem harten Faktum zu stellen, daß einige unserer festen Überzeugungen schlichtweg falsch sind.

Dies ist natürlich ungeheuer schwer, weshalb wir nichts unversucht lassen, neue Informationen so zu verändern, daß sie mit unseren Annahmen übereinstimmen und nicht umgekehrt. Gesetzt den Fall, Sie glauben, daß die Planeten auf kreisförmigen Bahnen um die Sonne kreisen (was sie nicht tun). Nehmen wir nun an, ich, in meiner Expertenrolle als Astronom, sage Ihnen, daß Pluto, gewöhnlich der am weitesten von der Sonne entfernte Planet, der Sonne manchmal näher kommt als Neptun. Verwerfen Sie nun Ihre Vorstellung von kreisförmigen Umlaufbahnen? Wahrscheinlich nicht. Statt dessen zermartern Sie sich das Gehirn, um das, was Sie für richtig halten, mit dem von einem Experten gelieferten neuen Faktum über Pluto und Neptun in Einklang zu bringen. Dieser potentielle Widerspruch wird gern damit aufgelöst, daß die (vermeintlich) kreisförmigen Umlaufbahnen von Neptun und Pluto nicht denselben Mittelpunkt haben, wie zwei der Olympischen Ringe. Die Sonne befindet sich nur im Mittelpunkt der einen Umlaufbahn, könnten Sie argumentieren und damit Ihren Irrglauben an kreisförmige Umlaufbahnen retten.

Gewiß, die meisten Leute verstehen nicht viel von Astronomie. Was aber denken sie? Und wie kommen sie auf ihre irrigen Vorstellungen? Während ich jenes Astronomieseminar leitete, kam mir der Gedanke, daß es interessant sein könnte, dies herauszufinden. Und so begann ich eine zehn Jahre dauernde Reise in die erstaunlich verschlungenen Welten, die wir uns in unseren Köpfen von der Wirklichkeit zurechtbasteln. Merkwürdige imaginäre Landschaften enthüllten sich meinem Forscherblick, in denen es kaum Wegweiser gab und die Gedankengänge eigenen Regeln folgten. Teilweise erlebte ich diese Reise als eine Expedition der Aufklärung, teils aber auch als Alptraum. Manchmal war sie beides.

Um besser zu verstehen, was Leute über Astronomie denken, traf ich mich mit Studenten in kleinen Gruppen, zumeist von einem halben Dutzend Teilnehmern, um mit ihnen darüber zu diskutieren, inwieweit sich ihre Vorstellungen von bestimmten kosmischen Vorgängen im Laufe meines Einführungskurses geändert hatten. Dabei ging es auch um Schwarze Löcher, jene exotischen Phänomene, die bereits auf Kinder und Jugendliche eine gewisse Faszination ausüben. Als wir darüber sprachen, erwähnte ein Student beiläufig, daß ihm als Kind ein Geistlicher gedroht habe, man werde ihn in ein Schwarzes Loch werfen, wenn er sich nicht anständig benehme. Ich war fassungslos: Die Theologie hatte ein wissenschaftliches Konzept zu ihren Zwecken mißbraucht! Ich hätte wohl nicht so überrascht sein sollen, gehören doch Schwarze Löcher zum Grundbestand unzähliger Science-fiction-Bücher und -Filme. Aber irgendwie war es hier anders.

Als ich an jenem Nachmittag nach Hause fuhr, durchlief es mich kalt bei dem Gedanken daran, was eine solche Drohung in jenem Kind – und wie ich später erfuhr in vielen anderen – wohl auslöste. Stellen Sie sich vor, Sie erfahren als Achtjähriger, daß es aus Schwarzen Löchern kein Entkommen mehr gibt. Wie würden Sie auf die Drohung, in ein solches Ding hineingeworfen zu werden, reagiert haben? Zunächst ist da die entsetzliche Angst, nie mehr herauszukommen und Eltern und Freunde nie mehr wiederzusehen. Das ist schon schlimm genug, aber ich behaupte, daß Sie auch eine Verbindung zwischen dieser Angst und der Wissenschaft herstellen würden, die diese Schwarzen Löcher entdeckt hat. Folglich ist für sie die Astronomie negativ besetzt und fortan suspekt.

Ich finde es faszinierend, daß wir von einer Natur umgeben sind, die sich selten so verhält, wie wir annehmen, und wir dabei dennoch in der Regel recht gut funktionieren. Ich habe dieses Buch geschrieben, um die Probleme im Umfeld dieses Widerspruches zu erforschen und uns so vielleicht von einigen Irrtümern zu entlasten, die wir gewöhnlich mit uns herumschleppen.

Nein; Nein; Nein; Nein; Ja; Ja; Nein; Nein; Nein; Nein

1 *Die dunkle Seite des Mondes*

Einige falsche Vorstellungen über unser Sonnensystem

Über das Sonnensystem (die Sonne und alles, was um sie herum kreist, nämlich die Planeten, Monde, Asteroiden, Meteoroiden und Kometen) stehen uns mehr Informationen zur Verfügung als über fernere Himmelskörper. Die meisten von uns beobachten hin und wieder den Mond, Sternschnuppen, Kometen und Planeten am nächtlichen Himmel, und astronomische Observatorien und Raumschiffe versorgen uns mit aufregenden Neuigkeiten über diese und andere Phänomene in unserer kosmischen Nachbarschaft. Aber gerade diese Flut von Informationen führt nicht selten dazu, daß falsche Vorstellungen von der Astronomie entstehen. In der Tat betreffen zwei Drittel davon Objekte in unserem Sonnensystem, und der Rest dreht sich um exotischere, fernere kosmische Gebilde wie Schwarze Löcher, Galaxien und Quasare.

Einerseits erscheint es einleuchtend, daß wir uns so viele falsche Vorstellungen vom Sonnensystem machen – schließlich umfaßt es die am leichtesten zugänglichen Elemente der Astronomie. Andererseits mutet es merkwürdig an – wissen die Astronomen doch über seine Objekte ungleich besser Bescheid als über entferntere und fremdartigere Himmelskörper. Wie wir in den nächsten beiden Kapiteln sehen werden, sind die Gründe für unsere Mißverständnisse fast ebenso mannigfaltig wie die Phänomene am nächtlichen Firmament.

Der Asteroidengürtel: Dichtung und Wahrheit

Die späten sechziger und frühen siebziger Jahre waren die große Zeit der amerikanischen Weltraumbehörde NASA. Erfolgreiche Expeditionen zum Mond, zur Venus und zum Mars leisteten die Vorarbeit dafür, daß Pioneer 10 am 2. März 1972 zum Jupiter und noch über ihn hinaus geschickt werden konnte. Um zu diesen fernen Planeten zu gelangen, mußte die 570 Pfund schwere Raumsonde mit einem Durchmesser von gut drei Metern die Region zwischen Mars und Jupiter durchqueren, in der sich der Asteroidengürtel befindet. Welchen Gefahren war sie dort ausgesetzt und wie rüstete die NASA die Sonde aus, um dagegen gewappnet zu sein?

Sieht man von den NASA-Experten und einigen anderen Astronomen ab, die sich mit Asteroiden beschäftigten, so galt der Asteroidengürtel bei den meisten Wissenschaftlern als ein relativ unbekanntes Gebiet des Sonnensystems. Die Astronomen wußten freilich, daß Asteroiden im wesentlichen aus Gesteins- und Metalltrümmern bestehen, die bei der Bildung des Sonnensystems vor 4,6 Milliarden Jahren übriggeblieben waren. Einige Asteroiden, wie Ceres, sind sphärisch und können einen Durchmesser haben, der einem Viertel des Diameters unseres Mondes entspricht. Aber die weitaus größte Zahl ist nur ein paar Meter dick.

Bevor wir die Frage nach den Gefahren beantworten, in die Pioneer 10 hätte geraten können, lassen Sie uns einen Blick auf das Bild vom Asteroidengürtel werfen, das heute im kollektiven Gedächtnis verankert ist. Es geht auf das Jahr 1980 zurück, als der zweite Film der *Star-Wars*-Trilogie, *The Empire Strikes Back* (*Das Imperium schlägt zurück*), in die Kinos kam. Da wurde uns die denkwürdige Szene geboten, in der die *Millennium Falcon* auf der Flucht vor dem sie verfolgenden Empire-Raumschiff einem Schwarm von Asteroiden ausweicht. Das in dem Film gezeigte Asteroidenfeld existierte angeblich fern von unserem Sonnensystem. Nichtsdestoweniger stellten sich die meisten Erdbewohner plötzlich unseren Asteroidengürtel als übersät von Asteroiden vor, die so groß und so dicht beieinander waren, daß man praktisch von einem zum anderen springen konnte.

George Lucas' Darstellung von dichtgedrängten Asteroiden diente einem wichtigen filmischen Zweck, aber sie erzeugte auch in den Köpfen von Millionen von Menschen eine völlig falsche Vorstellung. Überlegen wir uns mal, was passieren würde, wenn das *Star-Wars*-Szenario der Wahrheit entspräche: Jeder dieser dicht gedrängten Asteroiden würde aufgrund der Gravitation alle anderen um sich herum anziehen. Wenn sie so groß wären, wie im Film dargestellt, hätten sich die Asteroiden innerhalb weniger tausend Jahre nach Entstehung des Gürtels gegenseitig zu Staub zerschmettert oder sich zu einem einzigen riesigen Körper zusammengeballt (auf diese Weise sind die Planeten in unserem Sonnensystem tatsächlich entstanden) oder viele Beinahekollisionen gehabt. Bei solchen Fastzusammenstößen wird oft der eine Körper beschleunigt und der andere abgebremst. Folglich würde sich ein Asteroidengürtel, der sich nicht selbst pulverisiert oder einen größeren Körper bildet, rasch in nichts auflösen, weil die nach Beinahekollisionen beschleunigten Asteroiden von den restlichen wegstreben würden. Daher dürften Asteroidenschwärme, wie im Film gezeigt, im tatsächlichen Asteroidengürtel nicht zu finden sein.

Aber das ist nur eine wissenschaftliche Theorie. Möglicherweise gibt es noch andere Effekte, die hier nicht berücksichtigt sind, und George Lucas könnte am Ende doch recht behalten. Wie sieht nun aber die auf Observation gestützte Wirklichkeit der Asteroiden aus?

Kehren wir zum Jahr 1972 und zu Pioneer 10 zurück. Die meisten Astronomen, die sich damals mit dem Asteroidengürtel befaßten, waren aufgrund von wissenschaftlichen Argumenten wie dem oben dargelegten überzeugt davon, daß der Asteroidengürtel nahezu leer sein müsse. Aber sie waren auch nur Menschen wie wir alle und fragten sich daher: »Was ist, wenn es im Asteroidengürtel

Milliarden von Trümmerstücken gibt, die wir noch nicht sehen können und die vielleicht die empfindliche Ausrüstung beschädigen oder die Raumsonde völlig zerstören?«

Pioneer 10 verfügte noch nicht über die Technologie, um Asteroiden zu orten und ihnen auszuweichen. Durch den Asteroidengürtel rasend, war er vor allem ein sehr teures interplanetares Geschoß. Sein Zwillingsbruder, Pioneer 11, der für die Reise zum Saturn entwickelt worden war, wurde auf Lager gehalten, bis die Wissenschaftler und Ingenieure sicher sein konnten, daß Pioneer 10 den Gürtel überlebt hatte. Sieben zermürbende Monate lang blieb ihnen nichts anderes übrig, als zu beobachten und abzuwarten. Dann schließlich tauchte Pioneer 10 jenseits des Asteroidengürtels auf und war vollkommen unversehrt. Am 5. April 1973 wurde Pioneer 11 gestartet.

Seit jenen prähistorischen Tagen haben unsere wissenschaftlichen Erkenntnisse über den Asteroidengürtel große Fortschritte gemacht. Beobachtungen und verbesserte Theorien bestätigen, daß Häufungen großer Asteroiden wie in *Star Wars* nicht existieren, obgleich wir Paare von Asteroiden entdeckt haben, bei denen einer den anderen umkreist. In der Tat ist der Asteroidengürtel so leer, daß man, wann immer Raumsonden in ihn hineingeschickt werden, sich bemüht, Begegnungen mit Asteroiden herbeizuführen, um diese weiter studieren können.

Obwohl nun die Astronomen seit 1973 wissen, daß der Asteroidengürtel ein nahezu leerer Raum ist, meinen seit 1980 fast alle anderen Leute, er sei gestopft voll mit Materie. Aus einem recht einfachen Grund: Seit den Presseveröffentlichungen 1973 über die erfolgreiche Durchquerung des Asteroidengürtels durch Pioneer 10 hat es in den Medien so gut wie keine wissenschaftliche Äußerung über den Gürtel gegeben. Zahlreiche Filme und Fernsehproduktionen stellten ihn jedoch wie in *Star Wars* dar. Und außerdem denkt man bei dem Wort »Gürtel« an eine mehr oder weniger feste Ansammlung von Materie. In Wirklichkeit allerdings sind Asteroiden gewöhnlich durch etliche Millionen Kilometer voneinander getrennt.

Frühling, Sommer, Herbst und Winter

Eine der berüchtigsten der weitverbreiteten falschen Vorstellungen ist vielleicht die über die Ursache der Jahreszeiten. Von berüchtigt spreche ich wegen eines peinlichen Vorfalls, der sich 1988 an der Harvard University ereignete. Das Aufnahmeteam, das den Dokumentarfilm *Private Universe* drehte, bat damals einige Professoren, dem Publikum zu erklären, warum es einen Wechsel der Jahreszeiten gibt. Da standen diese Leute in vollem Ornat, zu Recht stolz auf ihre Fähigkeiten und Leistungen, und gaben vor laufender Kamera Erklärungen für den Jahreszeitenwechsel, die, von einer Ausnahme abgesehen, allesamt grundfalsch waren.

Die gängige Erklärung entspringt unserer alltäglichen Erfahrung, wonach es uns um so wärmer ist, je näher wir an einem Feuer sitzen. Die Sonne ist heiß. Daher sollte es uns eigentlich um so wärmer sein, je näher wir ihr sind.[1] Beim geringsten Abstand von der Sonne ist die Erde 147 Millionen Kilometer von ihr entfernt, beim größten sind es 150 Millionen Kilometer. Also verändert sich die Entfernung um nicht viel mehr als zwei Prozent. Könnte dies die Temperaturunterschiede erklären, die wir gemeinhin wahrnehmen?

Zwei Dinge lassen anderes vermuten. Erstens, wenn der sich verändernde Abstand von der Erde zur Sonne die Jahreszeiten bewirkte, dann müßte ja eigentlich überall auf der Welt die Jahreszeit die gleiche sein. Ich schrieb dies an einem eiskalten 26. Januar in Maine. Ein rascher Anruf bei einem Freund in Perth, Australien, bestätigte, daß sie dort unten gerade einen heißen Sommer genossen. Tatsächlich sind die Jahreszeiten der südlichen Hemisphäre denen der nördlichen genau entgegengesetzt. Zweitens ist der Abstand der Erde von der Sonne am 3. Januar eines jeden Jahres am geringsten, also dann, wenn auf der nördlichen Hemisphäre tiefster Winter herrscht.

Sollten diese Argumente noch nicht überzeugen, können wir ein Modell der Erde konstruieren, auf dem die Jahreszeiten nur vom wechselnden Abstand der Erde von der Sonne abhängig sind, um zu sehen, wie es sich mit unserer Welt vergleichen läßt. Einen Wechsel in der Erwärmung der Erde allein aufgrund der wechselnden Entfernung von der Sonne hätten wir dann, wenn die Rotationsachse der Erde genau senkrecht auf der Ebene ihrer Umlaufbahn, der sogenannten Ekliptik, stände (Abbildung 2). Stellen Sie sich also einen Spieß durch die Rotationsachse der Erde vor. Bei der wirklichen Erde wäre dieser Spieß in einem Winkel von 23,5 Grad gegenüber der Senkrechten zur Ekliptik geneigt. Drehen Sie die Erde nun so, daß der Spieß genau senkrecht auf der Ebene steht. Wenn die wirkliche Erde so ausgerichtet wäre, würde, von jedem Ort des Globus aus betrachtet, die Sonne an jedem Tag des Jahres an denselben Stellen auf- beziehungsweise untergehen. Darüber hinaus wäre es täglich zwölf Stunden lang hell und zwölf Stunden lang dunkel. Vernachlässigt man die Wolken, so bekäme daher jeder beliebige Ort Tag für Tag die gleiche Menge an Sonnenwärme. (Orte auf verschiedenen Breitengraden würden sowohl auf unserem Erdmodell als auch auf der tatsächlichen Erde unterschiedliche Wärmemengen erhalten, wie wir in Kürze darlegen werden. Für die gegenwärtige Argumentation ist dies jedoch nicht von Belang.)

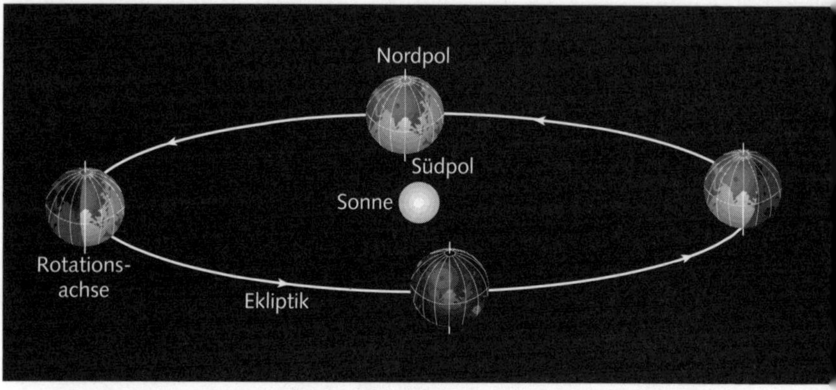

Abbildung 2: Wie die Umlaufbahn der Erde um die Sonne aussehen würde, wenn ihre Rotationsachse senkrecht auf ihrer Umlaufebene stände.

Auf einer senkrecht stehenden Erde würde *ausschließlich* ihr unterschiedlicher Abstand zur Sonne an den ansonsten während des Jahres gleichbleibenden Temperaturen etwas ändern. Das heißt, je näher wir dem »Feuer« kämen, desto wärmer wäre uns. Zudem hätten die beiden Erdhemisphären zur gleichen Zeit die gleichen Jahreszeiten.

Aber wie groß wäre dann der Temperaturunterschied zwischen Sommer und Winter? Bestände der einzige Grund für die Temperaturunterschiede auf der Erde in ihrem um zwei Prozent variierenden Abstand von der Sonne, dann wäre es im Sommer, wenn wir der Sonne am nächsten sind, vier Grad Celsius wärmer als im Winter, wenn unser Abstand zu ihr am größten ist. Der Annahme, daß der Wechsel der Jahreszeiten auf die wechselnden Entfernungen der Erde von der Sonne zurückzuführen sei, widersprechen somit die Temperaturschwankungen, die wir tatsächlich erleben, und die gegensätzlichen Jahreszeiten in den beiden Hemisphären.

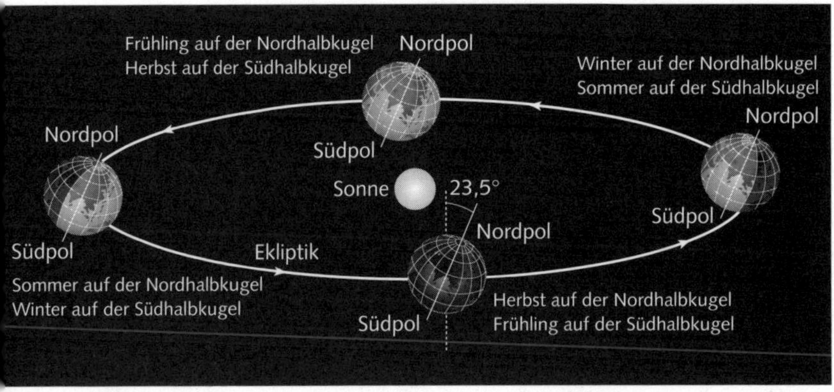

Abbildung 3: Die Erde mit ihrer um 23,5 Grad geneigten Achse. Die Achse zeigt während des gesamten Umlaufs immer in dieselbe Richtung.

Theoretisch denkbar wäre, daß zwei andere astronomische Phänomene für den Wechsel der Jahreszeiten verantwortlich sind: die Rotationsgeschwindigkeit der Erde und der Neigungswinkel ihrer Achse. Die Rotationsgeschwindigkeit bestimmt, wie lange die Sonne braucht, um scheinbar die Erde zu umrunden, das heißt die Länge des Tages. Würde die Erde an jedem Tag oder zu bestimmten Zeiten des Jahres unterschiedlich schnell rotieren, dann könnte die Zahl der Stunden mit Tageslicht variieren. Je länger die Sonne während des Tages am Himmel steht, desto mehr Zeit hat sie, den darunterliegenden Teil der Erde zu erwärmen. Vielleicht sind die Jahreszeiten darauf zurückzuführen, daß die Sonne im Winter früher untergeht als während des Sommers. Wir wissen, daß es zu verschiedenen Zeiten des Jahres unterschiedlich lang hell ist. Daher könnten wir (zu Recht) erwarten, daß die Monate mit den längsten Tagen auch die wärmsten sind. Aber liegt das an einem Wechsel in der Rotationsgeschwindigkeit der Erde?

Das Problem bei diesem Erklärungsversuch ist, daß derartige Veränderungen noch nicht beobachtet wurden; sie würden alle paar Stunden oder alle paar Monate, wenn der Planet beschleunigt oder abbremst, mit gewaltigen, weltweiten Erdbeben einhergehen.

Folglich bleibt nur noch die Möglichkeit übrig, daß die Jahreszeiten irgendwie mit dem beobachteten Faktum zusammenhängen, daß die Erdachse gegen die Ekliptik geneigt ist. Vielleicht also verursacht diese Neigung zwischen Rotationsachse und Ekliptik – wie in Abbildung 3 dargestellt – den Wechsel in der Anzahl der Tageslichtstunden während eines Jahres.

Anders als man spontan annehmen möchte, ändert sich die Richtung, in die die Rotationsachse der Erde zeigt, während des Jahres nicht im geringsten. Dies ist deshalb so, weil die Erdrotation den Planeten wie ein riesiger Kreisel stabilisiert, so daß die zwischen den beiden Polen verlaufende Achse immer in eine Richtung weist, wenn wir um die Sonne kreisen. Wie Abbildung 3 zeigt, ist die nördliche Erdhemisphäre während der einen Jahreshälfte und die südliche Hemisphäre während der anderen Jahreshälfte zur Sonne geneigt.

Diese Erklärung verführt viele Leute zu dem naheliegenden Schluß, die nördliche Hemisphäre sei während der einen Jahreshälfte der Sonne näher und deshalb in dieser Zeit wärmer als die südliche Hemisphäre. Diese Vorstellung bricht jedoch in sich zusammen, wenn wir den Temperaturunterschied zwischen den beiden Hemisphären berechnen, der durch die verschiedenen Entfernungen von der Sonne bedingt ist. Er beträgt nur etwa zwei hundertstel Grad. Dies dürfte uns nicht sehr überraschen, haben wir doch vorhin gesehen, daß eine Veränderung des Abstands von der Sonne um drei Millionen Kilometer einen Temperaturunterschied von weniger als zehn Grad ausmacht.

Der wahre Grund für die Jahreszeiten ist eine Kombination zweier Wirkungen der Neigung der Erdachse: Dauer und Stärke des Sonnenlichts. Betrachten wir die nördliche Hemisphäre, wenn sie zur Sonne geneigt ist, was im Zeitraum zwischen dem 21. März (Frühjahrs-Äquinoktium) und dem 21. September (Herbst-Äquinoktium) der Fall ist. In diesen Monaten geht die Sonne nördlich vom genauen Osten auf, geht nördlich vom genauen Westen unter und steht mehr als zwölf Stunden täglich am Himmel. Während der anderen Jahreshälfte geht die Sonne südlich vom genauen Osten auf, geht südlich vom genauen Westen unter und steht weniger als zwölf Tagesstunden am Himmel. Daher ist in der Zeit vom 21. März bis zum 21. September die Sonnenscheindauer im Norden größer und im Süden geringer als während des übrigen Jahres.

Zum Tag mit den meisten Sonnenstunden auf der nördlichen Hemisphäre (beziehungsweise den wenigsten auf der südlichen Hemisphäre) kommt es, wenn der Nordpol am nächsten zur Sonne zeigt, am oder um den 22. Juni eines jeden Jahres. Dies nennt man die Sommersonnenwende in der nördlichen Hemisphäre. Nicht zufällig ist dies auch der Tag, an dem im Norden die Sonne mittags am höchsten steht. Somit hat die Sonne während dieses Halbjahres täglich mehr Zeit, Wärme auf die nördliche Halbkugel zu schicken. Umgekehrt ist der kürzeste Tag am oder um den 21. Dezember (Wintersonnenwende) eines jeden Jahres. An diesem Tag steht die mittägliche Sonne am Himmel über der nördlichen Hemisphäre am tiefsten (und am höchsten über der südlichen Hemisphäre) und erwärmt die nördliche Hemisphäre somit am geringsten.

Der zweite Effekt, der zum Wechsel der Jahreszeiten beiträgt, ist die Intensität der Hitze und anderer Sonnenenergien, die auf die Erde treffen. Wenn die Sonne hoch am Himmel steht, fallen ihre Strahlen steiler nach unten,

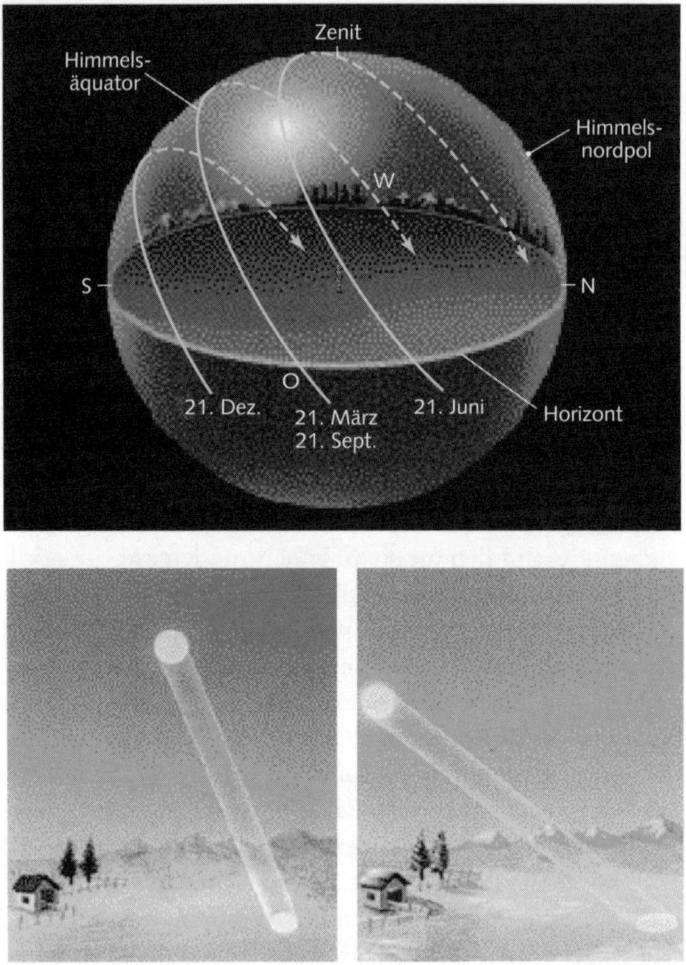

Abbildung 4: Der wahre Grund für die Jahreszeiten: die im Laufe des Jahres sich verändernde Länge der Zeit, während der die Sonne am Himmel steht, und der Winkel (und somit die Intensität) der Sonneneinstrahlung.

weshalb jeder Quadratmeter mehr Energie bekommt, als wenn sie tiefer steht. Infolgedessen wird die Erde in dieser Zeit intensiver und länger erwärmt als während der anderen sechs Monate. Das Maß an zusätzlicher Hitze, die eine Hemisphäre während der Monate mit längerem Tageslicht und direkterer Einstrahlung erhält, bewirkt, daß der Sommer wärmer ist als der Winter und umgekehrt. Dies veranschaulicht die Abbildung 4.

Good Morning, Sunshine

Da wir schon einmal bei der Sonnenenergie sind, ist es interessant, der Frage nachzugehen, wie wir uns deren Ursprung vorstellen. Nahezu alles Licht und alle Wärme, die unsere Erdoberfläche empfängt, verdanken wir der Sonne.[2] Die mit dem Sonnenlicht verbundene Wärme erinnert an die Hitze, die von einem Feuer ausgeht. Daher überrascht es meiner Meinung nach nicht, daß viele Leute glauben, die Energie der Sonne entstehe durch brennende Gase auf ihrer Oberfläche.

Andere vermuten als Ursache für Sonnenlicht und Sonnenwärme eine mit schmelzflüssiger Lava bedeckte Sonnenoberfläche. Gewiß denkt man bei manchen Bildern, die wir von der Sonne auf Fotos und in Filmen sehen, an höllisch heiße, glühende Lava direkt aus dem Erdinnern. Ziehen wir also zunächst beide Möglichkeiten in Betracht.

Es gibt viele Formen von Verbrennung, aber allgemein gesprochen handelt es sich immer um eine chemische Reaktion zwischen zwei oder mehreren Substanzen, bei der Energie freigesetzt wird. Oft reicht diese Energie aus, um Hitze und Licht zu erzeugen. Zahlreiche chemische Verbindungen führen zur Verbrennung. So brennen viele Kohlenwasserstoffverbindungen, wie Methan, Butan oder Acetylen, lichterloh, wenn sie mit Sauerstoff zusammengebracht und dann gezündet werden. Auf ähnliche Weise versorgt die langsame, kontrollierte Verbrennung von Glukose, die in unseren Körpern abläuft, unsere Gehirn- und Muskelzellen mit Energie. Zu anderen Arten von Verbrennung kommt es, wenn sich Wasser mit Kalziumkarbid oder Magnesium mit Sauerstoff, Kohlendioxid oder Wasser verbindet. Die Liste brennbarer Stoffe ist ziemlich lang. Um zu verstehen, warum auf der Sonne *keine* Verbrennung abläuft, wollen wir uns deren zwei näher ansehen.

Die Schicht der Sonne, von der aus wir ihr Licht sehen, nennt man die Photosphäre. Sie ist in etwa 400 Kilometer dick. Die erste Frage lautet also: Welche brennbaren Stoffe gibt es in der Photosphäre? Untersuchungen der Photosphäre haben ergeben, daß sie aus 70 Prozent Wasserstoff, 27,9 Prozent Helium, 0,9 Prozent Sauerstoff, 0,4 Prozent Kohlenstoff, 0,2 Prozent Eisen, 0,1 Prozent Neon und noch geringeren Anteilen anderer Elemente besteht.

Wasserstoff ist ein ausgezeichneter Kandidat für den Brennstoff, der die Sonne scheinen läßt. Schließlich erzeugt die Verbindung aus Wasserstoff und Sauerstoff genug Energie, um eine Raumfähre in den Orbit zu schießen. Die in der Sonne verfügbare Sauerstoffmenge, die sich mit Wasserstoff verbinden könnte, ist jedoch verschwindend gering. Zudem liegt die Temperatur der Photosphäre um die 5800 Grad Celsius. Bei dieser extrem hohen Temperatur verbrennt Wasserstoff *nicht* mit Sauerstoff, und das tut auch keines der anderen in der Atmosphäre der Sonne vorhandenen Elemente. Vielmehr ist die mit der Hitze und dem Licht aus der Photosphäre verbundene Energie so groß, daß sie die meisten Moleküle auseinanderreißt.

Um jedoch im Zweifelsfall zugunsten der Verbrennungstheorie zu entscheiden, wollen wir einmal annehmen, die

Sonne bestünde unter ihrer Oberfläche aus reinem Kohlenstoff und Sauerstoff. Dann würde sich der Kohlenstoff mit dem Sauerstoff verbinden und brennen wie in einem Holz- oder Kohlenfeuer hier auf der Erde. Doch selbst bei dieser optimistischsten chemischen Zusammensetzung geht die Rechnung nicht auf. Angenommen, das Sonneninnere sei eine ideale Verbindung von Kohlen- und Sauerstoff, so könnten wir ermitteln, wie viel von diesen Elementen es enthalten würde. Entsprechende Berechnungen aus dem 19. Jahrhundert ergaben, daß die in der Sonne mögliche Menge an Kohlen- und Sauerstoff nur etwa 8000 Jahre lang würde brennen und scheinen können, bevor sie sich gänzlich in Kohlendioxid verwandelt hätte. Da jedoch das Sonnensystem mit seinen 4,6 Milliarden Lebensjahren wesentlich älter ist, kann Verbrennung nicht der Grund dafür sein, daß die Sonne scheint.

Lassen wir uns nun die andere »naheliegende« Möglichkeit durch den Kopf gehen: die Sonne glüht, weil sie eine geschmolzene Oberfläche hat. Auch diese Theorie wurde im 19. Jahrhundert ernsthaft in Erwägung gezogen. Ob sie richtig ist, können wir herausfinden, indem wir uns die Zusammensetzung des Sonneninneren klarmachen. Lava entsteht, wie wir wissen, im Inneren unseres Planeten. Unter dem Druck der oberen Erdschichten und durch die Absorption der von radioaktiven Elementen abgegebenen Energie werden Gestein und Metall in der Erde erhitzt. Ein Teil der inneren Materie erreicht dabei so hohe Temperaturen, daß sie schmilzt und flüssig wird – das ist das Magma, das bei Vulkanausbrüchen als Lava an die Oberfläche tritt. Gibt es nun auch in der Sonne radioaktive Elemente, die das Gestein in ihrem Inneren in rotglühende Magma[3] verwandeln können?

Obwohl wir nicht in die Sonne hineinschauen können, läßt sich ihre innere Zusammensetzung aufgrund ihrer durchschnittlichen Dichte bestimmen. Dichte nennt man die Masse, die ein Gegenstand pro Volumeneinheit enthält. Die Dichte von Wasser beispielsweise beträgt 1000 Kilogramm pro Kubikmeter. Die durchschnittliche Erddichte liegt bei 5500 Kilogramm pro Kubikmeter, was darauf hinweist, daß es im Erdinneren viele schwere Elemente gibt, die dichter sind als Wasser. Eingehende Untersuchungen von Lava und anderem Material in der Erdrinde haben ergeben, daß die Erde sehr viel Eisen, Sauerstoff, Silizium, Magnesium und Nickel neben anderen dichten Elementen enthält.

Die Größe eines Gegenstandes ist für seine Dichte oder chemische Zusammensetzung nicht in erster Linie bestimmend. Hier auf der Erde können große Dinge geringe Dichten, kleine hingegen große Dichten aufweisen. Ein Baumstamm treibt auf dem Wasser, während ein Pfennig untergeht, weil der Baum eine geringere Dichte als Wasser hat, der Pfennig hingegen eine größere.

Aus dem ermittelten Durchmesser und der Masse der Sonne[4] haben Astronomen eine durchschnittliche Dichte von 1400 Kilogramm pro Kubikmeter errechnet. Dies bedeutet, daß die Dichte unseres Zentralgestirns nur unerheblich über der des Wasser und mehr als ein Drittel unter der des Erdinnern liegt. Das heißt, es fehlen in der Sonne viele schwere Elemente. Bedenkt man zudem, wie stark verschiedene Elemente ihre Dichte verändern, wenn sie von darüberliegenden Schichten zusammengepreßt werden, so erhellt daraus, daß das Sonneninnere ein Gemisch aus 70 Prozent Wasserstoff, 28 Prozent Helium und Spuren anderer Elemente darstellt.

Da wir die chemische Zusammensetzung im großen und ganzen kennen, können wir den physikalischen Zustand jener Materie in ihrem Innern berechnen. Daraus ergibt sich, daß die Sonne überhaupt keine feste oder flüssige

Materie enthält! Sie hat somit auch keine »Oberfläche« im herkömmlichen Sinn. In Anlehnung an die Worte der alten Dame, die einmal eine Vorlesung Bertrand Russells besuchte: »Da liegen lauter Gasschichten aufeinander bis ganz nach unten«.[5] Die Sonne ist also ein sehr heißer Gasball bis hin zu ihrem Kern, wo die Temperatur bei 15,5 Millionen Grad Celsius liegt.

Während die durchschnittliche Dichte der Sonne vergleichsweise gering ist, beträgt die ihres Kerns atemberaubende 150 000 Kilogramm pro Kubikmeter. Zustande kommt sie durch das ungeheuere Gewicht der Sonne, das das Gas des Kerns zusammenpreßt. Der Druck, der bei dieser Kompression entsteht, findet auf der Erde nicht seinesgleichen. Aufgrund der enormen Temperatur, die im Kern der Sonne herrscht, kann sich die dort vorhandene sehr dichte Wasserstoff-Helium-Verbindung nicht verflüssigen und erst recht nicht verfestigen.

Auf die richtige Erklärung dafür, warum die Sonne scheint, kam man in den 1920er Jahren, als Physiker, allen voran Sir Arthur Eddington, erkannten, daß Wasserstoffatome im Sonnenkern durch den Druck des darüberliegenden Gases zusammengedrängt oder verschmolzen und dadurch in Helium verwandelt werden können. Dies nennt man thermonukleare oder Kernfusion (Kernverschmelzung). Eddington schloß, daß dieser Prozeß aus einem Teil der Wasserstoffmenge im Kern Energie freisetzt, die in Gammastrahlen umgewandelt wird.

1994 nahm ich mit etwa 3000 anderen Lehrern aus der ganzen Welt an einem internationalen Kongreß über Mißverständnisse und falsche Vorstellungen in Wissenschaft und Mathematik teil, der an der Cornell University stattfand. In einer der großen Diskussionsrunden ging es auch um die Sonne. Ein Redner stellte die zwar naheliegende, doch völlig falsche These auf, Energie könne weder erzeugt noch vernichtet werden. Mit ungläubigem Staunen beobachtete ich, wie viele Kollegen nickten und kein einziger widersprach. Ich meldete mich zu Wort und wies darauf hin, daß Energie sehr wohl erzeugt und vernichtet werden könne, solange die neue Energie aus etwas stamme, nämlich Materie. All das folgt aus Einsteins Gleichung $E=mc^2$, die zeigt, daß sich Materie durchaus in Energie umwandeln läßt und umgekehrt.

Die meisten der Anwesenden sahen mich an, als sei ich von einem anderen Stern oder, schlimmer noch, ein wissenschaftlicher Ignorant. Zu ihrer Verteidigung sei gesagt, daß wohl keine anderen Physiker oder Astronomen im Publikum saßen. Die Tatsache, daß Materie in Energie umgewandelt werden kann, wurde der gesamten Menschheit zweifelsfrei bewiesen, als 1945 über Hiroshima und Nagasaki Atombomben explodierten. Die dabei freigesetzte Energie entstand dadurch, daß Atome in kleinere Teile zertrümmert wurden, ein Prozeß, den man Kernspaltung nennt. Die Sonne hingegen erzeugt Energie, indem sie, wie bereits erwähnt, kleinere Atome zu schwereren Elementen verschmilzt (thermonukleare Fusion). So oder so wird Energie frei, und die Menge an Materie nimmt ab.

Um Ihnen eine schwache Vorstellung vom Ausmaß dieses Prozesses im Sonnenkern zu vermitteln: Berechnungen haben ergeben, daß bei der Verschmelzung zu Helium in jeder Sekunde annähernd 4,7 Millionen Tonnen Wasserstoff in Energie umgewandelt werden. Mit anderen Worten: pro Sekunde büßt die Sonne 4,7 Millionen Tonnen Masse ein. Bei diesem Tempo wird der in ihrem Kern vorhandene Wasserstoff die Fusion noch zehn Milliarden Jahre aufrechterhalten. Heute hat die Sonne die Hälfte ihrer Lebenszeit hinter sich.

Wie Kometen entstehen und vergehen

Außer Asteroiden und Meteoroiden, worunter man große beziehungsweise kleinere Gesteins- und Metallbrocken im All versteht, schwärmen aus Eis und Felstrümmern bestehende Kometen durch das gesamte Sonnensystem. Aus Untersuchungen der radioaktiven Elemente in Meteoriten, das heißt Trümmerteilen aus dem All, die auf der Erde gefunden wurden, wissen wir, daß Asteroiden, Meteoroiden und Kometen so alt wie die Planeten selbst sind. Sie entstanden vor rund 4,6 Milliarden Jahren. Spricht man von Kometen, so stellen sich die Leute gemeinhin Bälle aus brennendem Gas oder geschmolzenem Gestein vor, hinter denen große leuchtende Schweife durch den interplanetarischen Raum herziehen. Wegen ihrer Schweife werden sie manchmal auch mit Raketen verglichen, die durch das Sonnensystem rasen und dabei Gase ausstoßen. Viele Leute glauben daher zu Unrecht, Kometen zögen immer Schweife hinter sich her.

Auch ich habe mir als Kind falsche Vorstellungen über Kometen gemacht. Die meinen sahen allerdings etwas anders aus und gingen auf die Beobachtung von Dampflokomotiven zurück, die damals noch im Einsatz waren. Ich erinnere mich, wie der Dampf aus dem Schornstein schoß und hinter dem davonfahrenden Zug als weiße Rauchfahne in der Luft hängenblieb. Analog dazu stellte ich mir einen Kometen als einen eisigen Gegenstand vor, umgeben von einer Gaswolke, von der etwas zurückbleibt, wenn er sich seinen Weg durch den Weltraum bahnt. Sehen wir uns nun an, warum diese Vorstellungen falsch sind.

Gesetzt den Fall, Kometen würden Gase ausstoßen wie Raketen oder Rauchfahnen hinter sich zurücklassen wie Dampflokomotiven, so stellt sich die Frage, woher sie die dafür nötige Energie bekommen. Möglich wäre, daß der

Körper des Kometen Wärme erzeugt, wenn er sich verdichtet. Wie man aufgrund von Beobachtungen weiß, beträgt jedoch der Durchmesser eines Kometen nur ein paar Dutzend Kilometer. Der Druck im Inneren solcher Körper würde nicht ausreichen, um sie so zu erhitzen, daß Wasser, Kohlendioxid (Trockeneis) oder andere flüchtige (leicht zu verdampfende) Substanzen verdampfen.

Radioaktive Elemente stellen eine andere mögliche Energiequelle innerhalb eines Kometen dar. Erinnern wir uns, Radioaktivität ist die Haupthitzequelle, die Materie des Erdinnern im geschmolzenen Zustand hält. Damit allerdings ein Komet diesen Zustand erreichen oder zumindest heiß genug sein könnte, um soviel Gas abzugeben, wie wir in seinem Schweif sehen, müßte der größte Teil seiner Masse radioaktiv sein. Dies ist ein unüberwindbares Problem, weil radioaktive Elemente mit der Zeit in andere, stabile Atome zerfallen und ihre Radioaktivität einbüßen. Da die meisten radioaktiven Komponenten eines Kometen schon vor Milliarden von Jahren in stabile Atome zerfallen sein dürften, reicht die Hitze in ihrem Inneren nicht aus, um Gasschweife zu erzeugen, und noch viel weniger, um es im geschmolzenen Zustand zu erhalten.

Kommt die dafür erforderliche Energie womöglich von der Sonne? Dank ihrer Schweife können wir Kometen beobachten, die noch viel weiter von der Sonne entfernt sind als wir hier auf der Erde. Da die Sonne nicht genug Energie hat, um die Oberfläche unseres Planeten zum Schmelzen zu bringen, gelingt ihr das bei einem Himmelskörper, der noch weiter weg ist, erst recht nicht. Tatsächlich hat sogar der Planet Merkur, dessen Entfernung von der Sonne nur 40 Prozent der unseren beträgt, eine feste Oberfläche. Kurzum, es gibt, soweit man bisher weiß, keine Energiequelle, die flüssige oder geschmolzene Kometen hervorbringen könnte.

Der anderen weitverbreiteten Auffassung zufolge wird das

Gas, das ein Komet abgibt, wie auch immer es entstanden sein mag, gleich dem Dampf einer Lokomotive hinter ihm her in die die Planeten umgebende Atmosphäre geblasen. Dieser Erklärungsversuch ist in zweierlei Hinsicht problematisch. Erstens, wo befindet sich die Energiequelle, die das Gas erzeugt? Oft beantworten Leute die Frage ganz richtig damit, daß vielleicht der Körper des Kometen, der sogenannte Kern, gar nicht glühend heiß, sondern vielmehr kalt sei, die Sonne aber genug Energie liefere, um flüchtige Materie auf oder in der Nähe seiner Oberfläche zu verdampfen. Das unterstellt ebenso richtig, daß der Kometenkern nahe genug an die Sonne herankommen muß, damit der Verdampfungsprozeß einsetzen kann. So weit so gut.

Bleibt das zweite Problem, wie der Schweif hinter dem Kometen zustande kommt. Die gängige Antwort lautet, das hatte ich bereits erwähnt, die verdampften Gase würden durch dichteres, bereits im Weltraum vorhandenes Gas gestoppt und schleppten deshalb hinterdrein. Selbst wenn Sie nie eine Dampflokomotive gesehen haben, so werden Sie doch bestimmt schon einmal Sternschnuppen beobachtet haben. Sternschnuppen oder Meteore sind Gesteinsbrocken aus dem All, die beim Eintritt in die Erdatmosphäre verdampfen und dabei Schweife aus glühendem Gas hinter sich herziehen. Die Gase werden beim Fallen des Körpers von unserer Atmosphäre abgebremst, wodurch der Eindruck eines Schweifs entsteht, der hinter dem Meteor herzieht und die Richtung anzeigt, aus der er kam. Aber diese Erklärung versagt hinsichtlich der Kometen, weil das Gas im interplanetarischen Raum viel zu dünn ist, um die verdampfenden Gase zu stoppen und einen Schweif hinter dem Kometenkern entstehen zu lassen. Der Raum zwischen den Planeten ist zwar kein völliges Vakuum, hat aber Milliarden und Abermilliarden weniger Gasmoleküle pro Volumen als die Luft, die wir atmen.

Wie verhält es sich also wirklich? Aufgrund von Beobachtungen wissen wir, daß sich um den festen Kern eines Kometen, der sich von den äußeren Bereichen des Sonnensystems der Sonne nähert, eine Atmosphäre aus Gas und Staub entwickelt. Die notwendige Energie, um die mit Staub gefüllten Eisschichten des Kometen in Dampf zu verwandeln, kommt tatsächlich von der Sonne, deren ultraviolette Strahlung, sichtbares Licht und Infrarotstrahlung (Wärme) einen Teil der Arbeit leisten. Der von Sonnenlicht und Hochgeschwindigkeitsteilchen – die von der Sonne weg in alle Richtungen stieben (Sonnenwind) – beschossene Kometenkern setzt Gas und Staub frei, woraus sich eine Hülle, die sogenannte Koma, bildet.

Sobald der Komet sich auf etwa 1,5 Milliarden Kilometer der Sonne angenähert hat, beginnt er, eine Koma zu bilden. Bemerkenswert ist, daß schon Komas mit mehr als 100 000 Kilometer Durchmesser beobachtet wurden, während der Diameter des Kerns nur ein paar Kilometer beträgt. Verblüffenderweise kann eine Koma die Ausdehnung eines großen Planeten haben.

Oft sind zwei Kometenschweife zu sehen, wie viele Leute beim spektakulären Kometen Hale-Bopp (entdeckt 1995 und am deutlichsten sichtbar 1997) beobachten konnten. Untersuchungen ihrer chemischen Zusammensetzung haben ergeben, daß einer diese Schweife aus Gas besteht, während der andere vor allem staubkorngroße Partikel enthält, die bei der Verdampfung der Oberflächengase des Kometen freigesetzt werden.

Kometenschweife entstehen, wenn das Gas und die staubartigen Partikel mit Sonnenlicht und Sonnenwind zusammentreffen. Daher ist das weiter oben erwähnte Kalt-Gas-Modell teilweise richtig. Es geht jedoch von der irrigen Annahme aus, daß in der Region, durch die sich ein Komet bewegt, Gas vorhanden ist fast so wie Luft auf der

Erde. Träfe das zu, würde der Schweif hinter dem Kometen herziehen. Das allerdings ist selten der Fall.

Praktisch alles Gas, das zwischen den Planeten existiert, ist Sonnenwind, Material, das von der Sonne wegströmt. Die richtige Erklärung für Kometenschweife ist, daß die Gase und Staubpartikel der Hülle von Lichtstrahlen und Gasteilchen getroffen werden, die sich von der Sonne *wegbewegen*. Die Gase der Kometenhülle wiegen so wenig, daß der Sonnenwind sie geradlinig wegdrückt. Dies ist die Richtung, in die der Gasschweif[6] immer zeigt (Abbildung 5).

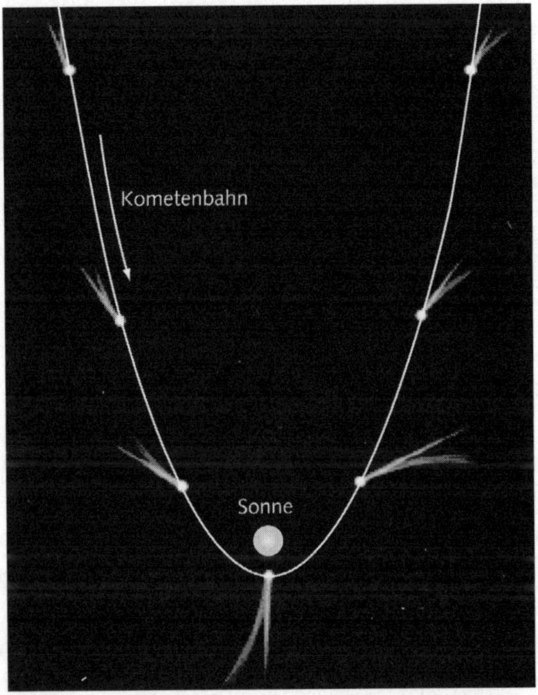

Abbildung 5: Die tatsächliche Richtung von Kometenschweifen. Der gerade Gasschweif zeigt immer von der Sonne weg. Der gebogene Staubschweif biegt sich immer zwischen dem Gasschweif und der Richtung, aus der der Komet kommt.

Er ist zudem selten gleichmäßig geformt, sondern weist oft Verdickungen auf und schimmert bisweilen sogar. Dies war ein früher Hinweis auf das Vorhandensein des Sonnenwinds, der die Sonne nicht gleichmäßig verläßt. Wie irdische Winde, die sich aus Dämpfen oder Gasen entwickeln, ruft der Sonnenwind in den Gasschweifen von Kometen kleine Wirbel und Wellen hervor.

Der zweite Schweif besteht aus Staub, der durch die verdampfenden Gase aus dem Kern freigesetzt wurde. Die Staubpartikel in der Hülle sind schwerer, und während auch sie von der Sonne weggedrückt werden, bilden sie einen Bogen zwischen dem Gasschweif und der Richtung, aus der der Komet kam.

Nur wenn ein Komet geradewegs auf die Sonne zurast, zeigt der Schweif direkt nach hinten. Man hat solche Kometen beobachtet. Sie verdampfen vollständig, ehe sie die Photosphäre der Sonne erreichen. Die meisten Kometen bewegen sich auf einer Bahn um die Sonne, anstatt direkt auf sie zuzufliegen. Wie Sie in Abbildung 5 sehen können, zeigt der Schweif dieser Kometen auf der einen Hälfte ihrer Umlaufbahnen nach vorn.

Dicke Luft

Da wir uns gerade mit Hitze beschäftigen: angenommen ich sage Ihnen, daß die der Sonne am nächsten stehenden Planeten Merkur, Venus und Erde sind, und frage Sie, welcher der drei die heißeste Oberfläche hat. Merkur ist der Sonne fast zweimal so nahe wie Venus und fast dreimal näher als die Erde. Selbst wenn Sie sich darüber noch nie Gedanken gemacht haben sollten, werden Sie wahrscheinlich spontan Merkur nennen. Das erscheint logisch. Schließlich ist Merkur dem Feuer am nächsten. Dennoch ist die Antwort falsch.

Wenn ich ein Thermometer an der Entfernung von Merkur zur Sonne in den Weltraum steckte, würde ich eine Temperatur von 360 Grad Celsius messen. Dies zeigt die Energie an, die an dieser Stelle von der Sonne geliefert wird. Beim Abstand, den Venus von der Sonne einnimmt, würde das Thermometer im All 190 Grad Celsius anzeigen. Hier auf der Erde liegt die Temperatur natürlich noch niedriger, andernfalls könnten wir nicht existieren. Wie Sie zu Recht annehmen dürften, nimmt die Temperatur ab, je weiter wir uns aus dem Sonnensystem hinausbewegen. Beim Planeten Pluto beträgt sie im Durchschnitt minus 200 Grad Celsius.

Nun wollen wir die Temperatur auf den Oberflächen der einzelnen Planeten betrachten. Beobachtungen haben ergeben, daß auf dem Merkur zur Mittagszeit mollige 425 Grad Celsius herrschen, heiß genug, um Zinn oder Blei zum Schmelzen zu bringen. Man sollte nicht vergessen, daß Merkur im Vergleich zur Erde eine sehr, sehr dünne Atmosphäre hat. Atmosphären beeinflussen Temperaturen. So verhindern auf der Erde die Wolken, daß in der Nacht Wärme entweicht, weshalb ein Morgen nach einer bewölkten Nacht wärmer ist als einer nach einer klaren Nacht bei ansonsten gleichbleibenden Bedingungen. Wegen ihrer geringen Dicke hat die Atmosphäre des Merkur praktisch keinen Einfluß auf seine Oberflächentemperatur.

Beim zweiten Planeten, der Venus, sieht die Sache ganz anders aus. Wenn Venus, wie Merkur und unser Mond, eine im wesentlichen luftleere Welt wäre, würde die Temperatur auf ihrer Oberfläche etwa 230 Grad Celsius betragen, also weniger als die des Merkur. Die Venus ist jedoch nicht luftleer. Sie ist von so viel Gas, zumeist Kohlendioxid, umgeben, daß der Luftdruck auf ihrer Oberfläche hundertmal größer ist als der Druck der Luft, die wir atmen. Auf der Oberfläche des Planenten Venus würden Sie sich fühlen, als schwömmen Sie in 1000 Meter Wassertiefe.

Diese unglaublich dicke Schicht aus Kohlendioxid hat tiefgreifende Auswirkungen auf die Oberflächentemperatur der Venus, sie erhöht sie um 450 Grad Celsius über die des Merkur. Schauen wir nun, wie das geschieht. Das meiste Sonnenlicht, das auf die Atmosphäre der Venus trifft, wird von den Wolken, die den Planeten ständig bedecken, geradewegs ins All zurückgeworfen. Anders als die Wolken der Erde bestehen die der Venus hauptsächlich aus Schwefelsäure. Etwa ein Viertel des Sonnenlichts dringt auf die Oberfläche des Planeten durch. Wie auf der Erde wird dieses Licht vom Planeten aufgenommen, der sich aufheizt, und wie bei jedem heißen Gegenstand strahlt diese Wärme wieder nach außen ab. Aber die von der Venus ausgeströmte Wärme gelangt nicht sehr weit über die Oberfläche hinaus, weil die Kohlendioxidatmosphäre sie sehr gründlich absorbiert. Infolgedessen heizt der Planet seine Atmosphäre auf, die sich wie ein heißes Tuch verhält, unter dem die Oberfläche viel heißer bleibt, als es sonst der Fall wäre. Dies ist in Abbildung 6 dargestellt.

Was auf der Venus mit der Wärme geschieht, ist genau das, was in glasumschlossenen Räumen auf der Erde passiert, etwa in einem Treibhaus oder in Ihrem Auto an einem heißen Sommertag. Sichtbares Licht dringt durchs Glas und erhitzt die Gegenstände im Inneren. Da die dort entstehende Hitze beziehungsweise Wärmestrahlung durchs Glas nicht entweichen kann, heizt sie die Luft im Innern und dadurch die Gegenstände weiter auf. Dieser sogenannte Treibhauseffekt erklärt, warum die Venus die heißeste Oberfläche aller im Sonnensystem vorhandenen Planeten mit fester Oberfläche hat.

Ob Sie es glauben oder nicht: Die Erdoberfläche ist ebenfalls heißer als der größte Teil der Oberfläche des Merkur. Nachts kühlt die Erde ab. Hier in Maine fiel letzte Nacht das Thermometer auf minus 20 Grad Celsius. Zu diesem

Temperaturabfall kommt es deshalb, weil die von der Oberfläche abgestrahlte Wärme in der Nacht nicht durch Sonnenenergie ersetzt wird. Ein Teil der von der Erde abgegebenen Wärme wird allerdings von unserer Atmosphäre absorbiert (in viel geringerem Maße als auf der Venus), was verhindert, daß die Oberfläche während der Nachtstunden zu sehr abkühlt.

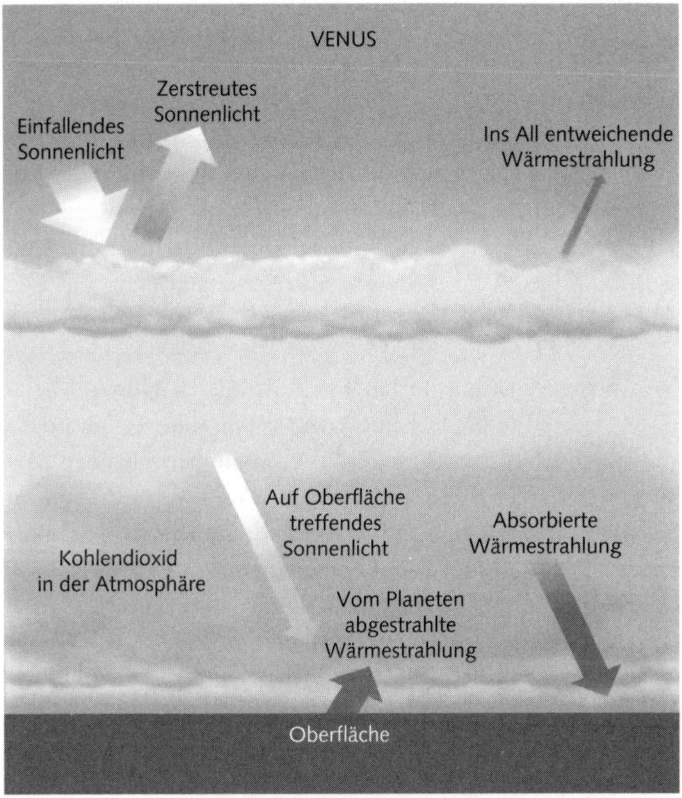

Abbildung 6: Treibhauserwärmung der Venus. Sichtbares Sonnenlicht trifft auf die Oberfläche des Planeten und wird in Wärme umgewandelt. Ein Großteil dieser Wärme wird von der dicken, kohlendioxidreichen Atmosphäre zurückgehalten.

Anders auf dem Merkur. Seine Umdrehung um die eigene Achse ist so langsam, daß dort ein Tag (von Mittag bis Mittag) 176 Erdentagen entspricht. Ein Jahr auf dem Merkur ist hingegen nur 88 Erdentage lang, das heißt, der Merkur benötigt nur 88 Tage, um die Sonne zu umrunden; somit ist ein Tag auf dem Merkur doppelt so lang wie ein Jahr dort. Infolge dieser unglaublich langsamen Umdrehung hat die Nachtseite des Merkur 88 Erdentage um auszukühlen. Da es dort wenig Atmosphäre gibt, die die von diesem Planeten abgegebene Wärme einfangen könnte, sinkt die Temperatur auf der Nachtseite des Merkur auf minus 175 Grad Celsius, und macht damit eine Seite des Planeten, der der Sonne am nächsten ist, zu einen der kältesten Himmelskörper im Sonnensystem.

Mondschein und Erdschein

Wie beim Merkur sind langsame Rotation, glühend heiße Tage und eisige Nächte auch Merkmale unseres Mondes – und auch über ihn kursieren alle möglichen falschen Vorstellungen. Wir sahen im Vorwort, daß sich der Mond um sich selbst dreht, während er die Erde umkreist. Die Länge eines Mondtages entspricht ungefähr 29,5 Erdentagen. Er hat keine nennenswerte Atmosphäre. Daher schwanken dort die Temperaturen extrem, zwischen 100 Grad Celsius mittags und minus 150 Grad Celsius nachts. Tag und Nacht haben mit einer Sache zu tun, über die mancherlei Verwirrung herrscht, nämlich die Ursache der Mondphasen. Viele vermuten, ihre Ursache sei der Erdschatten, der einen Teil des Mondes während dessen Umlauf um die Erde bedeckt. Eine ähnliche Deutung führt die Mondphasen auf die Schatten anderer Himmelskörper zurück. Beginnen wir mit dem Erdschatten als vermeintlicher Ursache.

Jedermann würde wohl der Behauptung zustimmen, daß der Mond fortwährend einen gleichmäßigen Phasenzyklus durchläuft. Die wiederholte Betrachtung des Monds über einen gewissen Zeitraum wird Sie davon überzeugen. Der Kreislauf vollzieht sich folgendermaßen: Neumond ist die Phase, in der der Mond entweder als hauchzarte Sichel (wenn er von der imaginären Geraden zwischen Erde und Sonne leicht abweicht) oder völlig dunkel erscheint (wenn er genau zwischen Erde und Sonne tritt). Wenn die Sichel breiter wird, befindet sich der Mond in seiner zunehmenden Sichelphase; dies geht etwa eine Woche so weiter, bis die Hälfte der uns zugekehrten Mondseite hell erstrahlt. Wir nennen dies das Erste Viertel (weil er ein Viertel seines Zyklus durchlaufen hat) oder den zunehmenden Halbmond. Der helle Teil des Mondes verbreitert sich noch eine weitere Woche lang, wird zum zunehmenden Dreiviertelmond, bis wir schließlich einen runden Vollmond sehen. Dann kehrt sich der Zyklus um: abnehmender Dreiviertelmond, Letztes Viertel oder abnehmender Halbmond, abnehmende Sichel und zurück zum Neumond.

Wenn die Phasen durch den Erdschatten hervorgerufen werden, der an verschiedenen Tagen unterschiedlich große Teile der Mondoberfläche bedeckt, dann muß die Geometrie von Sonne, Mond und Erde für den Zyklus verantwortlich sein. Der Erdschatten fällt in diesem Fall immer dann, wenn die Erde das Sonnenlicht abschirmt. Er existiert also nur auf der von der Sonne abgewandten Seite der Erde wie in Abbildung 7 dargestellt. Die Abbildung zeigt auch, daß an jedem Tag, an dem wir einen zunehmenden oder abnehmenden Mond, das heißt keinen Vollmond, sehen, Sonne und Mond auf den gegenüberliegenden Seiten der Erde stehen müssen.

Dies wirft ein Problem auf. Vollmond haben wir nur an einem Tag innerhalb eines Phasenzyklus. Wenn der Erd-

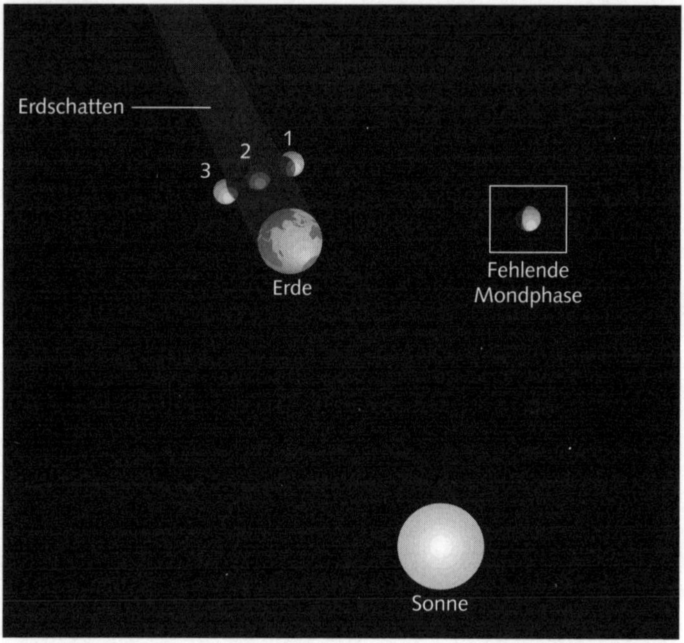

Abbildung 7: Das Szenario, falls Mondphasen vom Mond im Erdschatten verursacht würden. Dieses Modell kann den zunehmenden Mond (1) und den Neumond (2) nachbilden, nicht aber den zwischen Halb- und Vollmond (im Kasten). Tatsächlich ist die Form (3) nur während einer Mondfinsternis zu sehen.

schatten die Phasen verursacht, dann muß der Mond praktisch an jedem Tag des Jahres auf der der Sonne entgegengesetzten Seite der Erde stehen, damit sich ein Teil von ihm im Erdschatten befinden kann. Aber unter solchen Umständen würde der Mond die Erde nicht umkreisen. Stünde der Mond immer nur auf einer Seite, so würde er aufgrund der Erdanziehung auf unseren Planeten prallen. In Wirklichkeit fällt der Mond andauernd auf die Erde zu, aber wegen seiner Umlaufbewegung verfehlt er sie fortwährend, und das ist gut so. Befände sich der Mond immer auf der der Sonne abgewandten Seite der Erde, also in ihrem Schatten, wäre seine Umlaufbewegung, die ihn hindert, gegen die Erde zu prallen, zu gering. Doch der Mond umkreist nun einmal die Erde und verbringt ebenso viel Zeit auf der Sonnenseite wie auf der von der Sonne abgewandten Seite der Erde. Schauen Sie sich irgendwann einmal eine Mondsichel an. Sie werden sie immer weniger als einen halben Himmel von der Sonne entfernt sehen.

Noch mehr in Frage gestellt wird das Erklärungsmodell Erdschatten durch die Form des Erdschattens auf dem Mond. Im Grunde ist die Erde ein kugelförmiger Körper. Wenn der Mond in ihren Schatten eintritt, müßte sein dunkler Teil immer einen Bogen »in« den Mond schneiden, wie in Abbildung 7 dargestellt. Für die Mondsichel trifft dies zu, aber beim Dreiviertelmond wölbt sich der helle Teil auf beiden Seiten, was mit der Vorstellung, der dunkle Teil des Mondes sei auf die Form des Erdschattens zurückzuführen, unvereinbar ist.

Ein anderes Problem, das bei einer unterstellten Kausalität zwischen Erdschatten und Mondphasenzyklus auftaucht, stellen die Mondfinsternisse dar. Man könnte nun durchaus (und zu Recht) ins Feld führen, der Erdschatten sei die Ursache dieser Finsternisse. Aber wenn unser Schatten die Mondphasen hervorruft, warum gibt es dann nicht jeden Monat eine Mondfinsternis? Noch verwirrender ist der Umstand, daß wir Sonnenfinsternisse beobachten, wenn der Mond die Sonne verdeckt. Das heißt natürlich, daß der Mond direkt zwischen Erde und Sonne stehen muß. Wenige Stunden vor und nach einer Sonnenfinsternis erscheint der Mond als hauchdünne Sichel ganz dicht neben der Sonne am Himmel. Wenn nun der Erdschatten der Grund für die Phasen wäre, müßte sich dieser nahezu unsichtbare Mond fast genau auf der der Sonne gegenüberliegenden Seite der Erde befinden. Diese beiden Behauptungen widersprechen einander, also muß die Annahme, daß der Erdschatten die Phasen verursacht, falsch sein.

Der tatsächliche Grund für die Mondphasen hat mit der Idee zu tun, die hinter dem Titel eines Plattenalbums der Rockband Pink Floyd steckt: *Dark Side of the Moon*. Viele Leute glauben, der Mond habe eine dunkle Seite, jene nämlich, die wir nie zu sehen bekommen.[7] In der Tat hat er eine Seite, die man von der Erde aus niemals sieht, die sogenannte Rückseite. Aber ist sie immer dunkel?

Versetzen Sie sich einmal gedanklich auf den Mond. Suchen Sie sich einen hübschen Platz aus, über dem die Erde hoch am Himmel steht. Lassen wir sie aufgehen wie die Sonne. Vergessen Sie nicht, daß selbst bei aufgegangener Sonne der Mondhimmel schwarz aussieht, weil es dort praktisch keine Luft gibt, die das Sonnenlicht streuen und die Sterne verdunkeln könnte. Schlagen Sie ein Lager auf und beobachten Sie Erde und Sonne. Weil sich der Mond mit genau derselben Geschwindigkeit um die eigene Achse dreht, wie er die Erde umkreist, wird diese sich in Ihren Augen nicht von der Stelle bewegen, egal, wie viele Tage, Wochen, Monate, Jahre oder Jahrzehnte Sie sie beobachteten. Die Sonne jedoch wandert über den Himmel.

Dazu wird sie zwei Wochen benötigen. Wenn sie versinkt, werden Sie in eine ebenso lang andauernde kalte, dunkle Nacht eintauchen. Mit anderen Worten, auf der Erde braucht die Sonne einen Tag von Sonnenaufgang bis Sonnenaufgang, auf dem Mond benötigt sie dazu fast dreißig Erdentage. Aber wo befindet sich die Sonne während der Zeit, in der sie vom Himmel des Mondes verschwunden ist? Sie beleuchtet die andere Hälfte des Mondes unter Ihren Füßen, genau wie die Sonne an jedem Tag dem ganzen Erdball jeweils für gewisse Zeit Licht spendet. Während der halbe Mond zu jeder Zeit in Dunkelheit liegt, erhalten praktisch alle Stellen auf ihm (von einigen Kratern an seinen Polen abgesehen) irgendwann im Monat Sonnenlicht. Die dunkle Seite des Mondes ändert sich somit fortwährend.

Selbst als Sie auf dem Mond im Dunkeln waren, konnten wir Sie von der Erde aus beobachten. Sie blieben an der gleichen Stelle, aber diese Stelle lag zuerst im hellen Teil des Mondes und später dann im dunklen Bereich. Wir auf der Erde sehen zumindest einen Teil der dunklen Seite des Monds, nämlich immer dann, wenn wir weniger als den vollen Mond sehen. Die Phasen gehen darauf zurück, daß wir verschieden große Regionen jener dunklen Seite sehen, wenn der Mond die Erde umkreist.

Schauen wir nun, wie das geht, indem wir wieder bei Neumond beginnen, zu dem es kommt, wenn der Mond zwischen Erde und Sonne steht. Da die von der Sonne beschienene Mondseite uns abgewandt ist, sehen wir praktisch die gesamte »dunkle Seite« des Mondes. Eine Lichtsichel taucht auf, wenn die sonnenbeschienene Seite in Sicht kommt. Die beiden Endpunkte der Sichel zeigen von der Sonne weg, und in dieser Phase geht der Mond kurz nach der Sonne auf. Während der darauffolgenden Woche, wenn sich der Mond auf seinem Umlauf um die Erde weiter von der Sonne wegbewegt, sehen wir immer mehr von der sonnenbeschienenen Seite, bis wir sie schließlich zur Hälfte sehen – das erste Mondviertel. Vom Ersten Viertel zu Vollmond und dann zum Letzten Viertel hat der Mond mehr als die halbe Strecke zurückgelegt. Bei Vollmond befindet er sich nämlich auf der der Sonne abgewandten Seite der Erde, so daß wir die ganze erleuchtete Seite sehen. Dies widerlegt das Erklärungsmodell, dem zufolge der Erdschatten die Ursache der Mondphasen ist. Denn stände der Vollmond in der entgegengesetzten Richtung zur Sonne, so läge er nach diesem Modell in unserem Schatten. Der Mondphasenzyklus setzte sich, wie in Abbildung 8 gezeigt, fort.

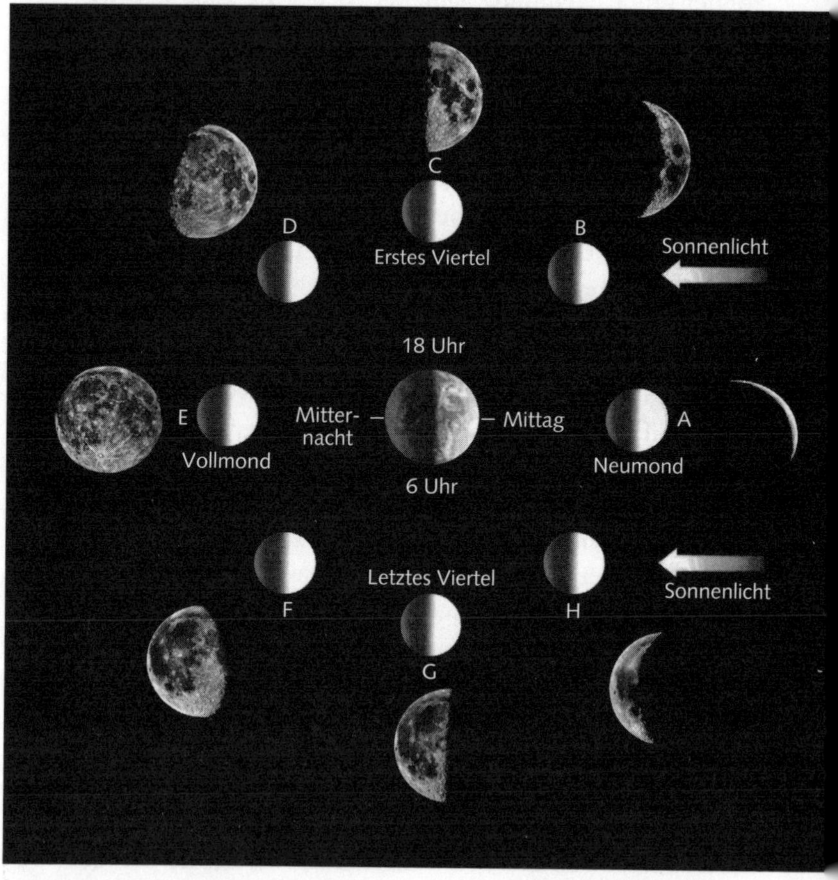

Abbildung 8: Richtige Erklärung der Mondphasen. Außer bei Vollmond sehen wir einen Teil der dunklen Mondseite. Die Größe dieses Teils bestimmt die Phase. Die Zeichnungen zeigen Erde und Mond, wie sie aus dem All zu sehen wären. Die Fotos sind Ansichten vom Mond, die man von der Erde aus hat.

Wenn sich der Mond auf der der Sonne entgegengesetzten Seite der Erde befindet, warum kommt es dann nicht jeden Monat zu einer Finsternis? Dazu käme es, wenn der Mond die Erde auf genau der gleichen Ebene umkreiste, auf der unser Planet die Sonne umrundet (der Ekliptik). In diesem Fall würde der Mond jedesmal kurz vor Erreichen der Vollmondphase in den Erdschatten rutschen. Analog dazu würde er sich jedesmal kurz vor Neumond genau zwischen Erde und Sonne schieben, die Sonne verdunkeln und somit eine Sonnenfinsternis bewirken.

Tatsächlich ist die Umlaufbahn des Mondes etwa fünf Grad zur Ekliptik geneigt, so daß er bei Vollmond normalerweise etwas über oder unter dem Erdschatten bleibt und die Erde bei Neumond etwas über oder unter seinem Schatten steht. Nur wenn der Mond die Ekliptik während dieser beiden Phasen seines Zyklus kreuzt, kommt es zu Finsternissen.

Falls Sie oft genug zum Mond hinaufgeschaut haben, dürfte Ihnen aufgefallen sein, daß nicht selten neben der hellen Seite auch die dunkle schwach zu sehen ist. Einige Leute schreiben dies einem Licht zu, das der Mond von einer glühenden geschmolzenen Oberfläche selbst aussendet, oder dem Licht der Sterne oder der Sonne, das von der Atmosphäre des Mondes gestreut wird. Das Sternenlicht ist jedoch zu schwach, um die dunkle Seite des Mondes von der Erde aus sichtbar werden zu lassen. Seine Oberfläche ist fest und glüht nicht von selbst. Wie schon erwähnt, hat der Mond so gut wie keine Atmosphäre, also kann sie auch kein Licht streuen. Der tatsächliche Grund für das zu beobachtende Phänomen besteht darin, daß etwas von dem Sonnenlicht, das auf die Erde fällt, ins All zurückgeworfen wird und auf die Mondoberfläche trifft. Ein Teil dieses Lichts, der sogenannte Erdschein oder das Erdlicht, strahlt von der uns zugewandten dunklen Seite des Mondes auf uns zurück.

Ebbe und Flut

Verwirrung herrscht gemeinhin auch über den Zusammenhang zwischen Mond und den Gezeiten auf der Erde. Man kann eine Vielzahl falscher Vorstellungen hören: Gezeiten sind auf die Winde über den Meeren zurückzuführen; der Mond ist nicht die Ursache für die Gezeiten; allein der Mond ruft die Gezeiten hervor; die Höhe der Flut ändert sich während des Jahres nicht; Ebbe und Flut sind auf der ganzen Welt gleich; es gibt eine Flut an dem Punkt auf der direkten Linie zwischen Erde und Mond.

Jeder, der eine gewisse Zeit am Ozean verbracht hat, merkt schnell, daß es Gezeiten gibt. Ich stellte das schon als Kind fest, als ich an der Ostküste der Vereinigten Staaten lebte. Während des Sommers gingen wir oft zum Strand, wo ich zahllose Sandburgen baute, die dann zumeist von der steigenden Flut hinweggespült wurden. Der Ozean steigt. Er ebbt ab. Wir beobachten einen voraussagbaren Kreislauf der Gezeiten. Beobachtungen wie diese werden uns zu ihrer richtigen Erklärung führen.

Wären die Gezeiten durch Winde bedingt, die über den Ozean fegen, dann dürfte sich eigentlich die Wasserhöhe nicht verändern, wenn der Wind abgeflaut ist. Das Steigen und Sinken des Ozeans geht fast immer unmerklich langsam vor sich. Wenn Sie an einem windstillen Tag zum Strand gehen und selbst nach einiger Zeit keine Veränderung in der Wasserhöhe feststellen können, kommen Sie vielleicht zu dem Schluß, der fehlende Wind sei für das vermeintliche Ausbleiben der Gezeiten verantwortlich. Ihr Eindruck wird sich ändern, wenn Sie einen Liegestuhl und einen Sonnenschirm aufstellen und das ruhige Wasser einige Stunden lang beobachten. Es wird steigen oder sinken, ohne Rücksicht auf die Windstärke. Auch die Tatsache, daß die Gezeiten zuverlässig wiederkehren, sollte den Zusammenhang zwischen Wind und Gezeiten in Zweifel ziehen. Wenn Sie glauben, daß Winde Gezeiten hervorrufen, dann würden Sie an einem Tag völliger Windstille keinen normalen Gezeitenzyklus wahrnehmen. Aber Sie werden ihn merken.

Beobachtungen helfen oft, Fehlurteile über die Natur zu korrigieren. Das Problem ist, daß wir liebgewordene Vorstellungen für richtig halten und uns also gar nicht die Mühe machen, sie empirisch zu überprüfen. Schlimmer noch, falsche Interpretationen von Beobachtungen können zu weiteren falschen Schlüssen führen. Ich glaube, der Verwirrung über den Zusammenhang zwischen Winden und Gezeiten liegt die (richtige) Erkenntnis zugrunde, daß Winde Wellen verursachen. Gehen Sie an einem windigen Tag zum Strand und Sie werden sehen, daß die Wellen weiter hochkommen als an einem ruhigen Tag. Das liegt daran, daß stärkere Winde höhere Wellen auslösen.

Ehrlicherweise sei zugegeben, daß extreme Winde die Tidenhöhen tatsächlich verändern können. Bei Hurrikanen etwa steigt die Flut wegen des niedrigeren Luftdrucks über dem Wasser ganz erheblich.

Seit Jahrtausenden wissen die Seeleute, daß die Tidenhöhe mit dem Stand des Mondes zu tun hat. So tritt die Flut täglich dann ein, nachdem der Mond seinen höchsten Punkt am Himmel erreicht hat. Dies legt die Vermutung nahe, daß zwischen Mond und Gezeiten eine natürliche Beziehung besteht. Wäre jedoch der Mond die einzige Ursache für die Gezeiten, dann hätten diese an einem bestimmten Punkt auf der Erde jedesmal dieselbe Höhe, wenn der Mond an derselben Stelle über der Erde steht. Mit anderen Worten, jeden Tag, wenn der Mond den höchsten Stand an unserem Himmel soeben passiert hat, hätten wir eine Flut von der gleichen Höhe wie an allen vorangegangenen Tagen. Doch Beobachtungen haben ergeben, daß die Höhe der Fluten während des gesamten Mondphasenzyklus variiert.

Nun, könnten Sie argumentieren, dann ist vielleicht die Umlaufbahn des Mondes um die Erde nicht kreisförmig. Wäre das der Fall, wäre die Schwerkraft des Mondes, wenn er der Erde näher ist, stärker und die Flut dadurch höher, als wenn der Mond weiter weg ist. In der Tat geht aus Beobachtungen hervor, daß die Umlaufbahn des Mondes elliptisch ist. Newtons Gravitationsgesetz besagt, je näher zwei Körper beieinanderstehen, desto stärker wirken die Gezeitenkräfte zwischen ihnen. Wenn der Mond der Erde am nächsten ist und hoch an unserem Himmel steht, ist tatsächlich die Flut oft höher als durchschnittlich.

Andere Beobachtungen haben allerdings ergeben, daß die Fluten niedriger als gewöhnlich sind, wenn der Abstand zwischen Mond und Erde am geringsten ist, und umgekehrt. Aus alledem folgt, daß der Mond nicht die alleinige Ursache für die Gezeiten sein kann.

Um mir noch einmal selbst ein Bild vom Gezeitenzyklus zu machen, fuhr ich nach Mount Desert Island, einer kleinen Insel vor der Küste von Maine. Kurz bevor der Mond eines Morgens am östlichen Horizont aufging,[8] kam ich an und markierte die Tidenhöhe auf einem der Pfosten in Southwest Harbour. Etwa eine Stunde blieb ich dort, trank Kaffee und sah dem Treiben im Hafen zu. Während dieser Zeit sank der Wasserspiegel zuerst ein wenig und begann dann zu steigen, als der Mond aufging. Es wehte ein kühles Lüftchen an jenem Morgen, aber der Himmel war klar, und der Tag sah vielversprechend aus.

Den restlichen Vormittag über lief ich im Arcadia National Park umher, schlug den einen oder anderen Weg ein und genoß die Ausblicke auf atemberaubende Landschaften. Gegen Mittag kehrte ich nach Southwest Harbour zurück und aß bei Beal's Lobster Pier einen Teller Muscheln. Als der Mond seinen höchsten Punkt überschritt,[9] unterbrach ich meinen Lunch mehrmals, um die Tidenhöhe am besagten Pfosten zu messen. Während dieser Zeit stieg die Flut bis zu ihrem höchsten Stand an und fiel dann langsam wieder ab. Der Zeitraum zwischen dem tiefsten Punkt an diesem Morgen und dem höchsten um die Mittagszeit betrug etwa 6 Stunden und 15 Minuten.

Auch den Nachmittag verbrachte ich im Nationalpark, stieg den Cadillac Mountain hoch, saß am Thunder Hole, lag am Sandstrand. Der Tag ging viel zu schnell vorbei, und gegen fünf Uhr setzte ich mich wieder in Beal's Restaurant, um einen Hummer zu essen und den Tidenstand zu beobachten, der gegen sechs Uhr abends am niedrigsten war, etwa 6 Stunden und 15 Minuten nach der Flut. Als ich die Insel gegen acht Uhr abends verließ, stieg die Flut.

Aber warten Sie! Ich erlebte ja an einem Tag zweimal Ebbe, und da in der Natur alles paritätisch ist, mußte es vor der nächsten Ebbe am darauffolgenden Morgen auch noch einmal eine Flut geben. Das bedeutet zweimal Ebbe und zweimal Flut am Tag, nicht einmal.

Es gibt noch eine andere Möglichkeit, um zu dieser Erkenntnis zu gelangen: zur gleichen Zeit, als ich an jenem Morgen den Mond im Osten aufgehen sah, sah jemand auf der anderen Seite der Welt ihn im Westen untergehen. Da ich bei Mondaufgang eine Ebbe erlebte, schien es logisch, daß auf der mir gegenüberliegenden Seite der Erde zur selben Zeit eine Ebbe eintrete. Dies stimmt mit dem Faktum überein, daß ich eine weitere Ebbe erlebte, als der Mond unterging. Ebenso mußte, als ich eine Flut erlebte, kurz nachdem der Mond seinen Zenit erreicht hatte, jemand auf der gegenüberliegenden Seite der Welt eine erleben. Das heißt, es gibt eine Flut, wenn der Mond bei uns hoch am Himmel steht, und eine, wenn er über der gegenüberliegenden Seite der Erde hoch am Himmel steht.

Gezeiten sind das Ergebnis von Flieh- und Anziehungskräften, die auf die Erde wirken. Die wichtigsten Urheber dieser Kräfte sind Mond und Sonne. Sehen wir uns den Mond an. Erde und Mond umkreisen einen gemeinsamen Schwerpunkt, der circa 1700 Kilometer unter der Erdoberfläche auf der Linie zwischen Erde und Mond liegt. Wie bei zwei Tänzern, die einander umwirbeln, erzeugt diese Bewegung eine auf die Ozeane der Erde wirkende Fliehkraft weg vom Mond. Zugleich zerrt jedoch auch die Anziehungskraft des Monds an der Erde, an verschiedenen Stellen in unterschiedlichem Maße (Abbildunge 9). Die Gezeiten entstehen, wenn im Zusammenspiel der nach außen, vom Mond weg, gerichteten Fliehkraft und der nach innen gerichteten Anziehungskraft das Wasser der Meere zum Mond hin- oder von diesem weggezogen wird.

Die Wechselwirkung dieser Kräfte ist symmetrisch, sie verursachen Flut gleichzeitig auf der dem Mond zu- und der vom Mond abgewandten Seite der Erde und dazwischen zweimal Ebbe. Das entspricht meinen Beobachtungen auf Mount Desert Island, daß es zweimal Flut und zweimal Ebbe am Tag gibt. Die Flut, wenn der Mond hoch am Himmel oder aber auf der anderen Seite der Erde steht, die Ebbe, wenn der Mond über dem Horizont steht und das Wasser über die Erdoberfläche zu ihm hin- oder von ihm weggezogen wird.

Auch die Schwerkraft der Sonne hat nicht unerheblichen Einfluß auf die Gezeiten. Immerhin hat die Sonne die 27millionenfache Masse des Monds. Die größere Entfernung zwischen Sonne und Erde – das fast 400 000fache des Abstands zwischen Mond und Erde – vermindert allerdings die Gezeitenwirkung der Sonne erheblich. Verbindet man die Effekte der größeren Masse der Sonne mit der größeren Entfernung, so ergibt sich daraus, daß der Mond etwa doppelt so hohe Fluten hervorruft wie die Sonne.

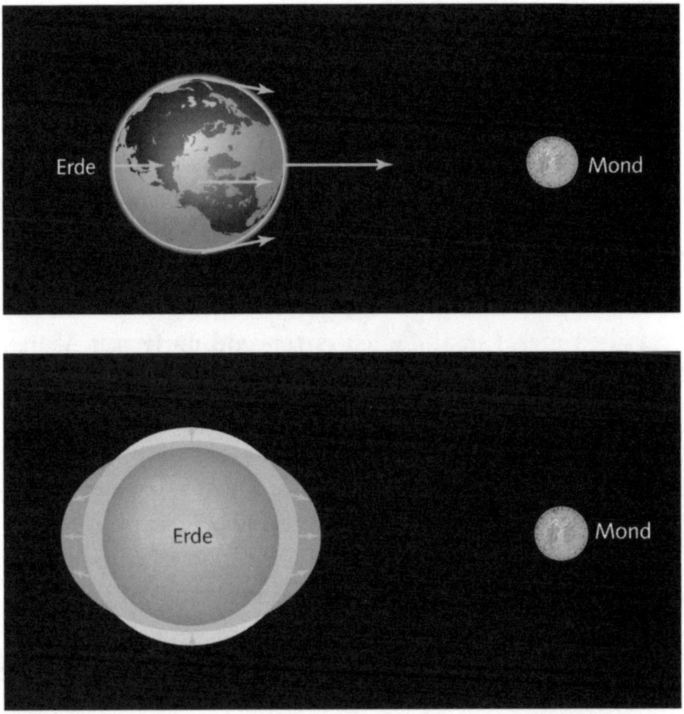

Abbildung 9: Die vom Mond hervorgerufenen Gezeiten. Die Pfeile (oben) zeigen die Stärke der Gravitation des Mondes an verschiedenen Stellen der Erde an. Die Unterschiede in der Größe der Kraft erzeugen die Gezeiten, wie unten gezeigt.

Wir sind nun in der Lage zu verstehen, warum die Höhe der Fluten während des Mondphasenzyklus variiert. Wenn sich Erde, Sonne und Mond auf einer Geraden befinden, entweder bei Neu- oder Vollmond, ziehen Sonne und Mond die Ozeane in dieselbe Richtung. Das geschieht auch, wenn sie beiderseits der Erde einander gegenüberstehen, wegen der Symmetrie der von beiden Himmelskörpern erzeugten Gezeiten. Bei Neu- und bei Vollmond ist folglich die Differenz zwischen Ebbe und Flut besonders groß. Dies sind die Springfluten.

Wenn Sonne und Mond in senkrecht zueinander verlaufenden Richtungen an der Erde zerren, etwa, wenn der Mond zur Mittagszeit aufgeht (und also die Sonne an unserem Himmel am höchsten steht), heben sich die von ihnen hervorgerufenen Gezeiten teilweise gegeneinander auf, und zwar deshalb, weil Sonne und Mond zur gleichen Zeit die Ozeane in gegensätzliche Richtungen ziehen. Am stärksten merkt man das im ersten und im letzten Viertel der Mondphasen. Wasserstände an diesen Tagen, wenn die Spanne zwischen Ebbe und Flut besonders gering ist, nennt man Nippfluten. Wir sehen nun, daß der wechselnde Abstand zwischen Mond und Erde nur ein Teil der Gezeitengeschichte ist: Wenn der Mond uns bei Nippzeit (Nippflut) am nächsten steht, ist der Gezeitenunterschied immer noch geringer, als wenn der Mond bei Springflut am weitesten von uns entfernt ist.

Nun wollen wir endlich die Erdrotation wieder ins Spiel bringen. Die Erde dreht sich dreißigmal schneller ostwärts, als der Mond uns umkreist. Diese Bewegung zieht die Flut unter dem Mond weg, während die Anziehungs- oder Schwerkraft des Mondes das Wasser des Flutbergs zum Mond zurückzieht. Dies bedeutet, daß die Flut infolge der Anziehungskraft des Mondes über die Erdoberfläche nach Westen fließt. Der Flutberg liegt daher nie direkt unter dem Mond. Das Wasser wird außerdem von den Inseln und Kontinenten aufgehalten. Dieser Vorgang bewirkt zweierlei: Erstens, die dem Mond nächste Flut zieht den Mond in seiner Umlaufbahn voran (Abbildung 10). Dies verleiht dem Mond zusätzliche Energie und bewirkt, daß er sich spiralförmig von der Erde wegbewegt. Gegenwärtig zieht er sich mit einer Geschwindigkeit von vier Zentimetern pro Jahr zurück. Zweitens, die sich nach Westen bewegenden Fluten drücken gegen die ostwärts drehenden Kontinente und bremsen dadurch die Erde ab. Gestützt auf diese physikalischen und geologischen Befunde, haben Geologen ermittelt, daß die Erde zur Zeit ihrer Entstehung sich fünf- oder sechsmal schneller drehte als heute. Der Tag hatte ursprünglich einmal eine Dauer zwischen vier und sechs Stunden. Die Rotationsgeschwindigkeit der Erde verlangsamt sich gegenwärtig um eine tausendstel Sekunde pro Jahrhundert.

Oft wird nach solcher Erkenntnis die Frage gestellt: Wird der Mond die Erde irgendwann einmal völlig verlassen? Nein, weil der Mond sich im Verhältnis zur abnehmenden Erdrotation von der Erde wegbewegt. Vielleicht dreht sich in 20 Milliarden Jahren die Erde genauso schnell, wie der Mond sie umkreist. Danach wird der Mond in einem festen Abstand von der Erde verbleiben mit einer Flut genau zwischen den Mittelpunkten der beiden Himmelskörper. Der Mond wird dann über einer Seite der Erde stehen, und auf der anderen nie zu sehen sein. Diese Extrapolation in die Zukunft ist allerdings müßig, weil die Sonne schon lange vorher erloschen sein und aller Wahrscheinlichkeit nach dabei Erde und Mond geschluckt haben wird.

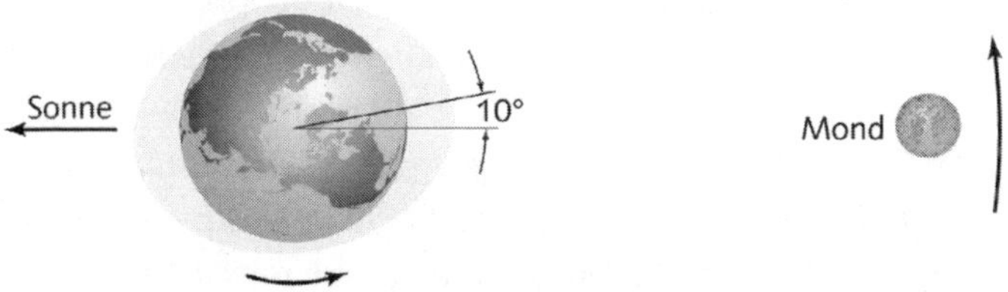

Abbildung 10: Die rasche Drehung der Erde erzeugt exzentrische Gezeiten. Die Flut, die dem Mond am nächsten kommt, eilt ihm um 10 Grad voraus. Der Flutberg zieht den Mond voran, so daß er sich spiralförmig von der Erde wegbewegt.

Fünfzig falsche Vorstellungen über die Astronomie, denen man immer wieder begegnet

Über jedes Thema in der Astronomie, ja eigentlich über fast jedes wissenschaftliche Gebiet, werden Myriaden von falschen Auffassungen vertreten. Die Fälle, die ich in diesem Kapitel erläutert habe, sind wirklich nur die Spitze des Eisbergs. Im Laufe des letzten Jahrzehnts lieferten mir Studenten in meiner Einführungsvorlesung über Astronomie ganze Listen voller Überzeugungen, denen sie anhingen, ehe sie an dem Kurs teilnahmen. Sie erzählten mir auch, wie und wo sie darauf gekommen waren. Als Anreiz dafür, mir diese Informationen zur Verfügung zu stellen, dienten natürlich zusätzliche Punkte und die Garantie, daß das, was sie da schrieben, nie mit ihren Namen in Verbindung gebracht werden würde.

Ich stellte hierauf eine Liste mit mehr als 1500 verschiedenen falschen Vorstellungen, Fehlurteilen oder Mißverständnissen zusammen. Was beileibe nicht heißen soll, daß meine Studenten nicht intelligent gewesen wären. Wie wir im nächsten Kapitel im einzelnen erforschen werden, machen wir uns alle falsche Vorstellungen von der Natur und ihren Mechanismen. Das ist unvermeidlich. Sie alle aufzulisten, würde allein fünfzig Seiten benötigen. Für jede falsche Annahme Erklärungen zu liefern zusammen mit den korrekten wissenschaftlichen Erkenntnissen, wie ich es in diesem Kapitel getan habe, würde Hunderte von Seiten beanspruchen.[10] An dieser Stelle will ich nur einmal die fünfzig am häufigsten genannten zitieren, die mir meine Studenten zur Verfügung stellten. Es handelt sich dabei nicht notwendigerweise um die verbreitetsten – sie fallen einem vielleicht nur am schnellsten ein, wenn Leute über astronomische Ideen befragt werden, die sie hatten, die aber, wie sie in der Zwischenzeit gelernt haben, falsch waren.

1. Pluto ist immer der der Sonne fernste Planet.
2. Sterne funkeln wirklich.
3. Die Sonne sendet in erster Linie gelbes Licht aus.
4. Der Tierkreis umfaßt zwölf Sternbilder.
5. Die Sternbilder enthalten nur die Sterne, die die Muster bilden.
6. Saturn ist der einzige Planet mit Ringen.
7. Die Jahreszeiten sind vom Abstand der Erde zur Sonne abhängig.
8. Der Polarstern ist der hellste Stern am Nachthimmel.
9. Der Asteroidengürtel ist so dichtgepackt wie in *Star Wars*.
10. Riesenplaneten (Jupiter, Saturn, Uranus und Neptun) haben feste Oberflächen.
11. Wir sehen von der Erde aus die gesamte Oberfläche des Monds.
12. Schwarze Löcher sind riesige Staubsauger im All, die alles in sich hineinsaugen.
13. Alle Planeten drehen sich bei ihrem Umlauf um die Sonne in dieselbe Richtung.
14. Die einzige Funktion eines Teleskops besteht in der Vergrößerung von Objekten.
15. Eine Sternschnuppe ist ein Stern, der durch den Himmel fällt.
16. Kometenschweife befinden sich immer hinter einem Kometen.
17. Schwarze Löcher bestehen in alle Ewigkeit.
18. Alle Monde sind kugelförmig.
19. Nur der Mond ruft Gezeiten hervor.
20. Unser Mond ist der einzige.
21. Die Sonne ist kein Stern, sondern ein einzigartiges Gebilde.
22. Pulsare sind pulsierende Sterne.

23. Springtide (Springflut) kommt nur im Frühling (engl.: spring) vor.
24. Die Ringe des Saturn sind fest.
25. Die Sonne wird es immer geben.
26. Die Sonne scheint wegen eines brennenden Gases oder geschmolzener Lava.
27. Es gibt eine stets dunkle Seite des Monds.
28. Schwarze Löcher sind leerer Raum oder Löcher im All.
29. Die Sonne dreht sich nicht.
30. Die Sonne ist ein fester Körper.
31. Alle Sterne sind gelb.
32. Der Mond verändert seine Entfernung von der Erde nie.
33. Sterne bestehen ewig.
34. Im Sonnensystem gibt es viele Sterne.
35. Die Sonne geht immer genau im Osten auf.
36. Meteore, Meteoriten, Meteoroiden, Asteroiden und Kometen sind alle ein und dasselbe.
37. Die Milchstraße, das Sonnensystem und das Universum sind ein und dasselbe.
38. Der Große Wagen und der Kleine Wagen sind Sternbilder.
39. Merkur ist überall auf seiner Oberfläche heiß.
40. Die Schwerkraft ist die stärkste Kraft im Universum.
41. Wenn das Ozon erst einmal zerstört ist, ist es für immer dahin.
42. Es gibt nur ein paar Galaxien im Universum.
43. Das Universum ist statisch oder unveränderlich.
44. Der Mittelpunkt des Mondkerns liegt in seinem geometrischen Zentrum.
45. Der große rote Fleck des Jupiter ist eine Art von Oberflächenphänomen.
46. Alle Planetenumlaufbahnen sind kreisförmig.

47. Flut kommt nur zwischen Erde und Mond vor.
48. Kometen brennen und geben Gas als ihre Schweife ab.
49. Die Erde liegt im Mittelpunkt des Universums.
50. Alle Galaxien sind spiralförmig.

Ich möchte erforschen, was ich für die Hauptfragen über unsere zahlreichen falschen Überzeugungen halte und ich will viele von ihnen als Beispiele benutzen. Zunächst werde ich fragen: Wann und woher erhalten wir diese Vorstellungen? Wie ist es möglich, daß wir so gut funktionieren, obwohl wir so viele falsche Vorstellungen über die Natur hegen? Warum lassen sich diese Vorstellungen so schwer korrigieren? Kann man sie überhaupt korrigieren, und wenn ja, wie? Läßt es sich vermeiden, daß wir neue falsche Überzeugungen formulieren?

Ein Problem, mit dem wir es zu tun haben werden, ist so alt wie die Menschheit selbst. Wörter sind so wesentlich für einen Großteil unserer Verständigung, und doch bedeuten viele Wörter für verschiedene Leute ganz Verschiedenes. Wenn zwei Menschen über etwas diskutieren, sagen wir mal über das Sonnensystem, und jeder interpretiert die dabei verwendeten Begriffe anders, dann werden sie einander wahrscheinlich nicht verstehen. Wörter und ihre verschiedenartige Verwendung sind eine Hauptursache für Mißverständnisse. Und es entbehrt nicht der Ironie, daß auch das Wort »Mißverständnis« selbst zu den irreführenden Wörtern gehört.

2 *Schieb's auf einen anderen*

Woher wir unsere Vorstellungen beziehen

Zeichentrick und Science-fiction

Bereits als Kinder machen wir unsere ersten Erfahrungen mit den Gesetzen der Natur und entwickeln daraus Erwartungen, was unter bestimmten Umständen geschehen wird. So erfahren Einjährige, wenn sie laufen lernen, das Gesetz der Schwerkraft buchstäblich am eigenen Leib. Oder nehmen wir ein abstrakteres Beispiel: Verschwindet eine Person aus ihrem Gesichtsfeld, so glauben Kinder anscheinend, sie existiere nicht mehr. Die Erfahrung hilft ihnen schließlich, diesen Glauben durch einen der »Objektpermanenz« zu ersetzen.

Natürlich haben Kinder einen relativ begrenzten Erfahrungshorizont, was die Welt der Natur angeht. Was sie darüber wissen, stammt heute zum großen Teil aus dem Fernseher. Leider jedoch vermitteln viele der Zeichentrickfilme, die kleine Kinder anschauen, ein ziemlich falsches Bild von den Vorgängen in der Natur. Wie Sie wahrscheinlich aus Ihrer Kindheit noch wissen, machen sich Kinder aufgrund von Zeichentrickserien wie *Roadrunner* zuweilen ganz abenteuerliche Vorstellungen von der Schwerkraft. Wenn Wile E. Coyote bei seinem Sprung von der Klippe einen Moment lang in der Luft schwebt, soll natürlich der Figur und den jungen Zuschauern Gelegenheit gegeben werden, sich der Gefahr bewußt zu werden – der Zeichentrickheld schaut unvermeidlich nach unten und dann ins Publikum. Zu ihrer Ehre sei gesagt, daß einige Fernsehkanäle den Kindern nun erklären, daß es sich dabei um eine unnatürliche, zeichentrickhafte Wirkung handelt, die sie »verzögerte Schwerkraft« nennen.

Eine andere falsche Vorstellung, die diese Trickfilme in den Köpfen von Kindern erzeugen, besteht darin, daß sich ein Gegenstand, den man vom Tischrand wegschnippt, nicht weiter vorwärtsbewegt und daher direkt nach unten fällt. Als mein jüngerer Sohn Joshua sieben war, nahm ich mal ein Geldstück und fragte ihn, wie dessen Flugbahn verlaufen würde, wenn ich es vom Küchentisch schnippte. Er zeigte mir, daß es in der Luft einen rechten Winkel beschreiben und dann gerade nach unten fallen würde.

In Wirklichkeit beginnt alles, was gerade von einer horizontalen Oberfläche gestoßen wird, sofort zu fallen, bewegt sich dabei aber weiter vorwärts. Tatsächlich nämlich bewegen sich Dinge im Fallen mit derselben Geschwindigkeit vorwärts wie vor dem Fallen. Infolgedessen beschreiben sie eine bogenförmige Flugbahn oder, so der Fachbegriff, eine Parabel. Sie können das demonstrieren, indem Sie einen Cent von einer glatten Oberfläche schnippen.

Ein weiteres Beispiel für die Wirkung von Zeichentrickfilmen auf unsere Wahrnehmung der Natur ist *The Flintstones* (*Die Familie Feuerstein*). Der Film erweckt den Eindruck, und die meisten Kinder glauben dies daher, daß Dinosaurier und Menschen gleichzeitig die Erde bevölkerten. Mir hat das als Kind ungeheuer imponiert, da ich auch zu dem Probepublikum gehörte, das den Pilotfilm zur Fernsehserie 1960 beurteilen sollte. Erst im College erfuhr ich, daß zwischen der Zeit, als die letzten Dinosaurier über die Erde stapften, und der Epoche, als unsere frühesten menschenähnlichen Vorfahren zum Nachthimmel emporblickten, ungefähr 61 Millionen Jahre vergangen waren.

Wenn Kinder älter werden, treten andere Formen von Fantasy-Unterhaltung an die Stelle der Zeichentrickfilme. Für einige wird Science-fiction zu einer lebenslangen Leidenschaft – und einer lebenslangen Quelle falscher Vorstellungen über die Welt der Natur.

»Aber vieles von dem Zeug, das man in Science-fiction liest oder sieht, wird ja doch schließlich wahr.«

Das gebe ich zu. Von Reisen ins Weltall und Unterseebooten, von Laserstrahlen und Radios am Handgelenk und einer Vielzahl anderer gegenwärtiger Hochtechnologieprodukte ist zum ersten Mal in Science-fiction-Büchern und -Filmen die Rede gewesen. Meine Kritik gilt jenen Hirngespinsten, die, wie Antischwerkraftvorrichtungen und die Überwindung der Lichtgeschwindigkeit, eklatant gegen unwiderlegliche Gesetze der Physik verstoßen.

»Aber was ist, wenn sich diese Gesetze der Physik als falsch erweisen?«

Das Wort »falsch« ist hier der Schlüssel. Wissenschaftler haben physikalische Gesetze erarbeitet, die beschreiben, wie verschiedene Aspekte der Natur funktionieren. Viele dieser Gesetze haben zur Entwicklung unzähliger High-Tech-Geräte geführt wie zum Beispiel Elektronik, Laser, Flugzeuge, Raketen und Magnetschwebebahnen, um nur einige zu nennen. Die Gültigkeit solcher Gesetze bemißt sich danach, wie genau sie in der Lage sind, Vorgänge in der Natur vorherzusagen und daraus erfolgreiche Produkte zu entwickeln. Wenn jedoch beispielsweise die physikalischen Gesetze, die über die Bewegung eines Lastwagens Auskunft geben, die Bewegung kleiner Atomzusammenballungen beschreiben sollen, stoßen sie an ihre Grenze und versagen. Wichtig ist hierbei jedoch, daß unsere erfolgreichen physikalischen Gesetze zwar vielleicht an den Grenzen ihrer Gültigkeit versagen, nicht aber in ihrem Kern. Anstatt sie falsch zu nennen, würde ich die meisten physikalischen Gesetze daher als unvollständig bezeichnen. Anders ausgedrückt, physikalische Gesetze werden durch mathematische Gleichungen beschrieben, von denen einige die Wirklichkeit genauer darstellen als andere. Die weniger vollständigen Gesetze sagen Phänomene vorher, die, wie Experimente zeigen, nicht möglich sind – aber diese Ergebnisse bewegen sich fast immer an der Peripherie unseres wissenschaftlichen Naturverständnisses.

Ich meine, Vorrichtungen, um die Gravitation außer Kraft zu setzen, oder solche, mit denen man schneller als das Licht reisen kann, sollten ins Reich der Phantasie verwiesen werden, da es heutzutage nicht den geringsten experimentellen oder theoretischen Anhaltspunkt für ihre Machbarkeit gibt. Falls Experimente anderes beweisen, werde ich der erste sein, der zugibt, sich geirrt zu haben. Bis dahin halte ich alle Spekulationen für falsch, die gegen experimentell belegte Naturgesetze verstoßen.

Verstehen Sie mich recht. Ich genieße eine gute Science-fiction-Story genauso wie jeder andere. Um sich auf diese Art von Literatur oder Kino einlassen zu können, muß man die Skepsis gegenüber Dingen, die nicht geschehen können oder falsch oder unmöglich sind, zeitweise »abstellen« oder »an der Kinokasse abgeben«. Für die Aussicht auf spannende Unterhaltung bin ich dazu durchaus bereit. Man sollte sich allerdings davor hüten, die phantastischen Ideen und Erlebnisse, die während eines solchen Zeitvertreibs auf einen einstürmen, für bare Münze zu nehmen und ins eigene Weltbild einzugliedern. Dies ist der schwierige Teil: Fakt von Fiktion zu trennen, besonders wenn man nicht weiß, daß die Geschichte, die man anschaut oder liest, eine Erfindung *ist.*

Auf letztere fallen wir besonders leicht herein, wenn wir uns gut unterhalten. Denn in der Regel setzen wir unsere Skepsis nicht selektiv außer Kraft. Um ein Buch oder einen Film richtig zu genießen, betreten wir die vom Schriftsteller, den Schauspielern oder virtuellen Wirklichkeitssimulationen geschaffene Welt ohne Vorbehalte. Sind wir dann erst einmal dort angelangt, so fehlt uns eine geistige Schutzmauer, die uns daran erinnert, was Tatsache und was Phantasie ist. Im besten Fall kommt das hinterher.

Das vielleicht hinterhältigste Problem bei der Außerkraftsetzung unserer Wachsamkeit stellt sich dann, wenn wir

Situationen oder Ereignissen begegnen, die wissenschaftlich plausibel erscheinen, aber dennoch nicht stimmen können. Das in *Das Imperium schlägt zurück* entworfene Bild vom Asteroidengürtel ist dafür ein ausgezeichnetes Beispiel. Wenn man sich keine Gedanken über die Wirkungen der Schwerkraft macht, kommt es einem durchaus glaubwürdig vor. Da das Szenario mit unserer Vorstellung von einem »Gürtel« als einem mehr oder weniger festen Band von Materie gut harmoniert, bestimmt es unser Bild des tatsächlichen Asteroidengürtels.

Wenn wir die Skepsis unkritisch außer Kraft setzen, führt uns das noch weiter weg von der von Gesetzmäßigkeiten bestimmten Welt der Natur, als es Science-fiction-Filme tun, denn wir werden auf diese Weise überhaupt anfälliger für Vorstellungen, die zu den Erkenntnissen der Naturwissenschaften in Widerspruch stehen.

Die Büchse der Pandora

Im Sommer 1997 nahm ich in Cornell an einem weiteren Kongreß über Irrtümer und Mißverständnisse teil. Während der letzten Sitzung hielt Professor Joel Mintzes, ein ausgezeichneter Biologiedozent, einen Vortrag, in dem er schilderte, wie sich seine Vorstellungen von Astronomie

Abbildung 11: Diagramm der kosmologischen Vorstellungen eines 38 Jahre alten promovierten Biologiedozenten. Neben falschen Angaben zum Alter des Sonnensystems und den Formen der Umlaufbahnen fehlen Kometen und Meteoroiden. Die Bedeutung von »gefangenen Körpern« ist unklar, läßt aber eine falsche Auffassung vermuten, da Astronomen glauben, Asteroiden seien mit dem übrigen Sonnensystem entstanden und Pluto unterscheide sich grundlegend von ihnen.

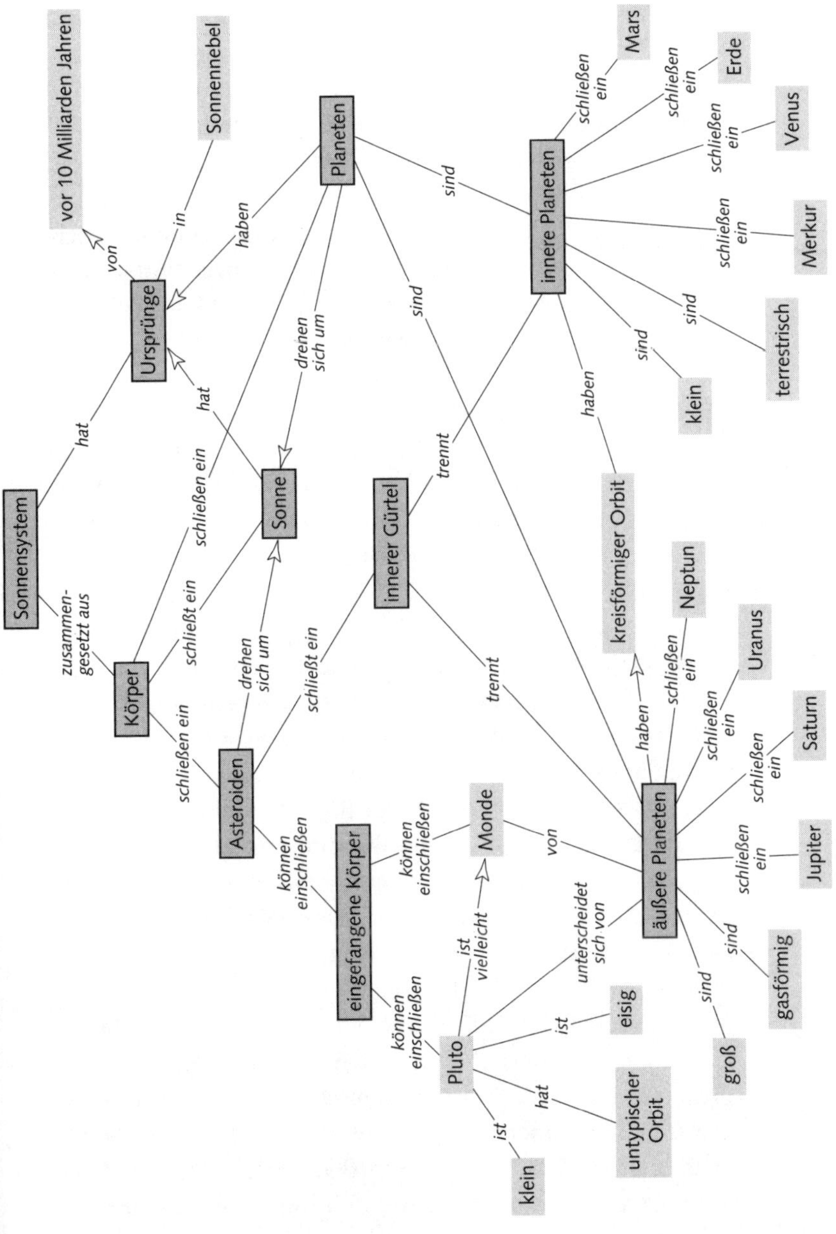

Sonnensystem
hat
Ursprünge
von
vor 10 Milliarden Jahren
in
Sonnennebel
zusammengesetzt aus
Körper
schließen ein
schließt ein
Planeten
haben
hat
Sonne
drehen sich um
Asteroiden
schließt ein
können einschließen
eingefangene Körper
innerer Gürtel
trennt
sind
innere Planeten
schließen ein
Mars
Erde
Venus
Merkur
terrestrisch
klein
kreisförmiger Orbit
äußere Planeten
Neptun
Uranus
Saturn
Jupiter
gasförmig
groß
Monde
ist vielleicht
unterscheidet sich von
Pluto
ist
eisig
hat
untypischer Orbit
klein

seit seiner Kindheit bis in die Gegenwart entwickelt hatten. Er tat dies mit Hilfe einiger Diagramme, auf denen unterschiedliche Annahmen über astronomische Phänomene verzeichnet waren, die er in verschiedenen Lebensaltern vertreten hatte. Es überraschte nicht, daß vieles, was er als Kind und Heranwachsender geglaubt hatte, falsch war, und die Fehlurteile mit der Zeit weniger wurden. Doch selbst das Diagramm, das seine gegenwärtigen Vorstellungen zeigte, enthielt noch erhebliche Fehler (Abbildung 11).

Ich erzähle diese Geschichte nicht, um Joel herunterzumachen, sondern um darauf hinzuweisen, daß selbst hochgebildete Fachwissenschaftler und Pädagogen zahlreiche irrige Vorstellungen über die Natur mit sich herumtragen. Er ist in der Tat eine bemerkenswerte Persönlichkeit, denn als ich ihn um Kopien jener Diagramme und die Erlaubnis bat, darüber zu schreiben, stellte er mir seine Unterlagen bereitwillig zur Verfügung. Er habe, teilte er mir mit, in den letzten 25 Jahren seinen Studenten deutlich zu machen versucht, daß man sich seiner Irrtümer weder innerhalb noch außerhalb des eigenen Fachgebiets zu schämen brauche.

Zwar dürfte ich über die Astronomie weniger Fehlurteile treffen als Sie, doch mache ich mir dafür um so mehr falsche Vorstellungen von Wirtschaft, Soziologie, Rechtswissenschaft, Paläontologie, Botanik und anderen Gebieten, auf denen ich kein Experte bin. Wie kommen also nach dem Ende der Kindheit unsere falschen Auffassungen, Meinungen, Überzeugungen zustande? Wie wir sehen werden, lassen sich drei Kategorien von Ursachen benennen. In diesem Kapitel befasse ich mich mit den äußeren Ursachen; im nächsten nehme ich mir diejenigen vor, die primär aus unserer Wahrnehmungs- und Denkweise resultieren und aus einer Kombination von sowohl externen als auch internen Quellen, darunter der heimtückischsten Fehlerquelle überhaupt: dem gesunden Menschenverstand.

Wörter stehen uns im Weg

Viele Jahre verwendete ich den Begriff »misconception« (falsche Auffassung, Mißverständnis), wenn es um fehlerhafte Ansichten ging. Überlegen Sie bitte erst, was Sie darunter verstehen, ehe ich meine Definition dieses Begriffs vorstelle. Ich hatte mich mit der Problematik bereits in Aufsätzen und Diskussionen auseinandergesetzt, ehe 1994 jener Kongreß über Mißverständnisse in Wissenschaft und Mathematik in Cornell stattfand. Als ich mir die Vorträge anhörte und mit Hunderten von Teilnehmern sprach, die sich wie ich für Lerntheorie interessierten, schwirrte mir bald der Kopf, weil so ziemlich jeder eine eigene Definition von »misconception« hatte. Ich bat daher an die fünfzig Kollegen, zu umschreiben, was sie darunter verstanden. Hier einige Antworten:

- Jede falsche Auffassung
- Nur falsche Auffassungen, die tief in unseren Köpfen verankert sind
- Alle Überzeugungen, die im Widerspruch zu den gegenwärtig anerkannten Lehrmeinungen stehen
- Alle tiefsitzenden Überzeugungen, die im Widerspruch zu den gegenwärtig anerkannten Lehrmeinungen stehen
- Fehlschlüsse, die wir aus Informationen ziehen
- Fehlschlüsse, die wir aus unseren Sinneseindrücken ziehen
- Falsche Vorstellungen, wie sie sich Kinder von der Natur machen
- Ein falsches Gedankengebäude
- Eine Vorstellung oder Überzeugung, die zu irrigen Denkmustern führt
- Eine irrige Vorstellung
- Ein Mißverständnis
- Ein falscher Standpunkt
- Eine irrige Anschauung

Diese Liste ist alles andere als vollständig. Die Antworten meiner Kollegen überschnitten sich oft in einigen Punkten, stimmten aber nie völlig überein. Da forschten wir also darüber, warum sich so viele Menschen ein falsches Bild von Phänomenen, Vorgängen und Ereignissen in der Natur machen und wie man solche Fehlurteile durch korrektes Wissen ersetzen könne, und dabei war sich keiner von uns ganz sicher, wie die übrigen Anwesenden bestimmte wichtige Begriffe gebrauchten! Schlimmer noch, kein einziger Redner definierte, was er unter »misconception« verstand, so daß mir nichts anderes übrigblieb, als herauszufinden, um welche Definition es gerade ging.

Die Folgen dieser Sprachverwirrung sind schwindelerregend. Menschliche Kommunikation funktioniert dann, wenn ein semantisches Grundverständnis gegeben ist. Sie und ich könnten zum Beispiel über Autos reden, weil wir beide das gleiche darunter verstehen. Mit abstrakteren Begriffen wie »Gemeinschaft« muß man schon sorgfältiger umgehen, da unsere Vorstellungen von dem, was eine Gemeinschaft ist, radikal verschieden sein können. In Cornell mußte ich an den Turmbau zu Babel denken, weil die Leute sich über »Mißverständnisse« unterhielten und oft selbst Opfer von solchen wurden, da jeder das Wort irgendwie anders auslegte.

In den Augen einiger Lernpädagogen sind Begriffe wie »Irrglaube« oder »falsche Vorstellung« eindeutig negativ besetzt. Ein Mensch, dessen Auffassungen als falsch oder irrig bezeichnet werden, so befürchten sie, ziehe sich in sein Schneckenhaus zurück, weil er meine, man spreche ihm Intelligenz oder Bildung ab. Die Psychologie, die solche kontraproduktiven Reaktionen verhindern will, hat angeregt, diese stark wertenden Begriffe durch andere, unverfänglichere zu ersetzen. Man spricht daher lieber von »älteren Überzeugungen«, »älteren Vorstellungen«,

»unkritischen Überzeugungen«, »unkritischen Theorien«, »vorgefaßten Meinungen«, »alternativen Überzeugungen«, »alternativen Vorstellungen«, »alternativen Denkstrukturen« und dergleichen mehr.[11]

Erfahrungsgemäß halte ich an der ersten Definition oder Erklärung fest, die ich über etwas lerne, es sei denn, überzeugende Beweise zwingen mich, sie durch eine andere zu ersetzen. Das ist das Problem, wenn man Worte aus der Alltagssprache in fachspezifischen Kontexten verwendet und warum neue Begriffe vorzuziehen sind. Ein neues Wort kommt mit einer neuen Definition daher, und wenn jeder von derselben Definition ausgeht, ist das Wort (oder der Satz) nützlicher für die Verständigung als Worte, die bereits vielfältige Bedeutungen mit sich führen. Leider ist es äußerst schwierig, neue Begriffe erfolgreich einzuführen, und es gibt wirklich keinen unbelasteten schon bestehenden Ausdruck, der »misconception« ersetzen könnte.

Ich verstehe darunter eine tiefsitzende Überzeugung, die zu den gegenwärtig anerkannten wissenschaftlichen Theorien im Widerspruch steht. Sie unterscheiden sich deutlich von oberflächlichen Auffassungen wie zum Beispiel irgendwelchen Details, die wir uns für eine Prüfung einprägen und hinterher sofort wieder vergessen. Tiefsitzende Überzeugungen sind jene, die wir zum Bestandteil unseres Weltbildes gemacht haben und in einer Vielzahl unterschiedlicher Zusammenhänge benutzen.

Weil sie in unserem Naturverständnis fest verankert sind, ziehen wir sie auch oft heran, wenn es gilt, Phänomene zu deuten, die uns zum ersten Mal begegnen. Sind unsere ursprünglichen Vorstellungen falsch, so gilt das meist auch für die Schlußfolgerungen, die wir aus ihnen ziehen. Darin liegt ja eben eines der großen Probleme bei Mißverständnissen, irrigen Auffassungen oder falschen Vorstellungen – sie pflanzen sich fort. So sind etwa viele Menschen fest davon überzeugt, daß der Stand der Himmelskörper zum Zeitpunkt ihrer Geburt Einfluß auf ihre Persönlichkeitsentwicklung hat, daß immer Kraft vonnöten ist, um ein sich bewegendes Objekt in Bewegung zu halten, daß schwere Gegenstände schneller fallen als leichtere, daß Pflanzen in erster Linie deshalb wachsen, weil sie Erde in organisches Material verwandeln, daß so massige Fahrzeuge wie Züge ebenso schnell anhalten können wie Autos oder daß man um so mehr Arbeit leistet, je mehr Druck man auf einen Gegenstand ausübt. Nichts von alledem entspricht den physikalischen Gesetzen.

Im Gegensatz dazu sind falsche Informationen, die Sie von irgendwoher beziehen und übernehmen, ohne weitergehende Folgen, zum Beispiel wenn man die Anzahl der Jupitermonde falsch beziffert oder sich bei einer Automarke irrt oder durcheinanderbringt, in welcher Reihenfolge von innen nach außen die Planeten um die Sonne kreisen.

Es wäre unmöglich, ein Buch über falsche Annahmen, Mißverständnisse und Fehlurteile zu schreiben, das jedermanns Definition dieses Wortes genügte. Daher werde ich oft von fehlerhaften Ansichten sprechen, wenn ich sowohl die tiefsitzenden irrigen Vorstellungen als auch weniger tief sitzende falsche Ansichten behandele, die dem wissenschaftlichen Kenntnisstand zuwiderlaufen. Da dieser die Grundlage unseres kosmologischen Wissens bildet, müssen wir uns zunächst über den Begriff »Wissenschaft« verständigen.

Wissenschaft ist eigentlich zweierlei. Erstens versteht man darunter ein Korpus von Wissen, das aus Experimenten und Beobachtungen gewonnen, gesammelt und mit Hilfe mathematischer Erklärungen erschlossen wurde. So entdeckten beispielsweise Geologen Spuren flüssigen Wassers auf der frühen Erde, was darauf hindeutet, daß die Sonne seit mehr als 4,5 Milliarden Jahren scheint. Physiker leiteten die Fähigkeit der Sonne, über diese enorme Zeitspanne hinweg zu glühen, aus der Kernfusion in ihrem Inneren her. Diese Erklärung verallgemeinern wir, und glauben daher, daß auch die anderen Sterne im Universum aufgrund von Kernverschmelzungen tief in ihrem Inneren scheinen.

Zweitens ist Wissenschaft ein Prozeß. In der Regel führen Naturwissenschaftler als erstes Beobachtungen und Experimente durch.[12] Dann stellen sie oft verschiedene Hypothesen auf, um die Beobachtungen oder Versuchsergebnisse zu deuten. Hypothesen sind provisorischer Natur: Ideen, mit denen man arbeitet und die man überprüft. Diejenigen, die sich als tauglich erweisen, werden zu Theorien oder wissenschaftlichen Gesetzen. Sowohl Hypothesen als auch wissenschaftliche Theorien müssen mathematischer Natur sein, damit man mit ihnen quantitative Vorhersagen machen kann. Diese Vorhersagen werden anhand von weiteren Versuchen oder Beobachtungen getestet. Theorien, die sich als nicht haltbar erweisen, werden, wenn möglich, modifiziert oder aber verworfen. Die Theorie, die Beobachtungen und Versuchsergebnisse am genauesten erklärt und die Ergebnisse weiterer Beobachtungen und Experimente vorhersagt, setzt sich schließlich durch.

Wenn zwei oder mehrere wissenschaftlichen Theorien gleich genaue Vorhersagen treffen oder gleich vernünftige Erklärungen liefern, entscheidet man sich gewöhnlich für die einfachste. Man verfährt nach dem Ökonomieprinzip der formalen Logik, das dem Franziskanermönch William von Ockham (um 1285 – circa 1349) zugeschrieben und deshalb das Ockhamsche Rasiermesser genannt wird. Es besagt: »Pluralitas non est ponendum sine necessitate«, was zu Deutsch heißt »Vielheit sollte nicht ohne Not postuliert werden.« Mit anderen Worten, wähle die einfachste wissenschaftliche Theorie, um zu erklären, was immer du auch studierst. Naturwissenschaftler befolgen dieses Prinzip gewissenhaft, weil es funktioniert: Unter konkurrierenden Theorien, die die gleichen Experimente oder Beobachtungen erklären, wählen wir immer die einfachsten.

Sehen wir uns nun an, was Ockhams Rasiermesser für die Astronomen des 16. Jahrhunderts bedeutete. Ihr bedeutendster, Nikolaus Kopernikus, behauptete in seiner 1543 erschienenen Schrift *De Revolutionibus Orbium Coelestium* (*Über die Kreisbewegungen der Weltkörper*), daß sich die Erde und die Planeten auf kreisförmigen Umlaufbahnen um die Sonne bewegen, und trat damit der seit undenklichen Zeiten von den meisten Menschen[13] vertretenen Überzeugung entgegen, alles im Himmel kreise um die Erde. Dieses auf die Erde als Mittelpunkt bezogene (geozentrische) Weltbild verbinden wir mit dem Namen des griechischen Astronomen Ptolemäus, der sich, als er im zweiten vorchristlichen Jahrhundert sein kosmologisches System entwickelte, von der Beobachtung der Bewegungen am Nachthimmel hatte leiten lassen. Als jedoch das ptolemäische System mit detaillierten Beobachtungen verglichen wurde, mußten Korrekturen in Form von kleinen Kreisbewegungen der Planeten und der Sonne, genannt Epizykel, vorgenommen werden. Epizykel überlagern ihre großen kreisförmigen Umlaufbahnen um die Erde. Je genauer die Observationsmethoden und -mittel wurden, desto mehr gerieten die Verfechter des geozentrischen Modells in Bedrängnis.

Kopernikus wollte mit seinem heliozentrischen System die Positionen der Planeten vorhersagen. Doch seine Ergebnisse waren auch nicht genauer als die Vorhersagen, die das System seines großen Vorläufers lieferte! Allerdings erwies sich das kopernikanische Modell als viel klarer und einfacher, da es ohne die erwähnten Korrekturen, die am ptolemäischen vorgenommen werden mußten, ebenso genaue Resultate erbrachte. Dies und nur dies allein machte den Reiz des heliozentrischen Modells bis 1609 aus, als Johannes Kepler begann, seine auf Beobachtung gestützten Gesetze zu veröffentlichen, denen zufolge die Planeten die Sonne auf ellipsenförmigen Umlaufbahnen umkreisen. Es bedurfte nur dieser einzigen Korrektur an der Theorie des Kopernikus, um die Planetenpositionen so genau vorherzusagen, wie wir sie noch heute (mit Ausnahme der Umlaufbahn des Merkur) beobachten können. Somit verdankte sich die kopernikanische Revolution gewissermaßen Ockhams Rasiermesser.

Die besten Theorien sind in der Lage, Vorhersagen zu treffen, die über die Beobachtungen hinausgehen, zu deren Erklärung sie ursprünglich bestimmt gewesen waren. Wenn sich die Vorhersagen bestätigen, dehnen wir den Geltungsbereich der Theorie immer weiter aus. Erweisen sie sich als falsch, modifizieren wir die Theorie, bis sie trägt, oder, sollte das mißlingen, erkennen ihren begrenzten Geltungsbereich an.

So sagen zum Beispiel die drei Keplerschen Gesetze die Bahnen der Planeten voraus, erklären aber nicht, *warum* die Planeten diesen Bahnen folgen; und sie taugen auch nicht dazu, die Bewegung von so etwas wie Fußbällen vorauszusagen, die hier auf der Erde durch die Luft fliegen. Auf die erste brauchbare Erklärung für die elliptischen Umlaufbahnen der Planeten kam Isaac Newton, der sie 1687 in seinen *Philosophiae Naturalis Principia Mathematica* veröffentlichte. Sein heute noch immer gültiges Gravitationsgesetz sagt auch die Flugbahn eines Fußballs oder irgendeines anderen Gegenstands, der durch die Luft geworfen oder fallen gelassen wird, präzise vorher und ebenso die Flugbahn einer Raumfähre auf ihrem Umlauf um die Erde und tausend andere Dinge mehr. Keplers Gesetze entwickelten sich aus den von Newton aufgestellten Gesetzen über die Schwerkraft und die Bewahrung von Impuls und Energie. Daher haben Newtons Gesetze einen viel weiteren Geltungsbereich als die Keplerschen.

Selbst Newtons Gesetz der Schwerkraft hat jedoch seine Grenzen. Es trifft beispielsweise falsche Vorhersagen über die Umlaufbahn des Merkur um die Sonne. Die richtige Erklärung für seinen Orbit findet sich in Einsteins Allgemeiner Relativitätstheorie, die die Positionen aller Planeten einschließlich des Merkur genau vorhersagt. Sie trifft dieselben Vorhersagen über Bewegungsabläufe auf der Erde wie das Newtonsche Gravitationsgesetz. Der Preis, den die umfassendere Allgemeine Relativitätstheorie dem Forscher abverlangt, ist jedoch, daß sie viel, viel mehr komplexe Mathematik voraussetzt. Newtons Schwerkraftgesetz ist zwar nicht so umfassend gültig, aber es ist genau und einfach genug für die Anwendung im täglichen Leben, und deshalb benutzen wir es noch heute.

Ich hoffe, gezeigt zu haben, daß wir nicht immer verstehen, was andere sagen, da die Sprache, selbst der Begriff »Wissenschaft«, oft unpräzise ist. Tatsächlich kommt es in allen Lebensbereichen nicht selten zu kommunikativen Mißverständnissen. Die Hindernisse, die uns die Ungenauigkeit unserer Umgangssprache in den Weg legt, überwinden wir dadurch, daß wir den jeweiligen Gesprächskontext berücksichtigen oder zusätzliche Wörter hinzufügen, um Sachverhalte klarzustellen, oder einfach nachfragen. Dann, wenn alles gesagt ist, beobachten wir, was passiert, um herauszufinden, ob Taten und Vorgänge mit den Worten übereinstimmen.

In meinen Einführungskursen in die Astronomie ermutige

ich die Studenten stets, Fragen zu stellen, und bekomme in jeder Veranstaltung vielleicht ein Dutzend vorgelegt. Aber bedenken Sie, was geschieht. Ein Student oder eine Studentin fragt nach irgendeinem Sachverhalt aus der eigenen Perspektive und gebraucht dabei oft völlig andere Wörter als ich. Einmal wurde ich von einem Studenten gefragt: »Wann ist das Sonnensystem entstanden?« Meine Antwort lautete: »Vor vier Komma sechs Milliarden Jahren.« Er wandte sofort ein, kürzlich in den Nachrichten von Sternen im Sonnensystem gehört zu haben, die zwölf Milliarden Jahre alt seien, älter als das vermutete Alter des Universums.

Es ging also um die Definition von »Sonnensystem«. Für den Studenten waren das die Sonne, Planeten, Monde und alle Sterne am Himmel – eine verbreitete Auffassung. Er brachte das, was Astronomen unsere Galaxie (die Milchstraße) nennen, die Hunderte von Milliarden Sterne umfaßt, mit dem durcheinander, was wir als unser Sonnensystem bezeichnen – eben die Sonne und alles, was um sie kreist. Seit vielen Jahren versuche ich nun schon, die astronomischen Begriffe genau zu definieren, wenn ich solche Fragen beantworte.

Hinzu kommt, daß wir Fragen manchmal mißverstehen und daher Antworten geben, die dem Fragenden nicht weiterhelfen. Ich wurde einmal gefragt: »Wann sind die Krater auf dem Mond entstanden?« Ich antwortete darauf, daß die meisten in den ersten anderthalb Milliarden Jahren des Sonnensystems entstanden. »Nein«, sagte der Student, »ich meine, wie sind sie zustande gekommen? Gehen sie auf Vulkanausbrüche zurück, wie die Krater auf der Erde?«

Darauf erklärte ich dann, daß, soweit man weiß, alle Mondkrater auf Einschläge von Weltraumtrümmern zurückzuführen sind. Ich habe mir angewöhnt, nach jeder

Erklärung, die ich gebe, zu fragen: »Habe ich damit Ihre Frage beantwortet?«

Wenn ein Fachbegriff, wie »Ozonschicht« oder »Schwarzes Loch«, Wörter aus der Umgangssprache enthält, kommt es noch immer zu Mißverständnissen. Viele Leute stellen sich die Ozonschicht als eine dünne Gasschicht in der Atmosphäre vor, millimeter-, zentimeter- oder vielleicht sogar meterdick. Dafür ist das Wort »Schicht«, aus dem Zusammenhang gerissen, verantwortlich, da wir Schichten für relativ dünne Gebilde halten, eben wie eine Schicht von Kleidung oder die Schicht in einer Torte. Wenn es im Begriff »Ozonschicht« auftaucht, läßt uns unsere Intuition im Stich.

Die herkömmliche Ozonschicht bildet die untere Stratosphäre. Das Ozon dort oben ist eine etwa 20 Kilometer dicke »Schicht«, die ungefähr 15 Kilometer über der Erdoberfläche beginnt. Ozon stellt nur einen sehr geringen Teil des Gases in der unteren Stratosphäre dar. Wenn man das gesamte Ozon aus diesem Bereich herausnähme und auf die Dichte der Luft, die wir atmen, zusammenpreßte, würde es eine »Schicht« von nur etwa 1/3 Zentimeter Dicke ergeben. Das ist ein minimaler Bestandteil der Atmosphäre, aber außerordentlich wichtig für die Existenz und die Befindlichkeit aller Lebewesen. Die Ozonschicht verhindert nämlich, daß die von der Sonne ausgesandten tödlichen UV-Strahlen bis zum Erdboden gelangen. Daher mußte sich vor vielen hundert Millionen Jahren erst die Ozonschicht bilden, ehe sich lebende Organismen aus den Ozeanen auf die Kontinente begeben konnten.

Es gibt inzwischen eine zweite Ozonschicht, die vor allem auf die von Menschen verursachte Luftverschmutzung zurückgeht und über einigen Teilen des Globus liegt, hauptsächlich über den industrialisierten Gebieten. Auch diese Ozonschicht schirmt die UV-Strahlung aus dem Weltall ab, führt jedoch als Nebeneffekt zu Atemproblemen sowie zur Erosion von Gestein und anderen Substanzen auf der Erde. Diese Probleme treten auf, weil Ozon ein in chemischer Hinsicht außerordentlich reaktionsfreudiges Molekül ist. Anders als einige Leute glauben, die damit aus Radiomeldungen über den Ozongehalt in der Luft vertraut sind, ist dieser tiefere Bereich nicht mit der für den Schutz des Lebens vor UV-Strahlung entscheidenden Ozonschicht identisch. Die untere, auf Luftverschmutzung zurückzuführende Ozonschicht hat sich erst in den letzten Jahrhunderten herausgebildet.

Das vielleicht auffälligste Beispiel dafür, wie gewöhnliche Wörter, wenn sie im Fachumfeld verwendet werden, Mißverständnisse auslösen können, ist der Begriff »Schwarzes Loch«. Das Adjektiv »schwarz« erzeugt den Eindruck, als seien Schwarze Löcher vollständig dunkel in dem Sinn, daß kein Licht oder irgendeine andere Strahlung oder Materie aus ihnen dringen kann. Das stimmt nicht. Der britische Astrophysiker Stephen Hawking hat gezeigt, daß Schwarze Löcher tatsächlich Licht und Materie aus dem »leeren« Raum um sie herum erzeugen. Mehr darüber können Sie im siebten Kapitel seiner *Kurzen Geschichte der Zeit* lesen, das den Titel trägt: »Schwarze Löcher sind gar nicht so schwarz«. Schwarze Löcher geben im Zuge dieses Prozesses ihre Masse auf und schrumpfen dadurch mit der Zeit, weshalb ich weiter oben behauptet habe, es sei ein Mißverständnis zu glauben, daß Schwarze Löcher endlos bestehen.

Bleiben wir noch einen Augenblick bei den Schwarzen Löchern. Das Wort »Löcher« in dem Begriff ruft zudem noch die falsche Vorstellung hervor, es handele sich um Löcher im Raum – um leere Gebiete. In Wirklichkeit ist jedoch genau das Gegenteil der Fall: um sich zu bilden und zu erhalten, muß ein Schwarzes Loch eine Konzentration von Materie enthalten, die dichter ist als jede andere Materie im Universum. Seine Auswirkungen bestehen darin, den Raum, in dem es sich befindet, so sehr zu biegen oder zu verzerren, daß aus dem Bereich drum herum außer Gravitation nichts entkommen kann. In der Tat ist diese Materie so dicht gedrängt, daß sie nicht mehr den physikalischen Gesetzen gehorcht, die für Materie im übrigen Universum gelten. Der Versuch, das Wesen der Materie im Inneren Schwarzer Löcher zu verstehen, ist Teil der Motivation gewesen, nach vollständigeren Naturgesetzen zu suchen, als uns heute zur Verfügung stehen.

Neben den unzähligen in der Naturwissenschaft verwendeten Wörtern aus der Alltagssprache, gibt es auch etliche Begriffe, mit denen selbst wissenschaftliche Laien ein ganz bestimmtes Phänomen verbinden, freilich ohne es auf Anhieb erklären zu können. Hierzu gehört der Begriff »Pulsar«.

Überlegen Sie mal, was Sie sich unter einem Pulsar vorstellen. Der Name geht auf die erstmals 1967 gemachten Beobachtungen zurück, daß gewisse Objekte im Weltraum Strahlungsimpulse aussenden, wie etwa Radiowellen oder sichtbares Licht. Weil man bei dem Begriff einen pulsierenden Gegenstand assoziiert, stellen sich die meisten Leute unter einem Pulsar etwas vor, das größer und kleiner wird und dabei stets wechselnde Energiemengen abgibt. Viele Pulsare senden jedoch einmal pro Sekunde oder noch schneller Impulse aus. Berechnungen ergaben, daß Objekte, die – durch Ausdehnung und Zusammenziehung – so schnell pulsieren, sich sofort auseinandersprengen würden. Innerhalb eines Jahres nach ihrer Entdeckung stellte Thomas Gold, ein Astrophysiker in Cornell, die These auf, Pulsare seien aus den rotierenden Überresten sehr massiver Sterne entstanden. Wie bei der Sonne und unserer Erde treten die Magnetfelder der Pulsare nicht entlang der Rotationsachse auf (Abbildung 12). Da das Magnetfeld herumwirbelt, wirkt es auf die Gase in seinem Umkreis ein und erzeugt dadurch einen elektromagnetischen Strahl – vergleichbar mit dem eines Leuchtturms –, der möglicherweise neben anderen Strahlungsarten Radiowellen und sichtbares Licht einschließt. Wenn dieser Strahl über die Erde fegt, nehmen wir ihn als einen Impuls elektromagnetischer Strahlung wahr – einen Pulsar. (Wenn der Strahl die Erdbahn nicht kreuzt, sehen wir den Pulsar nicht.) Das ist derzeit die allgemein anerkannte Theorie über Pulsare.

Ähnlich lautende Begriffe oder solche von ähnlicher Bedeutung sind eine weitere Quelle von Fehlern. Viele Leute bringen »Meteor«, »Meteorit« und »Meteoroid« durcheinander; verwechseln »Komet«, »Meteor« und »Asteroid«; »Sonnensystem« und »Galaxie«, »Galaxie« und »Universum«, »Novae« und »Supernovae«, »Rotation« und »Revolution« und andere Begriffe mehr. Hier einige Begriffsdefinitionen:

Meteoroiden sind Stücke aus felsigen und metallischen interplanetarischen Abfällen und kleiner als Asteroiden. *Meteore* nennt man kleine Weltraumtrümmer, die (zumin-

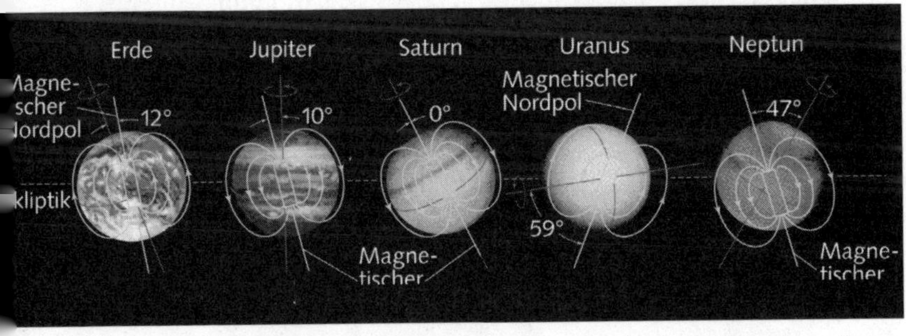

Abbildung 12: Die Magnetfelder der meisten Planeten liegen nicht an deren Rotationsachsen. Die Ursache dieses Phänomens wird noch untersucht.

dest teilweise) in der Erdatmosphäre verdampfen. *Meteoriten* sind Stücke von Meteoren, die unbeschädigt landen. Die meisten Meteore verdampfen vollständig, ehe sie den Erdboden erreichen. Der Staub, den sie erzeugen, trägt dazu bei, daß Wasser in der Luft zu Regentropfen kondensiert, und erreicht schließlich zusammen mit dem Niederschlag die Erde. Weltraumtrümmer fallen Ihnen also immer auf den Kopf, wenn Sie einen Spaziergang im Regen machen. Vergessen Sie nicht, daß Sternschnuppen keine Sterne sind, die auf die Erde fallen. Dieser Begriff ist vielmehr die volkstümliche Bezeichnung für Meteore.

Eine *Galaxie* besteht aus zwischen zehn Millionen und zehn Billionen Sternen, interstellarem Gas und Staub sowie anderer Materie, über deren Beschaffenheit man noch nichts weiß. Alle Teile einer Galaxie werden durch ihre gegenseitige Anziehungs- oder Schwerkraft zusammengehalten. Unsere Milchstraße [im Deutschen auch Galaxis genannt, A. d. Ü.] ist nur eine von geschätzten 50 Milliarden Galaxien im sichtbaren Universum.

Supernovae sind nicht einfach nur gewaltigere Novae, sondern Explosionen von Sternen, die mehr als ungefähr achtmal soviel Masse haben wie die Sonne. Die Einzelheiten dieses Vorgangs sind sehr interessant, würden jedoch den Rahmen dieses Buchs sprengen. Begnügen wir uns mit dem Hinweis, daß eine Supernova so mächtig ist, daß die Explosion ein paar Tage lang Milliarden gewöhnlicher Sterne überstrahlen kann. *Novae* hingegen sind ziemlich schwache Explosionen auf den Oberflächen Weißer Zwerge, die einen größeren Begleitstern umkreisen. Ein typischer *Weißer Zwerg* ist ein erdballgroßer Überrest eines fast ausschließlich aus Kohlenstoff bestehenden Sterns. Wenn genug Wasserstoff aus den äußeren Schichten des Begleitsterns auf den Weißen Zwerg gezogen wird, beginnt dieser Wasserstoff zu fusionieren und explodiert wie eine überdimensionale Wasserstoffbombe, wodurch er sich als eine Nova in den Weltraum katapultiert.

Ein Letztes zum Thema Begriffsverwirrung: Was, glauben Sie wohl, passiert, wenn mich Leute auf einer Party oder im Flugzeug nach meinem Beruf fragen? Sage ich ihnen, daß ich Astronom bin, werde ich oft gefragt, ob ich aus der Hand lese oder in welchem Sternzeichen ich geboren bin (Stier nach dem Tierkreis der traditionellen Astrologie, Widder nach dem astronomischen Tierkreis). Wenn ich sage, ich sei Kosmologe (jemand, der sich mit der Evolution des gesamten Universums beschäftigt), werde ich oft gefragt, wo ich meinen Kosmetiksalon habe.

Hirngespinste

Betrachten Sie Astrologie als ein Beispiel für die Akzeptanz und den Gebrauch irriger Überzeugungen. Ihre Vertreter behaupten, Himmelskörper lenkten oder bestimmten unser Leben. Ich kann mir zwei physikalische Mechanismen vorstellen, durch die Sterne, Planeten und andere astronomische Gebilde bei unserer Geburt und hinterher auf uns einwirken könnten: ihre Anziehungskraft und die Strahlung, die sie aussenden (das heißt ihre Radiowellen, Wärme, sichtbares Licht, ultraviolette Strahlung, Röntgen- und Gammastrahlen). Lassen Sie uns diese Möglichkeiten in Betracht ziehen.

Eine einfache Berechnung ergibt, daß die Schwerkraft einer Person, die unmittelbar neben dem Entbindungsbett steht, oder die Schwerkraft, die von dem Gebäude ausgeht, in dem die Niederkunft stattfindet, mehr Auswirkungen auf das Neugeborene hat als die Schwerkraft irgendeines Planeten. So hat die Schwester, die immer wieder zu dem Bett ging, in dem Sie geboren wurden, eine größere Gravitationswirkung auf Sie ausgeübt als alle Planeten zusammengenommen.

An jedem Tag Ihres Lebens, wohin auch immer Sie gehen, hat die Masse Ihrer physischen Umgebung auf Erden viel, viel mehr Einfluß auf Sie als die Planeten. Sonne und Mond erzeugen zwar die Gezeiten auf der Erde, aber die Gezeitenwirkungen, die sie in unseren Körpern hervorrufen, werden von den atomaren Bindungen, die uns zusammenhalten, und den Bewegungen der Atome in unseren Körpern, hervorgerufen durch unsere Körpertemperatur, total überlagert.[14] Somit werden Leute, die innerhalb weniger Minuten an verschiedenen Orten zur Welt kommen, durch die Gravitationseffekte der »Sterne« weitaus weniger beeinflußt als von den Gravitationsbewegungen der irdischen Umgebung ihrer Geburtsstätten.

Strahlung aus dem All muß man in der Tat einkalkulieren, aber das meiste dessen, was vom Mond und den Planeten ausgesendet wird, ist einfach solare Strahlung, die von ihren Oberflächen oder den Wolken gestreut wird und zumeist aus sichtbarem Licht und Wärme besteht. Die Lichtmenge in Ihrem Entbindungsraum hat eine viel, viel größere Wirkung auf Sie ausgeübt als die Strahlung vom Mond mitsamt allen Planeten. Selbst Sonnenlicht hätte nur dann bei Ihrer Geburt auf Sie einwirken können, wenn es so lange auf Ihr Gesicht und Ihre Augen gefallen wäre, bis Sie erblindeten. Da die meisten Leute in Räumen mit geschlossenen Fenstern (oder ohne solche) geboren werden, ist dies sehr unwahrscheinlich. Es gibt keine bekannten physikalischen Effekte von Objekten im Weltraum, die deren Konstellationen bei Ihrer Geburt oder zu irgendeiner anderen Zeit Macht über Ihr Schicksal geben könnten. An der Tatsache, daß die Planeten tagsüber nicht zu sehen sind, merken Sie doch schon, wie schwach deren Strahlung ist, wenn sie uns erreicht.

»Aber was ist mit unbekannten physikalischen Wirkungen? Was, wenn es einige bisher noch nicht bekannte Eigenschaften von Planeten und Sternen gibt, die sich auf uns auswirken können?«

Gute Frage. Lassen Sie uns unter Zugrundelegung des Ockhamschen Rasiermesser-Prinzips herausfinden, ob solch ein bis heute noch unbekannter Mechanismus notwendig ist. Brauchen wir eine zusätzliche, von Himmelskörpern ausgehende externe Kraft, damit wir uns über den Kosmos einschließlich unseres Verhaltens klar werden? Oder können wir auch unter den bekannten Kräften die Natur verstehen und unser Leben führen, basierend auf unserem Geist und unseren Körperfunktionen und auf unserem Austausch mit der Umwelt?

Es gibt nicht den geringsten wissenschaftlichen Beweis, der es verlangte, Hypothesen über eine neue Kraft in der Natur anzustellen, um irgendein Phänomen in der Astronomie zu erklären oder über unsere Persönlichkeit, Handlungsweisen und unser Schicksal Aufschluß zu gewinnen. Auch zeigt eine sorgfältige Prüfung astrologischer Vorhersagen, daß sich ihr »Erfolg« ihrer enormen Beliebigkeit und Allgemeinheit verdankt.

In den Bereich der mythischen Vorstellungen gehört auch der Glaube, daß Zauberei eine übersinnliche Kraft und nicht einfach nur Fingerfertigkeit sei (ich frage mich, ob die wunderbaren *Harry-Potter*-Bücher in den Köpfen junger Leser eine solche Vorstellung erzeugen), der Geisterglaube, der Glaube an die Macht der Hexerei, der Glaube, daß Gebete anderer Menschen heilen können,[15] und der Glaube an Wunder.

Auf die Gefahr hin, einen recht komplizierten Sachverhalt allzusehr zu vereinfachen, möchte ich behaupten, daß der Glaube an mythische Vorstellungen mit »magischem Denken« in der Kindheit beginnt. Von früh an, noch ehe

Kinder die Vorgänge und Zusammenhänge in der Natur begreifen, entwickeln sie den Wunsch, etwas möge ihretwillen geschehen. Häufig beschwören sie magische Kräfte, um zu einem Ziel zu gelangen, das sie andernfalls nicht erreichen.

Der Glaube an Magie verliert sich gewöhnlich, wenn wir erwachsen werden, aber auch dann bleibt ein Rest davon unweigerlich in unseren Köpfen zurück. Er nimmt die Form des Wunschdenkens an. Irgendwann macht fast jeder von uns die Erfahrung, daß das Wünschen nicht geholfen hat, und dennoch hält dies niemanden davon ab, es wieder zu versuchen.

Fehlinformationen

Nicht nur im Umgang mit Science-fiction und Fantasy-Literatur und -Filmen setzen wir den Unglauben außer Kraft, sondern auch bei anderen Gelegenheiten. Wider besseres Wissen nehmen wir oft »Fakten« an, die uns unsere Eltern, Lehrer, gewisse Autoritätspersonen oder auch Freunde, denen wir vertrauen, mitteilen. Falschen Sachinformationen Glauben zu schenken ist ein komplizierteres Problem, als es auf den ersten Blick scheint.

Zunächst einmal hindert es uns daran, ein korrektes Verständnis der Natur zu entwickeln. Angenommen, man sagt Ihnen, daß es auf der Erde zwei Milliarden Menschen gibt und unsere Welt ohne weiteres sieben Milliarden ernähren kann. Sie könnten durchaus argumentieren, daß es selbst nach der Bevölkerungsexplosion des 20. Jahrhunderts noch reichlich Platz und Ressourcen für mehr Menschen gibt, möglicherweise noch jahrhundertelang. Wenn Ihnen jedoch gesagt worden wäre, die Weltbevölkerung beziffere sich auf über sechs Milliarden (was tatsächlich der Fall ist) und wachse rasch; und daß die Höchstzahl der Menschen, die ernährt werden können, unter sieben Milliarden liege (das gilt nur für unser Beispiel – die tatsächliche Zahl ist umstritten), dann kämen Sie wahrscheinlich zu einer völlig anderen Schlußfolgerung.

Das Schöne an Sachinformationen ist unter anderem, daß Sie sie verifizieren können, wenn Sie möchten. Nur tut man das gemeinhin nicht, wenn die erste Quelle glaubwürdig erscheint. Dann schleichen sich die Schlußfolgerungen, die wir aus falschen Informationen ziehen, allmählich in unsere sonstigen Ansichten ein und führen schließlich zu Fehlurteilen. Bezogen auf das Beispiel mit der Weltbevölkerung heißt das: Solange Sie glauben, die Erde sei noch lange nicht übervölkert, werden Sie vermutlich weniger für Geburtenkontrolle, verbesserte Anbaumethoden und eine Reihe anderer Maßnahmen eintreten, die ganz entscheidend sein werden, wenn sich die Bevölkerungszahl auf beunruhigende Weise dem Maximum nähert, das die Erde verkraften kann.

Nehmen wir an, Sie erfahren nach Jahren, in denen Sie an falsche Zahlen geglaubt und aus ihnen Schlußfolgerungen gezogen haben, plötzlich genauere Zahlen aus einer zuverlässigen Quelle. Wie reagieren Sie darauf? Ersetzen Sie auf der Stelle alle Schlußfolgerungen und Überzeugungen, die Sie aus Ihren früheren Zahlen entwickelt haben, durch zutreffendere? Ich glaube nicht. Schließlich haben die Schlußfolgerungen, die Sie über Jahre hinweg zogen, zur Entwicklung vieler Ihrer Ansichten beigetragen, nicht nur, was Ihre Meinung über Geburtenkontrolle oder Bodenbewirtschaftung betrifft, sondern auch Ihre politische Orientierung, Ihre Einstellung zur Jagd, die Stärke Ihrer religiösen Überzeugungen, Ihre Karriere, Ihr soziales Umfeld, Ihre Ziele und anderes mehr. Vermutlich würden Sie die neue Information zur Kenntnis nehmen und so zurechtbiegen, daß sie zu Ihren früheren Auffassungen paßt. Das ist viel einfacher, als viele der wichtigen (oder auch nicht so wichtigen) Überzeugungen überdenken und verändern zu müssen, die Teil Ihrer Weltsicht sind.

Das gleiche geschieht, wenn man Neues über den Kosmos erfährt. Denken Sie an das Beispiel, das ich im ersten Kapitel hinsichtlich der Auffassung gab, die Planeten hätten kreisförmige Umlaufbahnen. Wenn Sie sich dieser Theorie anschließen, dürfte Sie die Information überraschen, daß sich Neptun und Pluto in der Rolle des von der Sonne fernsten Planeten abwechseln. Ehe man das Faktum der elliptischen Umlaufbahnen anerkennt, muß man sich damit abfinden, daß das Sonnensystem weniger symmetrisch aufgebaut und daher ästhetisch weniger ansprechend und anscheinend weniger stabil und sicher ist, als die Menschen früher geglaubt hatten. Denn nicht zuletzt der Reiz, der symmetrischen, kreisförmigen Umlaufbahnen anhaftet, erklärt, warum zwischen dem ptolemäischen System der zirkulären Planetenbewegungen und der auf die Beobachtungen Tycho Brahes gestützten Demonstration elliptischer Planetenbahnen durch Johannes Kepler mehr als 1500 Jahre vergehen mußten.

Nehmen Sie als weiteres Beispiel den verbreiteten Glauben, die Asteroiden im Asteroidengürtel seien einst Teil eines Planeten gewesen. Angenommen, Sie glauben das, und ich sage Ihnen, daß es stimmen kann, weil wir wissen, daß die Gesamtmasse des Gürtels weniger als 1/1000 der Erdmasse oder weniger als 1/10 der Masse des Mondes beträgt. Zudem würde es die Schwerkraft des nahen Jupiter den Trümmerstücken in jenem Teil des Weltraums erheblich erschweren, sich in einer bestimmten Region zu versammeln und dann gemeinsam in einen einzigen großen Körper zu fallen. Sie könnten nun antworten, daß sich vielleicht irgendwo ein anderer Planet bildete und in das

Gebiet driftete, das wir Asteroidengürtel nennen. Vielleicht wurde er durch den Zusammenstoß mit einem weiteren großen Himmelskörper zerstört.

Auf die Eigendynamik dieser Theorie bauend, könnten Sie argumentieren, daß in dem Asteroidengürtel so wenig Masse zurückgeblieben ist, weil der Zusammenprall, der den Planeten zerstörte, auch viel von der Masse in andere Teile des Sonnensystems hineinschleuderte. Schließlich traf ein Großteil der Trümmer andere Planeten und Monde. Nicht schlecht. Ein solches Modell könnte vermutlich funktionieren, das heißt, es würde gegen keines der physikalischen Gesetze verstoßen, bei denen es um Materie und Umlaufbahnen geht. Das Problem ist nur, daß diese Theorie das Prinzip des Ockhamschen Rasiermessers außer acht läßt. Die Verteilung und Zusammensetzung der Materie im Asteroidengürtel ist soweit ganz konsistent mit seinem Ursprung als viel kleinere Körper. Es besteht keine wissenschaftliche Notwendigkeit dafür, daß es in der Region des Asteroidengürtels jemals einen »ausgewachsenen« Planeten gegeben hat.

»Ja, aber er hätte doch dort gewesen sein können.«

Als Student fühlte ich mich immer betrogen, wenn ich ein Lehrbuch las und darin einen eindeutigen Fehler entdeckte. Danach nahm ich alles, was in dem Buch stand, *cum grano salis*. Der erste solcher Irrtümer, an den ich mich erinnere, war einer in einem Sozialkundebuch der siebten Klasse. Anhand von Don Quichottes Kampf gegen Windmühlen sollte etwas typisch Spanisches vorgeführt werden, und die Aussprache seines Namens wurde mit »Quicksut« wiedergegeben. Schon dieser kleine Fehler reichte aus, echte Zweifel an der Glaubwürdigkeit des Buchs in mir aufkommen zu lassen.

In einem etwas naturwissenschaftlicheren Zusammenhang war mein Sohn Josh an einer »Weltraumnacht«-Darstellung der dritten Klasse für Freunde und Familien beteiligt. Es war eine wunderbare, geschäftige Zeit mit interessanten Projekten, die von der Decke und den Wänden der Schule baumelten. Joshs Planet war der Jupiter. Er brachte eine Reihe richtiger Behauptungen in seinem kleinen Aufsatz, bis auf eine. In einem Buch hatte er gelesen, daß Jupiters »Großer roter Fleck« eine Temperatur von 3300 Grad Celsius habe. Oberflächlich betrachtet, scheint dies logisch, – der Fleck ist rot, was vermuten läßt, daß er heiß ist. Dinge, die rot glühen, sind üblicherweise um die 430 Grad Celsius heiß. Das Problem ist, daß der »Große rote Fleck« nicht rot glüht. Vielmehr enthält er Moleküle, die rotes Licht von der Sonne ins All streuen, genau wie Blut rotes Licht verteilt. Der Spot ist ein einziges System von wirbelnden Gasen, wie ein Hurrikan auf Erden. Die Gase, die seine rote Färbung erzeugen, sind nicht genau bekannt, wahrscheinlich jedoch handelt es sich um Verbindungen, die Phosphor oder Natrium enthalten und viel kälter sind als 3300 Grad Celsius.

Neugierig geworden, lieh ich mir ein Exemplar von Joshs Lehrbuch für dritte Klassen aus, das den Titel *Science* trägt (Menlo Park: Addison-Wesley, 1989). In den Abteilungen Physik und Astronomie fand ich folgende Irrtümer:

- »Es gibt drei verschiedene Arten von Kraft: Gravitation (Schwerkraft), Friktion (Reibung) und Magnetismus.« Tatsächlich gibt es vier und möglicherweise fünf Kräfte; diejenigen, die täglich auf uns einwirken, sind die schwache und die starke Kraft, die elektromagnetische Kraft und die Schwerkraft. Unserer Alltagserfahrung zum Trotz ist die Schwerkraft bei weitem die schwächste. Reibung ist das Ergebnis von elektromagnetischen Interaktionen zwischen den Partikeln in aneinander angrenzenden

Gegenständen und gilt nicht als eine grundlegende Kraft wie die Schwerkraft. Der Magnetismus ist nur ein Teil der elektromagnetischen Kraft.

- »Anders als die ersten vier Planeten [Merkur, Venus, Erde und Mars] besteht Jupiter hauptsächlich aus gefrorenen Gasen« und »Wie Jupiter besteht er [Saturn] hauptsächlich aus gefrorenen Gasen«. Dies ist ein Oxymoron, weil gefrorene Gase Feststoffe sind. Wassereis besteht natürlich aus gefrorenen Wassermolekülen. Tatsächlich ist der größte Teil von Jupiter und Saturn flüssiger Wasserstoff bei Temperaturen zwischen 5000 Grad Kelvin (K)[16] und 20 000 Grad Kelvin, während die Zimmertemperatur bei 300 Grad Kelvin liegt.
- »Saturn hat 17 Monde. Einer von ihnen [Titan] ist fast so groß wie Merkur!« Darauf hinzuweisen, daß Monde größer sein können als Planeten, ist nicht so lächerlich, wie es, oberflächlich betrachtet, erscheint. Tatsächlich ist der Text falsch, weil Titan größer ist – einen größeren Durchmesser hat – als Merkur, wie auch der Jupitermond Ganymed. Dieser hat sogar einen noch größeren Durchmesser als Titan, aber das wird im Text nicht erwähnt.
- Eine Abbildung zeigt Pluto stets ferner von der Sonne als Neptun. Tatsächlich ist die Umlaufbahn des Pluto so langgezogen, daß er in 20 Jahren seines 249 Erdenjahre betragenden Umlaufs um die Sonne dieser näher kommt als Neptun. Das war in jüngster Vergangenheit zwischen den Jahren 1979 und 1999 der Fall.
- »Wenn ein Komet dicht an die Sonne herankommt, schmelzen die gefrorenen Gase in seinem Kopf.« Schon wieder diese mysteriösen gefrorenen Gase! Tatsächlich wird Eis, wenn es schmilzt, flüssig. Die Eisschichten von Kometen schmelzen nicht, sondern sublimieren – verwandeln sich direkt in Gas.

- »Sowie der Komet der Sonne nahe kommt, bilden die Gase einen Schweif.« Das stimmt, aber da nichts darüber gesagt wird, daß die Schweife immer von der Sonne weg weisen, setzt sich der Glaube fort, daß Schweife hinter dem Kometen herziehen.
- Eine Zeichnung zeigt den Asteroidengürtel wie in *Star Wars* mit dichtgedrängten Asteroiden. Das Buch legt außerdem nahe, daß alle Asteroiden die Sonne zwischen Mars und Jupiter umkreisen. Tatsächlich haben einige Asteroiden Umlaufbahnen, die die Bahn von Planeten, darunter die der Erde kreuzen, während andere sich in genau dem gleichen Orbit wie Jupiter befinden.
- »Einige Wissenschaftler glauben, Asteroiden kämen von einem Planeten, der explodierte. Andere meinen, sie stammen aus zwei Planeten, die zusammengeprallt sind.« Wie weiter oben erwähnt, gilt keine dieser beiden Theorien als haltbar.

Kurz danach half ich meinem Sohn James bei einem Rechenproblem, als ich auf Seite 89 des Lehrbuchs *Calculus* von Ross Finney, Franklin Demand, Bert Waits und Daniel Kennedy (Menlo Park: Scott Foresman Addison-Wesley, 1999) auf folgende Frage stieß: »Freier Fall auf dem Jupiter. Die Gleichung für den freien Fall auf die Oberfläche des Jupiter ist $s=11{,}44r^2\ m$ mit t in Sekunden. Angenommen, ein Stein wird von der Spitze einer 500 m hohen Klippe hinuntergeworfen. Ermittele die Geschwindigkeit des Steins bei $t=2$ Sek.« Wie etwas weiter oben schon gesagt, hat der Jupiter keine feste Oberfläche.

Bisher habe ich durchblicken lassen, daß falsche »Sach«-Informationen, die wir von anderen bekommen, in dem gutem Glauben weitergegeben werden, sie stammten aus einer neutralen Quelle. Die Person, die Ihnen erzählte, daß es auf der Erde zwei Milliarden Menschen gibt, hat diese Zahlenangabe vielleicht ernsthaft selbst geglaubt und Sie keineswegs in die Irre führen wollen. Dies mag in einigen Fällen so sein, doch ein Großteil der Sachinformationem, die wir von Autoritäten erhalten, ist zweifellos im Hinblick auf deren Überzeugungen, Interessen und Absichten gefiltert oder manipuliert worden.

Die Vorverarbeitung von Informationen stellt in den Geisteswissenschaften ein größeres Problem dar als in den Naturwissenschaften. So können Sie beispielsweise davon ausgehen, von einem Professor mit linker politischer Einstellung etwas anderes über die Geschichte des 20. Jahrhunderts zu erfahren als von einem eher rechts orientierten. Aber Voreingenommenheit läßt sich auch in den Naturwissenschaften nicht vermeiden. Wenn ein Astronomieprofessor oder Autor besonders an Wissenschaftsgeschichte interessiert ist, dürften Sie Astronomie von einem historischen Ansatz her geboten bekommen und mehr über Persönlichkeiten wie Ptolemäus, Kopernikus, Kepler, Galilei, Newton, Einstein, Hubble und andere hören als bei einem Dozenten, der sich nicht besonders für Historisches interessiert. Da aber nun einmal nur eine begrenzte Anzahl von Unterrichts- oder Vorlesungsstunden angeboten wird, könnte der Preis für die eingehende Vermittlung des historischen Hintergrunds darin bestehen, daß Sie weniger darüber erfahren, was Sterne zum Leuchten oder Schwarze Löcher zum Verschwinden bringt, als wenn Sie von jemanden unterrichtet worden wären, der sich mehr für moderne Mechanismen interessiert.

Stellen Sie sich vor, Sie sitzen zum ersten Mal in einer neuen Klasse. Nehmen wir an, der Lehrer oder die Lehrerin kommt herein, stellt sich vor, umreißt die Ziele des Semesters und verkündet dann, daß mindestens zehn Prozent dessen, was Sie nun lernen werden, falsch ist. Wie würden Sie sich fühlen?

Genau so nämlich eröffne ich zu Semesterbeginn meinen Einführungskurs in die Astronomie. Am ersten Tag des Seminars, wenn mich zweihundertfünfzig Studenten erwartungsvoll ansehen und herauszufinden versuchen, wozu sie hier sind, sage ich: »Selbstverständlich werde ich Ihnen nicht absichtlich falsche Informationen geben«, und füge dann hinzu: »Das Problem für Sie wie für mich ist, daß sich das Wissen der Astronomen über den Kosmos so schnell verändert, daß einiges, was heute gültige Lehrmeinung ist, sich als falsch erweisen wird. Ich werde mich korrigieren, wann immer ich von Veränderungen in unserem Wissensgebiet erfahre.« Praktisch alle Korrekturen, die ich über die Jahre hinweg anbringen mußte, waren Details wie die Anzahl der Monde, die verschiedene Planeten umkreisen, die Einzelheiten über die Entstehung neuer Sternensysteme, kosmologische Beobachtungen entfernter Objekte und andere Dinge, die entweder im Grenzbereich dessen liegen, was wir beobachten können, oder für die unsere physikalischen Theorien nur noch bedingt gelten.

Mit dieser Ankündigung vorweg will ich den Studenten klarmachen, nicht alles, was ich zu sagen habe, als Evangelium zu betrachten. Das sollte billigerweise für jede Informationsquelle gelten.

Nachrichtenmedien

Eine unserer wichtigsten und komplexesten Informations- und Fehlinformationsquellen über die Astronomie und andere Naturwissenschaften bilden die Medien, weil sie allgegenwärtig sind. Wissenschaftsnachrichten, ob aus dem Fernsehen, dem Radio, der Presse oder dem Internet, sind oft unsere ersten Informationsquellen über interessante und bedeutsame naturwissenschaftliche Entdeckungen. Solange wir der Nachrichtenquelle trauen, halten wir deren Berichterstattung höchstwahrscheinlich für stichhaltiger, als wenn dieselbe Information von einem Freund oder aus einem Roman käme. Freunde waren die ersten, die mir von der Ermordung Präsident Kennedys berichteten, aber ich glaubte es erst, als ich die Nachricht aus dem Munde von Walter Cronkite hörte, der damals die *CBS Evening News* moderierte.

Die Komplexität dieser Informations- und Fehlinformationsquelle ist unter anderem auf ein kompliziertes und spannungsreiches Beziehungsdreieck zwischen uns als Nachrichtenempfängern, den Berichterstattern und den Nachrichtenquellen zurückzuführen. Wissenschaftler und Medien verbindet eine wahre Haßliebe. Die meisten Forscher sehen es sehr gern, wenn über ihre Arbeiten berichtet wird, hassen aber die Art der Präsentation. Freiberufliche Wissenschaftsreporter gieren nach neuen, aufregenden Geschichten, hassen es aber, von Forschern, die geheime Pläne haben, manipuliert und auf eine falsche Fährte gesetzt zu werden. Wissenschaftler, die zur rechten Zeit interessante und genaue Informationen liefern, werden von Reportern umworben und haben daher leichten Zugang zu den Medien. Wie in vielen anderen Lebensbereichen schleichen sich allerdings auch in diese Beziehungen oft Mißtrauen und Ärger ein; vor allem dann, wenn Reporter dahinterkommen, daß ihre Kontaktpersonen in der Wissenschaft wenig preisgeben, nicht ganz offen und mitteilsam sind oder keine genauen, vollständigen und nützlichen Angaben machen. Umgekehrt halten diese ihre Informationen zurück, wenn sie merken, daß ihre Arbeit tendenziös oder verzerrt in der Presse dargestellt wird.

So glauben Wissenschaftler oft, wichtige Ergebnisse ihres Fachgebiets würden in der Berichterstattung verschleiert, untergeordnete Forschungsaspekte hingegen groß herausgebracht. Denken Sie beispielsweise an das Hubble-Weltraumteleskop. Es war in erster Linie für die Erforschung erdferner Bereiche des Kosmos, also von Galaxien, Quasaren, Sternen und interstellarem Gas konzipiert. Doch die meisten Erkenntnisse über ferne Himmelskörper sind für die Öffentlichkeit weniger interessant als die Erkenntnisse über Planeten. Daher erhalten die vom Hubble-Teleskop über Planeten gewonnenen Daten einen viel größeren Anteil in der Berichterstattung als solche über entferntere Objekte im Weltall. Haben Sie die Pressemeldung vom Oktober 1999 mitgekriegt, in der von Ausbuchtungen in Spiralgalaxien die Rede war, die das Weltraumteleskop beobachtet hatte? Oder was ist mit der unglaublich wichtigen Entdeckung intergalaktischen Wasserstoffs? Letzterer kommt deshalb besondere Bedeutung zu, weil wir Astronomen durch sie Aufschlüsse über die Verteilung von Materie und das Schicksal des Universums gewinnen.

Das Hubble-Weltraumteleskop ist auch ein hervorragender Lieferant spektakulärer Aufnahmen, die verständlicherweise ausführlichst gesendet werden. Doch die wissenschaftlichen Anstrengungen, die diesen Beobachtungen zugrunde liegen, finden kaum Verbreitung. Die meisten Leute sahen die wunderbaren Bilder von den Gassäulen im Adlernebel, doch nur wenigen Laien ist bewußt, welch wichtige Informationen über die Entstehung von Sternen sich daraus entnehmen lassen. Solche Bilder erzeugen im öffentlichen Bewußtsein einen Eindruck von wissenschaftlichem Glamour, der nicht ganz der Wirklichkeit entspricht. Die meisten Teleskopdaten in genaue und aussagekräftige Bilder zu übertragen, ist ein langwieriges, kompliziertes, unspektakuläres und anstrengendes Verfahren. Man braucht nur einen der Dutzenden von Parametern oder Schritten falsch zu analysieren, und schon werden die Bilder ungenau.

Dennoch fragen sich manche Kollegen, warum ihre wichtigen Beobachtungen, Versuche und Theorien kein Medienecho erhalten. Es stimmt, das meiste, was wir tun, würde dem großen Publikum langweilig erscheinen. Wollte man unsere Arbeit erklären, bräuchte man viel mehr Sendezeit oder Zeitungsfläche, als den Rundfunk- und Presseorganen zur Verfügung steht. Außerdem ist ein Großteil der wissenschaftlichen Forschung so vorläufig, daß die Medien gar nicht darüber berichten mögen und die Öffentlichkeit keine Notiz davon nimmt.

Tatsächlich *ist in den Naturwissenschaften alles vorläufig*. Schon morgen kann ein Experiment, eine Beobachtung oder Theorie unsere gegenwärtigen Annahmen in Frage stellen oder über den Haufen werfen. Unsere Köpfe arbeiten jedoch anders. Die meisten von uns nehmen auf, was sie hören oder sehen, und betrachten es als »Tatsachen«. Sobald wir das getan haben, fällt es uns schwer, unsere Meinung über das betreffende Thema zu ändern. Es gab ein Hubble-Foto, das einen extrasolaren Planeten (das heißt, einen, der sich außerhalb unseres Sonnensystems befindet) zu zeigen schien, der aus seinem »Geburtsort«, einem Doppelsternsystem (einem einander umkreisenden Sternenpaar), geschleudert wurde.[17] Das Institut, das das Hubble-Teleskop bedient, berichtete von dieser Entdeckung, noch ehe sie in einer Fachzeitschrift veröffentlicht wurde. Nahezu jeder, der davon erfuhr, glaubte daher, es sei solch ein frei durch den Raum fliegender Planet entdeckt worden. Weitere Beobachtungen deuteten jedoch darauf hin, daß es sich bei diesem Objekt nicht um einen Planeten handelt, sondern wahrscheinlich um einen Hintergrund-

Stern, der das engere binäre Sternensystem und dessen interstellare Gase überlagert. Das besagte Institut zog die Meldung zurück, aber die Medien wußten deshalb noch lange nicht, daß eine zuvor veröffentlichte Nachricht falsch war. Das Dementi war außerdem viel unspektakulärer als die Vorstellung von einem ins All geschleuderten Planeten, weshalb darüber viel knapper berichtet wurde als über die anfängliche Entdeckung. Viele Leute, die von der Richtigstellung erfuhren, vergaßen sie zudem umgehend und glaubten weiter, was sie zuerst gehört hatten.

Solche Erfahrungen tragen zu der Haßliebe zwischen Wissenschaftlern und Medien bei. Nicht wenige Wissenschaftler möchten ihre Arbeit veröffentlicht sehen, sei es aus Eitelkeit oder um auf diese Weise weitere Forschungsgelder lockermachen zu können, aber sie bezweifeln sehr oft die Exaktheit der auf ihrer Arbeit beruhenden Berichterstattung. Ebenso ist etlichen Medienleuten durchaus bewußt, daß sie es bei den Wissenschaftlern mit ganz unterschiedlichen Temperamenten zu tun haben, die unterschiedlich »behandelt« werden müssen.

Das Verhältnis zwischen den Medien und der Öffentlichkeit der Verbraucher macht alles noch komplizierter. Die Erfahrung lehrt, daß Nachrichtenbezieher auf das, was sie als »aufregende« oder gar sensationelle Informationen wahrnehmen, stärker reagieren als auf solide, aber langweilige wissenschaftliche Ergebnisse. Was würden Sie lieber erfahren: daß ein »großer« Asteroid möglicherweise die Erde treffen wird (was höchstwahrscheinlich geschehen wird, aber vermutlich erst in zig Millionen Jahren) oder daß Oberflächenwissenschaftler eine neue Methode entwickelt haben, Kupfer auf einem Siliziumsubstrat abzulagern? Genau genommen ist die letztere Entdeckung viel wichtiger für Ihr Leben, weil sie Computer befähigen würde, schneller und kostengünstiger zu laufen und sich dabei weniger aufzuheizen, aber sie klingt langweilig.

Daher müssen Reporter und Nachrichtenredakteure stets das richtige Maß zwischen aufregendem Material und Effekthascherei finden. Eine rote Warnblinkleuchte sollte jedesmal dann in Ihrem Kopf angehen, wenn Sie von einem wissenschaftlichen »Durchbruch« hören. Ein solcher gelingt wirklich nur selten, da die Wissenschaft vor allen Dingen ein Gesamtprozeß ist und keine stetige Folge von tiefgreifenden Veränderungen. Wenn uns Nachrichtenkonsumenten in den Medien zu viele sensationelle Behauptungen aufgetischt werden, beschleicht uns mit der Zeit Argwohn sowohl gegenüber den Reportern als auch gegenüber den Wissenschaftlern. Dies ist eine verständliche Reaktion, birgt aber die Gefahr in sich, wertvolle wissenschaftliche Informationen zu ignorieren, wenn solche dann tatsächlich veröffentlicht werden.

Mißverständnisse, die aus Nachrichtenquellen entstehen, lassen sich aber auch noch aus anderen Gründen erklären. Die meisten Medien arbeiten unter einer Vielzahl von Zwängen, die sich auf die Qualität der Sendungen beziehungsweise Presseberichterstattung auswirken. Das vielleicht größte Problem für Fernsehen und Radio ist die Zeit. Eine normale halbstündige Nachrichtensendung enthält etwa zweiundzwanzig Minuten an Informationen über circa acht Themen. Wenn eine Meldung aus dem Bereich der Naturwissenschaften tatsächlich einmal zur »besten Sendezeit« ausgestrahlt wird, entfällt auf sie weniger als die durchschnittliche Sendezeit – ungefähr eine Minute und fünfundvierzig Sekunden. In nicht einmal zwei Minuten kann jedoch ein Reporter weder ausreichend Hintergrundinformation liefern noch das Thema so vertiefen, daß das Ganze irgendeinen Sinn ergibt.

Besser sind Dokumentarsendungen über nur wenige Sachgebiete oder solche, die sich ausschließlich naturwissenschaftlichen Themen widmen. Doch auch unter diesen besten denkbaren Bedingungen, so weiß ich von Freunden und Bekannten aus der Branche, muß ein Großteil wichtiger Informationen weggelassen werden.

Bei den Printmedien sieht es nicht viel besser aus. Typische Artikel über naturwissenschaftliche Neuigkeiten in der *New York Times* entsprechen etwa zwei Seiten in diesem Buch.

Was also erfahren wir aus den Medien über die Naturwissenschaften? Um uns bei Laune und ihre Quoten zu halten, bringen sie gewöhnlich die unterhaltsamsten und provokativsten Informationen. Welche das sind, das bestimmen der Reporter und sein Redakteur. Bis auf wenige Ausnahmen ist keiner von beiden ein Fachmann, der die allgemeine Forschungslage in dem wissenschaftlichen Spezialgebiet kennt, über das sie berichten sollen. Selbst die besten Wissenschaftsschriftsteller sind nur in wenigen Bereichen wirklich kompetent. Infolgedessen werden uns oft reißerische Informationen geliefert – so wie die vom Hubble-Weltraumteleskop erstellten Aufnahmen –, die die Zuschauer begeistern, aber nicht das Entscheidende an einer wissenschaftlichen Entdeckung sind. Mit dieser Art der Auswahl und Präsentation verbunden ist das Bestreben der Reporter, einen »objektiven« Standpunkt einzunehmen. Unter normalen Umständen ist das auch sinnvoll. Andere Meinungen zu hören trägt oft zum besseren Verständnis strittiger Probleme bei. Mit wenigen Ausnahmen gibt es bei politischen Streitfragen immer mindestens zwei begründete Blickwinkel, obgleich die meisten von uns entschieden (und blindlings?) dem einen oder dem anderen zuneigen. Das gilt auch für die Naturwissenschaften, wie die Kontroverse zeigt, die sich um die Mitte des 20. Jahrhunderts aus der Frage entspann, ob das Universum durch eine anfängliche Explosion (Urknall) entstand oder immer schon da war (Theorie des stationären Universums). Prognosen und spätere Observation ergaben schließlich, daß letztgenanntes Modell falsch ist. Es gibt jedoch viele Theorien, Beobachtungen und Experimente, die von der einen wissenschaftlichen Interpretation viel stärker gestützt werden als von anderen. Das heißt nicht, daß diese Deutung »richtig« ist, sondern vielmehr, daß alle anderen gegenwärtigen Erklärungen vom Großteil der Wissenschaftsgemeinde als Außenseitermeinungen betrachtet werden. So existiert heute beispielsweise kein wissenschaftlich tragfähiges Modell von der Entstehung des Universums außer der Urknalltheorie. Wenn also in den Medien über alternative Entstehungstheorien berichtet wird, sollte man sie als suspekt ansehen. Das Problem ist, daß das Publikum schwer entscheiden kann, wie seriös solche Informationen und ihre Quellen sind.

Selbst wenn Reporter sich über den Forschungsstand und die wesentlichen Projekte in einem bestimmten Bereich der Naturwissenschaften gut informiert haben, fehlt ihnen oft die Zeit, die Informationen zu verarbeiten und sie den Zuschauern oder Hörern so zu erklären, daß diese die zugrundeliegende Wissenschaft verstehen können. Eine oberflächliche Erörterung eines interessanten Themas verführt das Publikum zuweilen dazu, die Lücken mit selbstgebastelten Erklärungen zu füllen, die häufig falsche Vorstellungen enthalten.

Das Internet

Ein stetig zunehmendes Maß an Informationen kommt aus dem Internet. Ich selbst beschaffe mir dort vielleicht ein dutzendmal am Tag Informationen und Daten von der NASA, dem Jet Propulsion Laboratory, dem Space Telescope Science Institute und anderen Quellen, und lese auch Zeitungen wie *The New York Times* und *Washington Post*. Aber praktisch jeder kann alles mögliche ins Web stellen.

So gelangen vermeintlich wissenschaftliche Ideen ins Internet, ohne vorher von kompetenten Wissenschaftlern überprüft worden zu sein. Selbst in überwachten »chat rooms« ist die Kompetenz des Gesprächsleiters den Teilnehmern oft unbekannt. Wenn wir Astronomen hingegen Ergebnisse unserer Arbeit in angesehenen und vielgelesenen Fachzeitschriften veröffentlichen möchten, müssen die Artikel zuerst von einem oder mehreren Experten durchgesehen werden.

Heute ist im Internet alles erlaubt, fast so wie in Teilen des amerikanischen Westens im ausgehenden 19. Jahrhundert. Sie können im Web unendlich mehr Schlangenöl und andere Wundermittel kaufen, als jemals in Dodge City, Kansas, zu bekommen waren. Das Problem sind keineswegs nur skrupellose Leute, die Sie um Ihr Geld bringen wollen. Viele Einzelpersonen und Organisationen, die eigene Websites unterhalten, möchten Sie, ob bewußt oder nicht, um den Verstand bringen. Tausende und Abertausende von Websites bieten bodenlos falsche Informationen aus dem Bereich der Naturwissenschaften (und natürlich allen anderen Lebensbereichen) an.

Es ist unglaublich wichtig, sich mit einem Urteil über das, was Sie im Web lesen, zurückzuhalten. Selbst Websites hervorragender Provenienz enthalten oft falsche Informationen, die von Nichtspezialisten eingegeben wurden. So sind Pressereferenten wissenschaftlicher Organisationen in der Regel keine gelernten Naturwissenschaftler.

Auf den vielen Websites unbekannter oder fragwürdiger Provenienz wissen wir nicht, was Leute, die dort ihre Ideen verbreiten, damit bezwecken. Manchmal, aber nicht immer, werden die Absichten deutlich. So sehen einige der professionelleren Websites von Anhängern der »creation science« [Anhängern der biblischen Schöpfungslehre in den Vereinigten Staaten, A. d. Ü.] ganz ordentlich aus und klingen wissenschaftlich, enthalten aber zahlreiche Argumente, die unlogisch oder mit der anerkannten Wissenschaft unvereinbar sind. Falsche Informationen aus solchen Quellen können auf mehreren Ebenen Verwirrung stiften. Erstens, wenn Sie Informationen aus einer angeblich zuverlässigen Quelle lesen, die dem, was Sie für richtig halten, widersprechen, so sehen sie sich vielleicht veranlaßt, vernünftige Anschauungen in Frage zu stellen. Dies ist natürlich genau das, was solche Website-Besitzer beabsichtigen.

Zweitens, wenn die erste Information, die Sie über ein Ihnen bis dahin völlig neues Thema bekommen, falsch ist, wird es Ihnen schwerfallen, diese durch die richtige zu ersetzen, die Sie vielleicht später erfahren. Dies liegt daran, daß unser Kopf so gepolt ist, das erste, was wir über ein uns bisher unbekanntes Thema erfahren, als richtig zu akzeptieren. Daher ist so wichtig, Kindern korrekte Informationen über die Natur zu vermitteln. Ihre Gehirne saugen Wissen auf wie Schwämme, und wenn ihnen anfänglich irgendwelche Halbwahrheiten aufgetischt werden, haben sie viel mehr Mühe, später Zugang zu den Naturwissenschaften (und anderen Wissensgebieten) zu finden.

Drittens, sobald Sie mit einer Informationsquelle einmal schlechte Erfahrungen gemacht haben, wird es Ihnen verständlicherweise schwerfallen, sie ein zweites Mal zu nutzen. Die Menge stichhaltiger Online-Informationen ist allerdings so groß, daß es schade wäre, wenn Sie dem Medium selbst nicht mehr vertrauen würden.

Der beste Schutz gegen falsche Informationen aus dem Internet oder anderswoher besteht darin, sich eine gesunde Skepsis zu bewahren. Zweitens sollten Sie sich über die von Ihnen benutzten Quellen vergewissern und, drittens, diese mit anderen, zuverlässigen Quellen vergleichen. Mit einem Wort: Sie sollten Fakten selbst verifizieren.

3 *Wie man sich seinen eigenen Kosmos bastelt*

Hausgemachte und andere Ursachen falscher Vorstellungen

Soeben habe ich einen Hammer und eine Taubenfeder gleichzeitig von derselben Höhe herunterfallen lassen. Es wird Sie nicht überraschen, daß der Hammer zuerst unten ankam. Dieses Ergebnis entspricht unseren Erwartungen über Bewegung durch die Luft. Im Sommer 1971 flog Apollo 15 zum Mond.

Als der Astronaut David R. Scott auf dessen nahezu luftleerer Oberfläche stand, ließ er einen Hammer aus seiner rechten Hand und eine Falkenfeder aus seiner Linken fallen. Beide landeten gleichzeitig auf dem Boden. Dieses Ergebnis schlägt allem, was wir in jahrelanger Erfahrung mit fallenden Gegenständen gelernt zu haben glauben, ins Gesicht.

Die meisten Informationen, die wir aus verschiedenen Medien, eigenem Nachdenken und durch Sinneseindrücke gewonnenen Rohdaten über die Natur erhalten, sitzen in unseren Köpfen nicht einfach irgendwo als isolierte Fakten. Vielmehr bewerten wir eine neue Information, indem wir uns sowohl unseres gesunden Menschenverstandes als auch der Fakten bedienen, die wir über verwandte Themen angesammelt haben. Erkennen wir die neuen Daten als richtig an, weil wir ihre Quelle für seriös halten oder weil es uns unser logisches Denken befiehlt, so gliedern wir sie unserem Naturverständnis allmählich ein.

Betrachten wir, wie sich einige Stücke eines typischen Modells des Sonnensystems entwickeln. Kindern wird gesagt, daß die Erde um die Sonne kreist. Da sie der Quelle dieser Information mehr trauen als der eigenen Wahrnehmung, wonach die Sonne die Erde umkreist, gliedern sie jene ihren tastenden Vorstellungen über die Erde und andere Himmelskörper ein. Wenn sie dann von der Existenz weiterer Planeten erfahren, leiten sie normalerweise daraus ab, daß auch diese die Sonne umkreisen.

Nun zu einer neuen Nachricht, wonach Planeten in der

Nähe anderer Sterne entdeckt worden seien (was stimmt). Verallgemeinern Sie das oben beschriebene Modell des Sonnensystems, so würden Sie gewiß annehmen, daß jene extrasolaren Planeten ihre Sterne umkreisen und nicht umgekehrt. Wenn ich aus Gründen der Wahrscheinlichkeit davon ausgehe, daß viele dieser neuerdings entdeckten Planeten bisher noch nicht geortete Genossen haben, würden Sie erwarten, daß diese ebenfalls ihre Sterne umkreisen. Falls irgendwelche neuen Planeten in Abständen von ihren Sternen gefunden werden, wo Wasser in flüssigem Zustand existieren kann, dann könnten wir vernünftigerweise damit rechnen, daß auf solchen Welten Leben existiert. Mit einem Wort, wir nehmen neue Informationen auf und passen sie unter Benutzung bereits vorhandenen Wissens in unser Weltbild ein, wodurch ein tieferes und reicheres Verständnis der natürlichen Welt entsteht.

Leider geschieht das gleiche, wenn Sie falsche Informationen für richtig halten. Sie benutzen sie, um Ihr Modell von der Natur auszubauen oder zu verfeinern. Sie haben vermutlich die Behauptungen gelesen oder gesehen, daß Schwarze Löcher Eingänge oder Öffnungen zu Tunnels seien, die weit auseinandergezogene Bereich im Universum miteinander verbinden. In Science-fiction-Filmen begegnet man solchen Konstrukten häufig. Wenn Sie es für wahr halten, können Sie zu mehreren Schlußfolgerungen über Weltraumreisen kommen, die mit den Gesetzen der Physik unvereinbar sind. Sie könnten etwa daraus folgern, daß wir, wenn wir solche Schwarzen Löcher finden, sie nutzen können, um uns schneller als das Licht fortzubewegen und auf diese Weise riesige Entfernungen in unserer Galaxie in Stunden oder Tagen zurückzulegen, wohingegen eine solche Reise im normalen Weltall Tausende von Jahren dauern würde. Sie könnten auch folgern, daß es möglich ist, sich in ein Schwarzes Loch zu begeben und zu überleben.

Keine dieser Annahmen hat eine Grundlage in dem, was wir über die Physik Schwarzer Löcher wissen. Aber wenn Sie sie erst einmal für bare Münze nehmen, sind Sie bereit, auch andere Vorstellungen zu glauben, die auf ihnen basieren: Außerirdische haben die Erde aus weit entfernten Welten besucht, indem sie durch Schwarze Löcher reisten und so die langen Reisewege durch den normalen Weltraum verkürzten. Wenn Sie der Anwesenheit von Außerirdischen auf der Erde mit Skepsis begegnet waren, weil Sie bezweifelten, daß sie so schnell hierher gelangen könnten, dann wird die Vorstellung von Reisen zwischen Schwarzen Löchern Sie leichter glauben lassen, daß Aliens hier waren oder sind.

Wenn wir Informationen aufnehmen und sie unserem Weltbild eingliedern, dann besitzen wir sie. Ob wir die Daten von anderen erhalten, wie im vorigen Kapitel erörtert, oder mit unseren Sinnen aufnehmen, sie gehören schließlich zu uns, und wir sind dafür verantwortlich, wie unser Verstand mit ihnen umgeht. Dieses Kapitel untersucht, wie wir Informationen aufnehmen – ob bereits durch andere verarbeitet oder direkt aus der natürlichen Welt – und mit ihnen umgehen, um schließlich auf falsche Schlußfolgerungen zu kommen.

Wenn die Sinne täuschen

Entgegen dem, was man uns in der Schule beibringt, verfügen wir über insgesamt sieben Sinne. Neben dem traditionellen Gesichts-, Gehör-, Geruchs-, Geschmacks- und Tastsinn haben wir ein Sensorium für Hitze (oder deren Mangel, den wir Kälte nennen) und für Beschleunigung.[18] Jenes schützt uns vor Brandwunden und dem Erfrieren, dieses hilft uns, das Gleichgewicht zu bewahren, und ist der

Grund dafür, daß wir einen Geschwindigkeitsrausch erleben und bei einer Achterbahnfahrt einen Nervenkitzel verspüren können.

Von früh bis spät verlassen wir uns auf die Eindrücke, die uns unsere Sinnesorgane von der Außenwelt liefern, Eindrücke, die uns nicht auf dem Umweg über andere Köpfe erreichen. Irrtümer, die durch die Fehlinterpretation sensorischer Daten entstehen, gehen also ganz allein auf unser Konto.

Sonnenlicht

Nehmen wir als Beispiel unsere Wahrnehmung von der Farbe der Sonne. Gemeinhin herrscht die Überzeugung, sie sei gelb, weiß oder orange. Das ist absolut verständlich: Ein kurzer Blick zu der hoch am Himmel stehenden Sonne (und ohne entsprechenden Schutz sollten Sie nie länger als den Bruchteil einer Sekunde in die Sonne schauen) vermittelt unserem Gehirn den Eindruck, sie sei gelb oder weiß. Betrachten wir sie, wenn sie auf- oder untergeht, so nehmen wir sie als einen deutlich orangefarbenen Körper wahr. Welche Farbe also hat die Sonne? Alle und keine der genannten.

Die Sonne sendet sämtliche Farben des Lichts sowie auch das übrige elektromagnetische Spektrum aus: Radiowellen, Infrarotstrahlung (die wir als Wärme empfinden), ultraviolette Strahlung, Röntgen- und Gammastrahlen. Elektromagnetische Strahlung besteht aus schwingenden Partikeln, den sogenannten Photonen. Abbildung 13 zeigt das Modell eines Photons und seiner wesentlichen Eigenschaften. Alle Photonen bewegen sich mit derselben Geschwindigkeit (der des Lichts) fort, und die verschiedenen Arten elektromagnetischer Strahlung unterscheiden sich voneinander nur durch die Wellenlänge der Schwingung im Photon, wie auf der Abbildung zu sehen ist. In der Tat

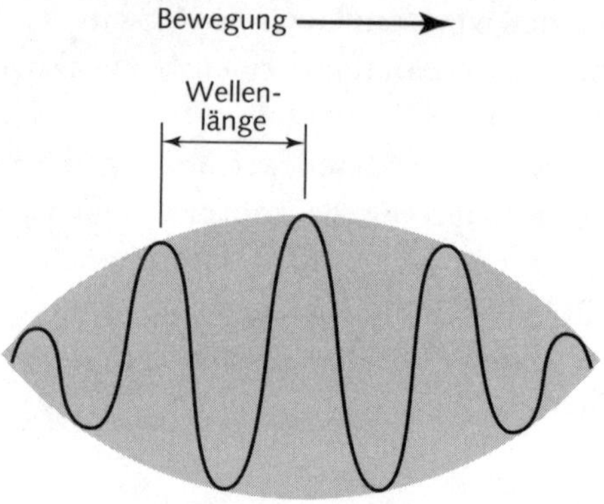

Abbildung 13: Schematische Darstellung eines Photons. Licht bewegt sich in Paketen, genannt Photonen, fort. Jedes besteht aus einer Reihe von Wellen, die eine feste Wellenlänge, aber verschiedene Amplituden haben. Alle Photonen bewegen sich mit der gleichen Geschwindigkeit, im leeren Raum mit Lichtgeschwindigkeit, c. Die graue Fläche soll anzeigen, daß jedes Photon partikelartig ist und in einem endlichen Raumvolumen existiert.

stellen alle Farben des Regenbogens nur Photonen sichtbaren Lichts mit unterschiedlichen Wellenlängen dar.

Die Sonne emittiert jedoch nicht alle Arten von elektromagnetischer Strahlung zu gleichen Teilen. Tatsächlich sendet sie auch nicht alle Farben des sichtbaren Lichts gleichmäßig aus. Abbildung 14 zeigt, wie die Intensität ihrer elektromagnetischen Strahlung nach Wellenlängen variiert. Beachten Sie, daß die intensivsten Farben, die die Sonne ausstrahlt, im blaugrünen Bereich des Spektrums liegen. Mit anderen Worten, die Sonne sendet mehr Photonen mit Wellenlängen aus, die wir als blaugrün wahrnehmen, als solche mit anderen Wellenlängen. Man könnte sagen, wir umkreisen einen türkisfarbenen Stern.

Warum kommt uns dann aber die Sonne gelb, weiß oder orange vor? Die Antwort besteht aus zwei Teilen. Erstens wird der größte Teil des violetten und blauen Sonnenlichts sowie ein erheblicher Teil ihres grünen Lichts von der Erdatmosphäre in andere Richtungen gestreut.[19] Dies beeinflußt die Information, die unser Gehirn erhält, weil wir weniger von den violetten, blauen und grünen Photonen abbekommen, als wir abbekommen würden, wenn die Erde keine Atmosphäre hätte.

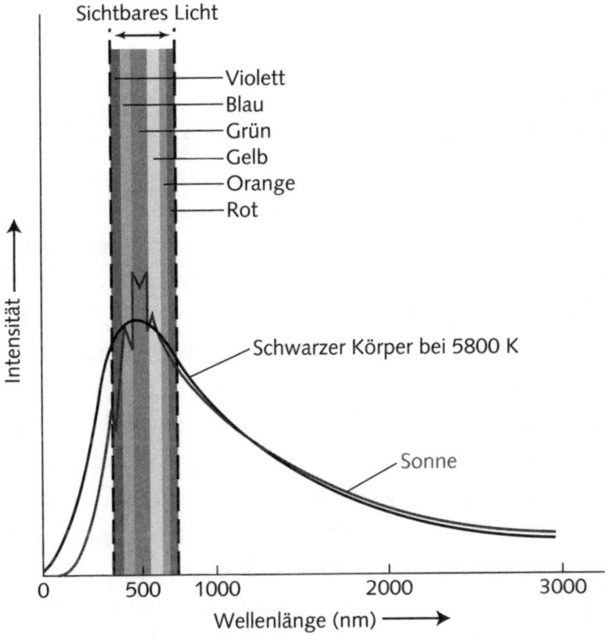

Abbildung 14: Schwarzkörperstrahlungskurve für ein Objekt bei 5800 Grad Kelvin (K) und Schwarzkörperstrahlungskurve für die Sonne. Schwarze Körper oder Strahler emittieren alle Wellenlängen elektromagnetischer Strahlung, wobei der Spitzenwert (höchste Intensität) von ihren Temperaturen abhängt.

Der zweite Teil der Antwort hat mit unseren Augen zu tun, die nicht für alle Farben gleichermaßen empfänglich sind. Sie reagieren am empfindlichsten auf Gelb und am geringsten auf Violett und Rot. Daher geht zwischen dem Moment, in dem das verbleibende Sonnenlicht auf unsere Netzhaut trifft, und dem Zeitpunkt, an dem es unser Gehirn erreicht, noch mehr von der Farbinformation verloren. Unser Sinnesorgan verarbeitet also die Informationen, die es erhält, ehe sie in unser Gehirn gelangen.

Wenn die Sonne hoch am Himmel steht, ist die intensivste Farbe, die unser Gehirn erreicht, Gelb. Sind unsere Augen vom Sonnenlicht gesättigt, was sehr schnell geschieht, deutet unser Gehirn es oft als weiß. Wenn die Sonne tief über dem Horizont steht, muß ihr Licht einen weiteren Weg durch die Atmosphäre zurücklegen, bevor es zu uns gelangt. Erscheint die Sonne beispielsweise zehn Grad über dem Horizont, so bewegt sich das Licht auf seinem Weg zu uns durch fast sechsmal so viel Luft fort, wie wenn sie direkt über uns steht. Infolgedessen geht noch mehr vom Farbspektrum verloren, darunter auch viel mehr von dem gelben Licht, das wir normalerweise von der Sonne sehen, wenn sie hoch oben am Himmel steht. Die intensivste Farbe, die dann im direkten Sonnenlicht übrigbleibt, ist Orange, weshalb die untergehende und die aufgehende Sonne orange aussieht. Demnach ist also die Sonne gelb, weiß und orange, und zugleich nichts von alledem – ihre intensivste Farbe ist Türkis.

»Es ist nicht meine Schuld, daß ich meine, die Sonne sieht gelb aus. Sie sieht so aus. Geh und schau sie dir an.«

Natürlich sieht sie so aus. Aber davon wird sie nicht gelb. Der Unterschied zwischen unserer Wahrnehmung und der Wirklichkeit besteht aus einigen physikalischen Phänomenen, die, wenn man sie erst einmal verstanden hat, ein besseres Verständnis der Sonne und anderer Sterne ermöglicht. In diesem Fall handelt es sich um die Streuung verschiedener Farben des Sonnenlichts durch die Erdatmosphäre und die nicht einheitliche Empfindlichkeit unserer Augen gegenüber verschiedenen Farben. Während die flüchtigen Blicke, die wir auf die Sonne werfen, unsere Wahrnehmung von ihr tatsächlich einschränken, würde sie uns doch auch dann noch als gelb erscheinen, wenn wir sie sorgfältig mit Hilfe neutraler Filter studierten, die alle Wellenlängen ihres Lichts gleichermaßen abblocken, um unsere Augen zu schützen. (Diese Filter werden oft auf Amateurteleskopen verwendet, damit man Sonnenflecken beobachten kann.)

Sternenfunkeln

Ein anderes Beispiel aus der Astronomie, das die Fehlinterpretation von Sinneswahrnehmungen illustriert, betrifft das Funkeln von Sternen. Falls Sie noch nicht bemerkt haben sollten, daß die Sterne am Firmament zu funkeln scheinen, könnten Sie es vielleicht in der nächsten klaren Nacht überprüfen. Das Licht der Sterne scheint sich wirklich in seiner Intensität zu verändern. Wenn Sie einen Astronauten fragen, wie die Sterne von einer Raumfähre aus betrachtet erscheinen, bekommen Sie eine ganz andere Geschichte erzählt. Der frühere Astronaut George »Pinky« Nelson sagte mir: »Ihr Licht ist absolut gleichbleibend.«[20]

Eine Raumfähre kreist in einer Höhe zwischen 185 und 400 Kilometern über der Erdoberfläche. Wenn dort oben die Sterne nicht funkeln, dann muß es etwas zwischen Raumfähre und Erdoberfläche geben, das das Funkeln verursacht. Dieses Etwas ist natürlich die Erdatmosphäre.

Der Grund, warum Sterne zu funkeln scheinen, besteht in erster Linie darin, daß die Atmosphäre nicht aus einem einzigen gleichförmigen Gas besteht, obwohl sie völlig klar und durchsichtig aussieht. So wehen zum Beispiel Winde, weil in der Atmosphäre unterschiedliche Luftdrücke herrschen und die Luft aus den Hochdruckgebieten zu den Tiefdruckgebieten fließt, genau wie das Gas in einer soeben geöffneten Cola- oder Bierdose. Außerdem steigt die Luft hoch, wenn sie vom Boden, von Ozeanen und Seen erwärmt wird, und fällt, wenn sie abkühlt, nachdem sie einen Teil ihrer Wärme ins All abgestrahlt hat. Daher findet in der Atmosphäre ein stetiger Austausch von Gasen unterschiedlicher Temperaturen und Dichten statt.

Licht wird beim Durchdringen der Atmosphäre auf dieselbe Weise gebeugt oder gebrochen, wie wenn es durch eine Linse tritt. Die ständig sich bewegende Luft verhält sich wie viele einzelne, unterschiedliche Linsen, die die Richtung des Lichts, das durch sie hindurchgeht, andauernd verändern. Dieser Effekt dürfte Ihnen aufgefallen sein, sollten Sie je bemerkt haben, wie die Luft über heißem Asphalt flimmert. Auf ähnliche Weise ruft die sich immer in Bewegung befindende Atmosphäre in unseren Köpfen den Eindruck hervor, Sterne flackerten oder funkelten.

Der vielleicht folgenreichste Irrglaube, der auf falsch interpretierten Sinneseindrücken beruht, hielt die Erde für den Mittelpunkt des Universums, um den alles kreise. Wären Sie oder ich auf einer einsamen Insel ohne Bücher oder Zugang zur Außenwelt aufgewachsen, so wette ich, wir hätten aus den Beobachtungen der Sonne, des Mondes und anderer Himmelskörper am nächtlichen Firmament genau das gleiche Weltbild entwickelt.

Auf Sinnestäuschungen beruhen auch die folgenden falschen Annahmen: Der Mond gebe eigenes Licht ab; ferne Flugzeuge flögen sehr viel langsamer, als sie es in Wirklichkeit tun; Sterne und Mond folgten Ihnen, wenn Sie in Ihrem Auto fahren; die Mondoberfläche sei glatt; Planeten änderten die Richtung auf ihrem Weg durch die Sterne; das Sonnensystem liege außerhalb der Milchstraße[21]; die Räume zwischen den Spiralarmen von Galaxien wie der Milchstraße seien leer. Fotografien wie Abbildung 15 scheinen letztere Annahme zu bestätigen, doch sie ist so falsch, daß sie etwas Aufmerksamkeit verdient.

In den Armen der Spiralgalaxie

Spiralförmige Galaxien wie die Milchstraße wurden im gesamten Universum gesichtet. Wie Abbildung 15 zeigt, sind die scheibenförmigen Gebilde durch einen hellen Kernbereich, das verdickte galaktische Zentrum, und die Spiralarme gekennzeichnet. Fast alle Leute, die sich mit diesem Phänomen nicht näher beschäftigt haben, glauben, es gebe zwischen den Spiralarmen so gut wie keine Sterne. Schließlich *sehen* diese Bereiche, wie die Abbildung zeigt, tatsächlich leer *aus*, selbst wenn man sie durch ein Teleskop betrachtet.

Abbildung 15: Spiralgalaxie M 83. Angesichts der Helligkeit der Spiralarme entsteht der Eindruck, es gebe in der Region dazwischen fast keine Sterne.

Ich muß zugeben, daß ich völlig verblüfft war, als ich hörte, daß sich in den Bereichen zwischen den Spiralarmen fast ebenso viele Sterne befinden, wie in diesen selbst. Auf 100 Sterne in den Spiralarmen kommen 95 in den Bereichen dazwischen. Ferner haben Beobachtungen und theoretische Überlegungen ergeben, daß die Spiralarme einer Galaxie nicht aus Sternen bestehen, die sich spiralförmig umeinander herum bewegen. Vielmehr muß man sich die Arme als kleine Wellen vorstellen, wie sie entstehen, wenn man einen Stein in einen ruhigen Teich wirft. Würde aber dieser Teich rotieren, so bildeten sich statt der konzentrischen Wellen Spiralen. Das wissen wir, weil in den achtziger Jahren die Astrophysiker in der damaligen Sowjetunion noch nicht über die westlichen Computerkapazitäten verfügten, um Galaxien zu simulieren. Deshalb studierten sie die Eigenschaften von Spiralgalaxien, indem sie Kuchenteller auf Schallplattenspieler (erinnern Sie sich noch an die?) montierten, die Teller mit Wasser füllten, die Drehscheibe kreisen ließen und Steinchen ins Wasser warfen. Die Wellenbewegungen, die sie sahen, waren spiralförmig.

In Spiralgalaxien wie der Milchstraße bewegen sich Sterne, Gas und Staub in der Scheibe durch die Spiralarme hindurch. Daher waren alle Sterne, die sich nun zwischen den Spiralarmen befinden, einmal innerhalb der Arme. Praktisch alle Sterne entstehen aus Gas und Staub, die durch die Arme wandern. Die meisten der neuen Sterne, die sich schneller bewegen als die Spiralwellen, aus denen sie hervorgingen, treten rasch nach außen und bewegen sich zwischen den Wellen weiter.

Wenn 95 Prozent der Sterne, die die Spiralarme passieren oder in ihnen entstanden sind, sich durch die Arme und dann durch die Bereiche zwischen ihnen hindurchbewegen, warum sind dann die Arme so unglaublich hell im Vergleich zur übrigen Spiralgalaxie? Die Antwort lautet: Das ist auf die letzten fünf Prozent der Sterne, die in den Spiralarmen entstanden, sie aber nie verlassen haben, zurückzuführen. Sie sind die größten und hellsten Sterne in der Galaxie. Aufgrund ihrer größeren Masse erzeugen sie mehr Energie in ihren Kernen und scheinen deshalb heller als Sterne mit geringerer Masse wie etwa die Sonne. Jeder dieser massigen Sterne sendet über tausendmal mehr Licht aus als unser Zentralgestirn. Dieses Licht strahlt nicht nur wie Leuchtfeuer am Firmament, sondern bringt auch eine Menge des interstellaren Gases und Staubs in den Spiralarmen dazu, hell zu glühen. Weil sich das direkte Licht aus hellen Sternen mit dem indirektem Licht aus interstellaren Wolken verbindet, treten die Spiralarme so deutlich hervor, während die Sterne dazwischen für uns praktisch unsichtbar sind.

Im Zusammenhang mit Spiralarmen wird auch fälschlicherweise gemutmaßt, daß ein Stern um so länger scheint, je massiger er ist. Tatsächlich jedoch verschmelzen die massigeren Sterne so viel Materie in ihren Kernen, daß sie ihren gesamten Brennstoffvorrat viel schneller aufbrauchen als die Sterne mit geringeren Massen. So beträgt die Lebensdauer der Sonne ungefähr zehn Milliarden Jahre, wohingegen ein Stern mit dem 15fachen der Sonnenmasse nur 15 Millionen Jahre bestehen wird, bevor er als eine Supernova explodiert. Solche Explosionen, die bewirken, daß die großen Sterne erlöschen, ehe sie durch die Spiralarme gelangen, in denen sie geschaffen wurden, verstreuen stellare Masse über weite Bereiche des Weltraums.

Da unsere Sinnesorgane ihre Grenzen haben, halten wir auch die »Sterne«, die wir in der Nacht sehen, für isolierte Himmelskörper und jeden Lichtpunkt für einen Stern. Tatsächlich sind weniger als die Hälfte dieser Objekte isolierte Sterne. Die übrigen sind Doppelsterne und kleine

Gruppen von Sternen (Sternhaufen), die einander umkreisen und so weit von uns entfernt sind, daß wir mit bloßem Auge die einzelnen Sterne nicht zu erkennen vermögen. Es gibt jedoch viele Dinge, von denen wir uns ein genaueres Bild machen könnten, als wir das normalerweise tun, selbst in unserem normalen Alltagsleben. Im folgenden wollen wir einige näher betrachten.

Der Räuber trug eine Kappe der Mets ... nein der Red Sox

Studien haben ergeben, daß Augenzeugen notorisch unzuverlässig sind. Für Juristen stellt dies natürlich ein Problem dar. Aber es ist auch für die hier erörterte Frage, wie wir zu irrigen Vorstellungen über die Natur kommen, von Belang. Die meisten Menschen glauben zum Beispiel, alle Sterne hätten die gleiche Farbe, normalerweise Weiß, und stützen sich dabei auf ihre Beobachtung des nächtlichen Himmels. Zwar erscheinen einige Sterne tatsächlich als weiß, aber die meisten tun dies keineswegs. Prüfen Sie mal das Sternbild mit Namen Orion.[22] Der Stern, der ganz außen an der linken Schulter sitzt, Beteigeuze, hat eine deutliche Rotfärbung, während der untere rechte Fußstern, Rigel, blauweiß ist. Die Farben von Himmelskörpern erkennt man am besten, wenn man Sterne vergleicht, die dicht beieinanderstehen. Auf diese Weise werden Sie eine ganze Palette stellarer Farben entdecken.

Ein weiteres Beispiel: Viele Menschen glauben, alles was wir in der nördlichen Hemisphäre mit bloßem Auge am Himmel sehen, seien Sterne. In der Tat erscheinen sie dem zufälligen Beobachter so ziemlich gleich, abgesehen von ihrer unterschiedlichen Helligkeit und, falls Sie nun genau hinsehen, ihrer Farbe. Aber genau hinzusehen ist das

Entscheidende, da es dort oben einige diffuse Flecken gibt, die eindeutig nichts mit Sternen gemein haben. Nehmen wir wieder den Orion. Nahezu jeder Beobachter würde schwören, daß alle »Sterne« in ihm wirklich welche sind. Stimmt nicht. Wenn Sie wieder einmal den Orion entdecken, suchen Sie nach seinem »Schwert«, das direkt unterhalb des Gürtels zwischen seinen Beinen baumelt. (Ich werde nie verstehen, warum jemand ein Schwert zwischen den Beinen trägt, aber sei's drum.) Selbst ohne Fernglas können Sie erkennen, daß es sich bei dem mittleren »Stern« in dem Schwert eigentlich um einen verschwommenen Fleck handelt. Er ist diffus und undeutlich, anders als die scharfen Lichtpunkte, die Sterne wie etwa Beteigeuze, Rigel und jene im »Gürtel« bilden. Genau genommen besteht der mittlere »Stern« im Schwert aus einer sehr hellen Region glühenden Gases, dem sogenannten Orionnebel.

Ein anderer verschwommener Fleck, den wir normalerweise als Stern wahrnehmen, befindet sich im Sternbild der Andromeda. In Wirklichkeit verbirgt sich dahinter die Andromedagalaxie, die ungefähr zwei Millionen Lichtjahre[23] entfernt ist. (Vergleichen Sie diese gigantische Distanz mit den zehn oder Hunderten von Lichtjahren Entfernung der meisten Sterne, die wir mit bloßem Auge sehen können!)

Unser Geschick, Dinge genau zu beobachten, wird freilich durch mehrere Faktoren beeinträchtigt. Das sind zunächst einmal die Umstände, unter denen wir Beobachtungen anstellen. Betrachten Sie den Himmel in einer warmen Sommernacht, so können Sie sich besser auf die Sterne konzentrieren, als wenn Sie es im Winter bei minus 15 Grad Celsius tun und dabei versuchen müssen, sich einigermaßen warm zu halten. Sie werden natürlich auch mehr sehen, wenn Sie nicht unter Zeitdruck stehen oder Ablenkungen ausgesetzt sind. Wenn Sie alleine zum Mond emporblicken, werden Ihnen vermutlich mehr Einzelheiten seiner Krater,

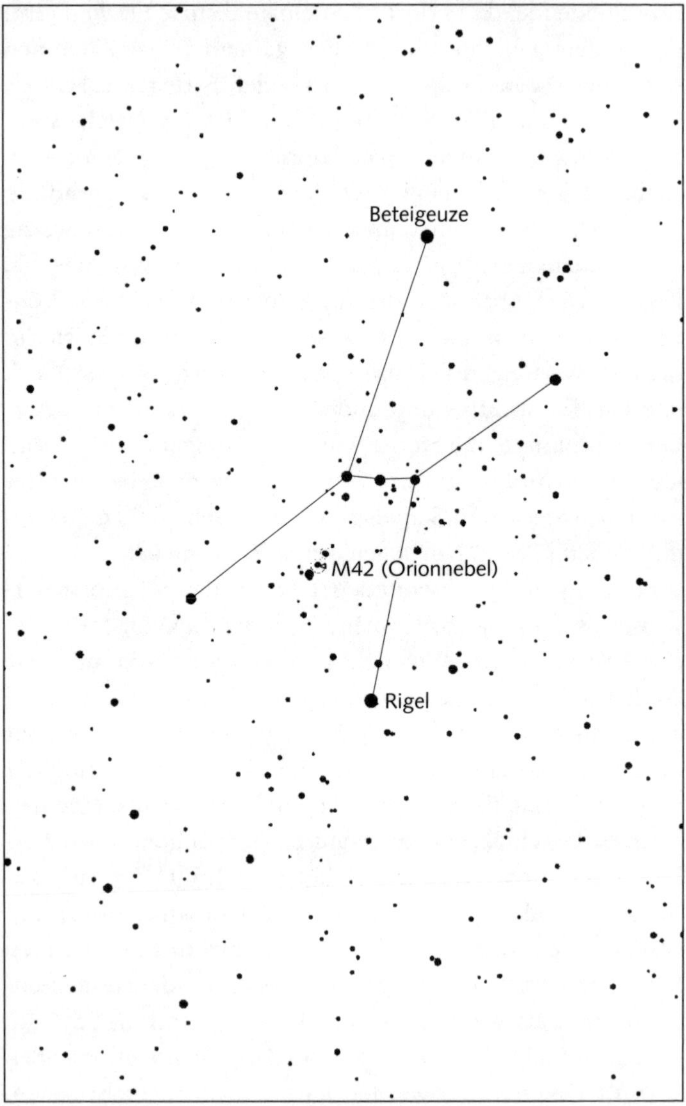

Abbildung 16: Nichtstellare Objekte, die man mit bloßem Auge am Nachthimmel sieht: a) Orionnebel (M 42); b) Andromedagalaxie, auch Andromedanebel (M 31). Zum Aufsuchen sind die

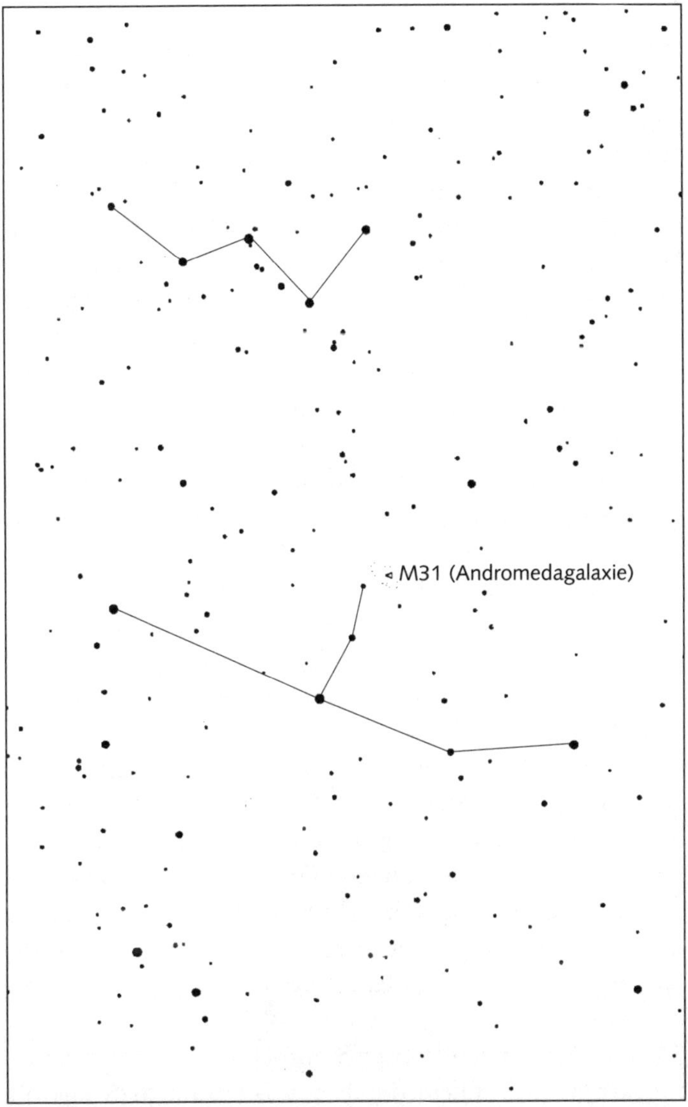

Sternbilder eingezeichnet, bei der Andromedagalaxie zusätzlich das leicht auffindbare W der Cassiopeia.

Lavaablagerungen oder Gebirge auffallen, als in Begleitung einer Person, mit der Sie ein Schäferstündchen vorhaben.

Sodann spielen auch Erwartungen eine wichtige Rolle. Angenommen, Sie sollen eine Weile den Mond beobachten, ohne weitere Instruktionen erhalten zu haben. Aller Wahrscheinlichkeit nach werden Sie sämtliche Beobachtungen nachts durchführen, den Wechsel der Mondphasen bemerken und Oberflächenstrukturen wie die Krater und die dunklen, relativ kraterfreien Meere (die dunkelgrauen Mondregionen) erkennen. Ohne vorher darauf hingewiesen worden zu sein, worauf Sie achten sollen, wird Ihnen aber wahrscheinlich nicht unbedingt auffallen, daß die Spitzen der Mondsichel mal in die eine, mal in die andere Richtung zeigen; daß während des gesamten Phasenzyklus dieselben Oberflächenstrukturen zu sehen sind (der Mond kehrt der Erde ja immer dieselbe Seite zu); daß sich seine Größe am Himmel innerhalb eines Monats nur ganz leicht verändert; daß, allem Anschein zum Trotz, der Mond am Horizont nicht größer ist, als wenn er ein paar Stunden später hoch oben am Himmel schwebt; oder daß der Mond tagsüber genauso da ist wie in der Nacht. In Kürze werden wir uns noch einmal dem Mond zuwenden.

Auch wenn wir hier auf der Erde etwas beobachten, ist die Erwartung, mit der wir das tun, oft entscheidend. Jeder konzentriert sich auf andere Dinge. Mich interessieren zum Beispiel bei Autos die Marke und das Modell, an die ich mich somit meist lange Zeit später noch erinnere, während ich mir Farben von Fahrzeugen überhaupt nicht merken kann.

Beeinträchtigt wird unser Wahrnehmungs- und Erinnerungsvermögen zudem durch den Umstand, daß uns oft bestimmte Kategorien und Organisationsstrukturen fehlen, um neue Informationen mit alten in Beziehung zu setzen. Wir sehen nur einen Mond am Himmel, aber eine

Kategorie, die nur ein Ding enthält, ist kaum hilfreich, um es zu verstehen. Ziehen Sie zum Vergleich Klassifizierungsmuster heran, die Sie für verschiedene handfeste Dinge entwickelt haben. Wenn Sie ein Autonarr sind, dürften Sie Autos am Hersteller, an der PS-Zahl, am Design, an der Leistung (auf 100 km/h in 10 Sekunden), den Extras, der Farbe oder dem Herkunftsland erkennen. Wenn Sie sich für Aktien interessieren, wissen Sie vermutlich, auf welchem Markt sie gehandelt werden, und kennen ihre Branche, ihr Kursgewinnverhältnis, ihre Bonität, ihre Börsenkurse vom Vorjahr und dergleichen. In jedem der beiden Fälle haben Sie, wenn ein neues Modell oder eine neue Aktie auf den Markt kommt, Möglichkeiten, es beziehungsweise sie mit Vorläufern zu vergleichen, die Ihnen bekannt sind. In der Astronomie und vielen anderen Naturwissenschaften fehlen Ihnen wahrscheinlich solche aussagekräftigen und vertrauten Bezugsrahmen, mit deren Hilfe Sie analysieren können, was sie sehen oder darüber lesen.

Zu wissen, welche Fragen man stellen muß, ist ein großer Schritt vorwärts, um neue Dinge zu verstehen und einzuordnen. Ihre Beobachtungen des Monds würden Ihnen bestimmt völlig andere Informationen und Erkenntnisse liefern, wenn Sie beispielsweise herausfinden müßten, wann der Mond täglich auf- und untergeht, an welchen Stunden er auch bei Tageslicht zu sehen ist, wieviel Grad der Winkelabstand zwischen Mond und Sonne beträgt und in welchem Zusammenhang dieser Winkelabstand mit der jeweiligen Mondphase steht. Mit anderen Worten, Sie werden andere Dinge sehen und sie anders einordnen, je nachdem, wonach Sie suchen.

Das menschliche Gedächtnis ist bekanntlich fehlbar, wenn es nach einiger Zeit Einzelheiten erinnern soll – fragen Sie jemanden, der ein Computerprogramm geschrieben, es aber nicht gut dokumentiert hat. Außerdem wird sich Ihre Erinnerung an Beobachtungen, die Sie in der Vergangenheit machten, verändern. Falls Sie den Kometen Hale-Bopp gesehen haben, wissen Sie noch, welcher Schweif oben war, der blaue oder weiße?

Zu den verbreiteten Fehlurteilen aufgrund unvollständiger, ungenauer oder länger zurückliegender Beobachtungen gehören die Vorstellungen, daß wir das ganze Jahr über dieselben Sternbilder sehen; daß alle Sternbilder die Form der Dinge haben, deren Namen sie tragen; daß Planeten mit bloßem Auge nicht zu erkennen sind; daß wir alle Seiten des Monds sehen; und daß die Sonne stets genau im Westen untergeht.

Auch unsere Sinne sind nur begrenzt leistungsfähig, und sie verändern sich mit der Zeit. Bei gesunden jungen Menschen eignen sie sich hervorragend, die überlebenswichtigen Informationen zu beschaffen. Je älter wir werden, desto stärker läßt die Leistungsfähigkeit unserer Sinnesorgane nach und versagt schließlich sogar oft völlig. Doch selbst die schärfsten Augen einer Person in der Blüte ihrer Jahre reichen nicht aus, um verläßliche Informationen über Dinge zu liefern, die sehr klein oder sehr weit entfernt sind oder keine Signale aussenden, die wir aufnehmen können. Ohne optische Hilfsmittel vermögen wir weder Viren noch Bakterien zu erkennen, die zum Teil für uns und andere Lebensformen eine große Gefahr darstellen. Ebensowenig nehmen unsere Augen Einzelheiten ferner Himmelskörper wahr, die sich dicht nebeneinander befinden, wie einander umkreisende Sternenpaare. Und selbst wenn wir jedes sichtbare Objekt in unserer Galaxis katalogisieren könnten, ergäbe das weniger als zehn Prozent der Materie, die es, wie man weiß, dort geben muß.[24] Außer der dunklen Materie in unserer Galaxie und im gesamten Universum existieren ungeheure Mengen von Materie in interstellaren Gaswolken, die nicht genug sichtbares Licht aussenden, um entdeckt zu werden. Teleskope, die auf Radiowellen ansprechen, brachten dieses ansonsten unsichtbare Material zum Vorschein. Mit Hilfe des Very Large Array (VLA) Radioteleskopsystems in Socorro, New Mexico, habe ich Bilder von einer riesigen, bizarren Formation intergalaktischen Gases aufgenommen, die das ausfüllt, was durch Teleskope betrachtet, die auf sichtbares Licht angewiesen sind, als leerer Raum erscheint. Tatsächlich erstreckt sich diese Gaswolke über die Entfernungen zwischen vielen Galaxien.

Neben den auf sonst unsichtbare Strahlung reagierenden Radioteleskopen wurden optische Teleskope entwickelt, die feinere Details einfangen (das heißt, Objekte trennen, die unsere Augen als Einheit wahrnehmen), vergrößern und die Dinge heller erscheinen lassen können. Sie ermöglichen es uns beispielsweise, in vielen Doppelsternsystemen die einzelnen Sterne zu fotografieren oder Milliarden anderer Galaxien zu entdecken, die zu lichtschwach sind, um mit bloßem Auge erkennbar zu sein. Für alle unsere Sinne gibt es inzwischen technische Hilfsmittel, die uns die Welt der Natur erschließen und uns somit in die Lage versetzen, sie besser zu verstehen, noch mehr zu genießen und mit ihr zu arbeiten.

Unzulänglichkeiten des gesunden Menschenverstandes[25]

Mit der Zeit entwickelt jeder von uns eine Reihe mentaler Wahrnehmungsraster, um Informationen schnell einzuschätzen und rasch Schlußfolgerungen zu ziehen. Sie ersparen einem Zeit und Mühe, zeugen oft von gesundem Menschenverstand[26] und helfen uns zu überleben. Gesunder

Menschenverstand (common sense) wird meist definiert als »vernünftiges praktisches Urteil, das unabhängig ist von Expertenwissen und Ausbildung«.[27] Wenn Sie eine Person mit einem Gewehr sehen, sagt Ihnen Ihr inneres Drehbuch, Ihre mit anwesenden Lieben zu schützen und so schnell wie möglich das Weite zu suchen. Wenn Sie Golf spielen und ein Gewitter zieht auf, dann sagt Ihnen Ihr Drehbuch, Schutz zu suchen (allerdings nicht gerade unter Bäumen!).

Betrachten wir nun einen meiner Lieblingsbaseballspieler, den Werfer Nolan Ryan, dessen Wurf am 20. August 1974 bei 100,9 Meilen pro Stunde gemessen wurde. Der gesunde Menschenverstand sagt den meisten Leuten, daß ein geworfener Baseball länger braucht, um auf dem Boden zu landen, als einer, der gleichzeitig vom selben Punkt einfach losgelassen wird, um geradewegs zu Boden zu fallen. Doch sie irren sich – beide Bälle erreichen den Boden genau gleichzeitig. Der gesunde Menschenverstand sagt den meisten Leuten, wenn zwei Planeten, der eine mit doppelt so viel Masse wie der andere, die Sonne im gleichen Abstand umkreisen, dann bewegen sie sich mit verschiedenen Geschwindigkeiten, um auf derselben Umlaufbahn zu bleiben. Nein. Wie wir in der Einführung sahen, wären ihre Geschwindigkeiten identisch.

Gewiß hilft uns der gesunde Menschenverstand im Alltagsleben, doch er versagt oft und aus vielerlei Gründen kläglich, wenn es um die Naturwissenschaften geht. Denn wir stoßen dort auf viele Dinge, für die unser Denken schlecht ausgerüstet ist und auf die sich unsere Drehbücher nicht anwenden lassen. Trotzdem reagieren wir auf neue Situationen instinktiv mit gesundem Menschenverstand.

Ich werde zum Beispiel häufig von Leuten angerufen, die in der Nacht zuvor seltsame Lichter am Himmel gesehen haben. Während einige von ihnen von »merkwürdigen Lichtern« sprechen, die sie gesehen haben, behaupten die meisten, sie hätten ein UFO gesichtet. Dieser Ausdruck kann vielerlei bedeuten. Wörtlich genommen, steht die Abkürzung für ein unbekanntes Flugobjekt (Unidentified Flying Object). Viele Menschen verbinden damit jedoch ein Raumschiff aus einer anderen Welt, weil sie die Lichter, die sie sehen, sofort einzuordnen versuchen. Der gesunde Menschenverstand sagt zunächst, sie stammen von einem Flugzeug oder Hubschrauber. Paßt die Bewegung der Lichter weder zu diesem noch zu jenem, greifen die Leute oft zu der nächstliegenden Erklärung und meinen, es handele sich um ein Testflugzeug. Wenn aber dann Anrufe bei den örtlichen Luftwaffenstützpunkten ergeben, daß in jüngster Zeit keine Testflüge stattgefunden haben, schrumpft die Liste der vom gesunden Menschenverstand diktierten Deutungen auf eine in unserer mit allerlei Science-fiction durchtränkten Gesellschaft gängige zusammen: Außerirdische.

Dieses Vorgehen ist mit mehreren Mängeln behaftet. Erstens sind, wie oben erläutert, Beobachtungen, insbesondere solcher fremdartiger Objekte, bekanntlich schwer durchzuführen und zu deuten. Wir versuchen andauernd, das, was wir sehen, »einzuordnen«, und dies färbt unsere Wahrnehmung. Zweitens gelingt es den meisten Leuten nicht, sämtliche möglichen Klassifizierungen, die sie bereits kennen, in Betracht zu ziehen. Der gesunde Menschenverstand läßt uns außerdem oft in Bereichen im Stich, von denen wir wenig Ahnung haben, wie etwa den Naturwissenschaften. Die meisten Leute wissen nicht, daß eine Vielzahl atmosphärischer und astronomischer Phänomene Farbveränderungen und Irrlichter, rasch sich bewegende und rasch beschleunigende Lichtpunkte und Blitzstrahlen am Nachthimmel hervorrufen, die zuweilen von Geräuschen begleitet sind und unvermittelt verschwinden oder explodieren. Ohne diese Informationen und verführt durch unzählige Geschichten über Außerirdische, verfallen viele Leute auf die Gleichung UFO gleich Außerirdische.

Betrachten wir einmal anhand eines näher angesiedelten Beispiels, wie der gesunde Menschenverstand versagen kann. Wie reagiert er auf ein so traumatisches Ereignis, wie es die Schießerei an der Columbine High School in Colorado war? Ich denke, man kann davon ausgehen, daß jeder, der von dem Vorfall hörte, sich sofort vorzustellen versuchte, was das für Leute sein müssen, die so etwas Schreckliches tun, noch bevor die beiden Mörder in den Medien porträtiert wurden. Zudem bin ich bereit, mich in eine prekäre Lage zu bringen und zu wetten, daß die meisten, wie ich selbst, sich anfangs ein falsches Bild von den beiden Jugendlichen machten und Extremisten oder Fanatiker oder notorische Gewalttäter in ihnen vermuteten. Das Rachemotiv gegen Klassenkameraden ist so abnorm, daß es nicht in das Drehbuch paßt, das unser gesunder Menschenverstand für solches Verhalten parat hat. Inzwischen ist es jedoch leider schon so oft zu solchen Bluttaten gekommen, daß uns das Rachemotiv durchaus in den Sinn kommt, wenn wir von einer Schießerei an einer Schule erfahren.

Bei der Verarbeitung neuer Informationen kommen vielerlei Elemente zum Tragen, deren jedes unsere Wahrnehmungen beeinflußt. Die Themenskala, die wir mit einbeziehen, ist so kompliziert, daß ich mich wundern würde, wenn irgend jemand sie alle kennte. Ich werde nun mehrere verbreitete grundlegende Fehler untersuchen, die etliche Leute in ihrer Wahrnehmung beeinträchtigen.

Übergeneralisierungen

Eine der Methoden, die unser Gehirn gern anwendet, um neue Objekte oder Ereignisse einzuschätzen, besteht darin, sie mit scheinbar ähnlichen in Verbindung zu bringen, die wir bereits kennen beziehungsweise mit denen wir schon Erfahrungen gesammelt haben. Dies geschieht oft durch ungerechtfertigte Verallgemeinerung, zu der der gesunde Menschenverstand generell neigt. Sollten Sie zum Beispiel jemals in Ausland gewesen sein, haben Sie bestimmt irgendwann gesagt: »Mensch, hier ist es ja genau wie in ...« Oberflächliche Ähnlichkeiten bestehen in der Tat zwischen verschiedenen Orten der Erde. Aber unter der Oberfläche sind die Unterschiede stets weitaus zahlreicher als die Ähnlichkeiten.

Überlegen Sie einmal, was passiert, wenn jemand zum ersten Mal erfährt, daß es in unserem Sonnensystem mindestens fünfundsechzig Monde gibt, und er sie beschreiben soll, ohne weitere Informationen zu erhalten. Mit großer Wahrscheinlichkeit wird sich der so Gefragte bei seiner Beschreibung an unserem Mond orientieren: kugelförmig, luftlos, mit hell- und dunkelgrauen Regionen und Kratern. Tatsächlich sind nicht einmal fünfundzwanzig davon sphärisch. Am ehesten sehen Sie noch wie riesige Kartoffeln aus. Zudem haben mehrere, darunter Titan (einer der Saturnmonde) und Io (einer der Jupitermonde), erkennbare Atmosphären. Diejenige des Titan ist sogar zehnmal dichter als die Luft, die wir atmen. Die meisten Monde sind entweder eintönig grau, wie die Marsmonde Phobos und Deimos, oder vielfarbig und mit ganz unterschiedlichen Oberflächenstrukturen, wie Io und der Neptunmond Triton. Alle Monde, die mit Hilfe von Weltraumsonden untersucht wurden, haben tatsächlich Krater, aber auch hierbei sollten wir uns vor Verallgemeinerungen hüten. Während die Krater unseres Mondes durch Einschläge entstanden sind, gehen einige Mondkrater, besonders die der Io, zweifellos auf Vulkanausbrüche zurück. Einige dieser Vulkane sind sogar noch aktiv, und wir haben sie ausbrechen sehen. Man darf wohl annehmen, daß Sie, wenn ich Ihnen Fotos von sämtlichen Monden zeigte, in der Lage wären, den unseren sofort zu erkennen – keiner der anderen sieht auch nur entfernt so aus wie er (siehe Abbildung 17).

Wenn sie von Planeten hören, nehmen viele Leute automatisch an, die acht anderen unseres Sonnensystems wiesen ähnliche Eigenschaften auf wie die Erde. Insbesondere sagt ihnen der gesunde Menschenverstand, daß alle Planeten feste Oberflächen haben. Tatsächlich haben Jupiter, Saturn, Uranus und Neptun erdähnliche Kerne, von denen ein jeder mehr Masse enthält als der gesamte Erdball. Um diese festen Kerne herum jedoch liegen zigtausend Kilometer dicke flüssige Schichten, umgeben von dichten Atmosphären. Sollten Sie je auf einem dieser Planeten landen, so würden Sie durch eine immer dichter werdende Atmosphäre in die Tiefe sinken, bis Sie von dem Druck der Gase zerquetscht würden, worauf Ihre sterblichen Überreste in die Flüssigkeit fielen. Auf keinem dieser Planeten gibt es eine feste Oberfläche, die irgendwo herausragt.

Ich habe mir die Freiheit erlaubt, im letzten Abschnitt das Wort »Flüssigkeit« zu verwenden. Falls Sie sich über-

Abbildung 17: Verschiedene Monde im Sonnensystem. Finden Sie unseren Mond heraus?

haupt noch nicht mit Planeten beschäftigt haben, könnte dieser Begriff bei Ihnen den (grob verallgemeinerten) Eindruck erwecken, die Planeten seien von ungeheuer tiefen Ozeanen flüssigen Wassers bedeckt. In der Tat sind die festen Kerne des Uranus und Neptun von Wasserschichten umgeben, die man auf mehr als 9000 Kilometer Dicke schätzt. Über diesen lagern jedoch Schichten aus flüssigem Wasserstoff und Helium, die dicker als 6000 Kilometer sind. Jupiter und Saturn scheinen überhaupt keine Wasserschicht zu haben, sondern mehr als 30 000 Kilometer dicke Wasserstoff- und Heliumschalen, die sich vom festen Kern bis zur Atmosphäre erstrecken.

Die bisherigen Beispiele von Übergeneralisierungen[28] betrafen konkrete Dinge wie, daß alle Monde kugelförmig (oder rund) seien oder daß Ozeane auf anderen Planeten aus Wasser bestehen. Oft jedoch ist das, was wir übergeneralisieren, ein Prinzip, das auf unserer Erfahrung beruht. Bedenken Sie, warum so viele Leute glauben, die Jahreszeiten gingen auf den wechselnden Abstand zwischen Erde und Sonne zurück. Da der Jahreszeitenwechsel Temperaturveränderungen mit sich bringt, greifen wir natürlich auf unsere Erfahrung mit heißen Gegenständen zurück, um die jahreszeitlich bedingten Temperaturunterschiede zu verstehen – je näher wir am Feuer stehen, desto wärmer ist uns. Wendet man diese Vorstellung auf das Erde-Sonne-System an, so entsteht der verbreitete Irrglaube über die Ursache der Jahreszeiten.

Diese Übergeneralisierung und andere falsche Annahmen resultieren in einigen Fällen womöglich aus noch archaischeren Funktionsweisen unseres Gehirns. Andrea di Sessa, ein Fachmann für naturwissenschaftliche Pädagogik am Massachusetts Institute of Technology, hat die These aufgestellt, daß jeder von uns eine Reihe grundlegender Annahmen, sogenannte p-prims [von »phenomenological primitives«] entwickelt, die wir uns abrufen können, wenn es gilt, neue Situationen einzuschätzen. So wissen wir zum Beispiel, daß es in der Nähe eines Feuers wärmer ist als weiter von ihm entfernt, aufgrund eines p-prim, das besagt: »näher = stärker«. In diesem Fall heißt natürlich näher = wärmer. Auf dasselbe p-prim geht auch die Aussage zurück, daß der Ton um so lauter wird, je näher Sie einem Lautsprecher kommen oder eine Lampe Ihnen um so heller vorkommt, je näher Sie an ihr sitzen. Ein anderes p-prim, »schwächer werden«, enthält die Grundannahme, daß Dinge mit der Zeit schwächer werden, wenn keine äußeren Kräfte auf sie einwirken: ein Feuer geht aus, ein Gegenstand wird langsamer, eine Glocke verklingt und so weiter.

Das Beispiel mit den Jahreszeiten hat jedoch gezeigt, daß die Schlußfolgerungen, die wir mittels p-prims oder anderen Denkprozessen ziehen, bei naturwissenschaftlichen Phänomenen und Vorgängen in die Irre führen. Dies gilt auch für das letztgenannte p-prim, wenn wir es etwa auf die Bewegung einer Rakete im All anwenden. Daß sich eine Bewegung verlangsamt, wenn ihr nicht kontinuierlich Kraft zugeführt wird, ist in den meisten Situationen auf der Erde zweifellos richtig: Lassen Sie ein Geldstück über einen Tisch gleiten, so wird es sich alsbald verlangsamen und dann liegen bleiben; wenn Sie mit gleichbleibender Geschwindigkeit dahinfahren und dann den Fuß vom Gaspedal nehmen, wird der Wagen langsamer werden und schließlich zum Stehen kommen. Durch Analogieschluß nehmen viele Leute an, einer Rakete müsse ständig Antriebskraft zugeführt werden, damit sie sich im All fortbewegen kann. Das stimmt aber nicht. Im Weltraum gibt es so gut wie keinen (Luft-)Widerstand. Sobald also eine Raumsonde auf Tempo gebracht ist, können Sie das Triebwerk abschalten, und sie wird bei dieser Geschwindigkeit in einer geraden Linie weiterfliegen, es sei denn, eine äußere Kraft wirkt auf sie ein, wie etwa die Gravitation eines Planeten oder anderen Himmelskörpers.

Mangelhafte Pressemitteilungen über astronomische Entdeckungen laden oft zu unrichtigen Verallgemeinerungen ein. Im Falle der Entdeckung von Planeten, die andere Sterne umkreisen, beschreiben viele Artikel schnell die Entdeckung des Planeten, den Stern, den er umkreist, seine Entfernung von der Erde und die Länge des Planetenjahrs, überlassen es jedoch dem Leser, sich selbst auszumalen, wie der Planet beschaffen ist. Wenn Sie nicht bis zur zehnten Zeile lesen (zumindest in einer Mitteilung, auf die ich stieß), könnten Sie geneigt sein anzunehmen, der neue Planet sehe der Erde ähnlich. Bisher wenigstens war das niemals der Fall. Die Planeten, die im Umkreis sonnenähnlicher Sterne entdeckt wurden, haben allesamt etwa die Masse des Jupiter. Zudem sind die meisten ihren Sternen viel näher oder ferner, als die Erde von der Sonne entfernt ist. Würden die Verfasser solcher Pressemeldungen die Erwartungen und Reaktionen ihrer Leser mehr berücksichtigen, dann brächten sie diese Information stets im ersten Absatz, um keinen falschen Annahmen Vorschub zu leisten.

Es gibt noch eine ganze Reihe von Beispielen für Übergeneralisierungen, die die Welt der Astronomie betreffen, ein paar seien noch genannt: Alle Planeten sind von Atmosphären umgeben; alle Planeten haben dieselbe Atmosphäre wie die Erde; alle Planeten werden von einem Mond umkreist (diese Vorstellung stützt sich noch auf andere Quellen, wie wir bald sehen werden); alle Planeten weisen die gleiche chemische Zusammensetzung wie die Erde auf; auf allen Planeten hat der Tag 24 Stunden; alle Planeten drehen sich in die gleiche Richtung wie die Erde; die Sonne hat eine feste oder schmelzflüssige Oberfläche; und alle Galaxien sind spiralförmig wie die Milchstraße.

An dem Abend, als ich mir ein Beispiel auszudenken versuchte, um zu zeigen, daß bereits Kinder Übergeneralisierungen vornehmen, erlebte ich einen glücklichen Zufall: Ich sah mit meinem damals achtjährigen Sohn Josh fern, und es lief ein Werbespot einer Spielzeugfirma, der ein vielleicht zweieinhalbjähriges Mädchen zeigte, das jedermann stolz verkündete, daß es ganz allein Aa ins Töpfchen gemacht habe und sich zur Belohnung irgendein Spielzeug im Laden kaufen dürfe. Allen Nichteltern unter den Lesern sei es gesagt, allein auf den Topf zu gehen, ist für ein kleines Kind ein ganz großes Ereignis. Das Mädchen suchte sich ein Plüschtier aus und ging mit seiner Mutter zur Kasse, wo sich lange Schlangen gebildet hatten. Das veranlaßte die Kleine zu dem Ausruf: »Wow, da müssen aber eine Menge Leute ganz allein Aa ins Töpfchen gemacht haben.«

Das ist vielleicht etwas skatologisch, aber dieser gelungene Werbespot demonstriert wunderbar, wie Kinder übergeneralisieren. Das Mädchen gelangt zu dem Schluß, daß jeder, der etwas kauft, eine Belohnung für das erhält, was es selbst bewerkstelligt hat. Der Denkvorgang und das Verhalten des Kindes waren so realistisch dargestellt, daß es mich nicht wundern würde, diesen Ausruf im wirklichen Leben zu hören.

Einzigartigkeit

Nicht nur Übergeneralisierungen sind eine verbreitete Ursache für Fehlurteile, auch die gegenteilige Tendenz leitet uns irre. Fälschlicherweise werden viele Dinge für einzigartig gehalten. Vermutlich liegt der Grund dafür in unserem Ego, das heißt, jeder begreift sich als einzigartiges Individuum, und in den meisten Fällen treffen wir Entscheidungen und verhalten uns gemäß der eigenen Lebenserfahrung.

Angenommen, ich fragte einen Neuling in Astronomie, wie viele Monde es in unserem Sonnensystem gebe, anstatt ihm zu sagen, daß dort mindestens fünfundsechzig existieren. Aller Wahrscheinlichkeit nach wird er daraufhin die Zahl eins oder aber neun nennen. Daß unser Mond der einzige sei, ist eine der verbreitetsten Vorstellungen über Monde und zweifellos darauf zurückzuführen, daß wir in unserem ganzen Leben immer nur einen am Himmel sehen. Jemand, der zunächst diese Meinung vertritt, dann aber von der Existenz weiterer Monde erfährt, kann ohne weiteres zu dem Schluß kommen, sie seien alle rund. Die Annahme, es gebe neun Monde, beruht darauf, daß jemand das Erde-Mond-System auf alle anderen Planeten überträgt, also verallgemeinert. Ich erwähne dies hier, um darauf hinzuweisen, daß jeder in der Einschätzung neuer Situationen andere Prioritäten setzt.

Weitere Beispiele für den falschen Gebrauch der Einzigartigkeitskategorie sind Annahmen wie: nur auf dem Planeten Erde gebe es Wasser und eine Atmosphäre; die Sonne sei ein einzigartiges Gebilde (tatsächlich ist sie ein gewöhnlicher Stern unter Hunderten von Milliarden allein in unserer Galaxie); der Mond durchlaufe als einziger Himmelskörper verschiedene Phasen, wie sie sich uns als Beobachter auf der Erde darstellen (alle Planeten durchlaufen Phasenzyklen, wie sie sich uns als Beobachter auf der Erde darstellen); unser Mond sei der einzige Himmelskörper mit Kratern (Merkur, Venus, Erde, Mars und alle Monde im Sonnensystem haben ebenfalls welche); die Erde sei der einzige Planet mit Jahreszeiten (in einem gewissen Ausmaß gibt es sie auf allen Planeten); die Erde sei der einzige Planet mit Vulkanen (auch Venus und Mars haben welche) und die Milchstraße die einzige Galaxie.

Beständigkeit

Viele Leute hegen die Erwartung, daß sich Dinge, die in irgendeiner Weise wichtig oder bedeutsam sind, nicht verändern. Dies beginnt in der Kindheit, da Kinder in der Regel hoffen und folglich erwarten, sie und ihre Eltern lebten ewig. Die meisten Erwachsenen in den Industrieländern gehen davon aus, daß politische Strukturen wie Staaten und Parteien sowie gewisse zwischenmenschliche Beziehungen von Dauer sind. Diese Hoffnung auf Beständigkeit wird natürlich niemals erfüllt, aber es ist eine tröstliche Illusion, sich auf bestimmte Grundstrukturen und Beziehungen im täglichen Leben verlassen zu können.

Der Glaube an die Dauer und Beständigkeit von fundamentalen Gegebenheiten nährt häufig die Erwartung, daß Himmelskörper wie die Kometen, die Sonne, andere Sterne, die Erde und der Mond ewig bestehen. Ebenso verbreitet ist auch die Annahme, daß der Tag immer 24 Stunden haben wird, was, wie wir bereits sahen, nicht stimmt. Die meisten Leute glauben nicht nur, daß es die Sonne und die existierenden Sterne immer geben wird, sondern daß sie auch stets dieselbe Größe und Farbe haben werden wie heute. Desgleichen herrscht die Vorstellung, die Sternbilder blieben immer so, wie sie heute sind. Keine dieser Erwartungen ist richtig. Ich werde eine jede kurz unter die Lupe nehmen.

Kometen

Nachdem Sie die Ausführungen über Kometen im ersten Kapitel gelesen haben, ahnen Sie wahrscheinlich bereits, warum ihre Lebensdauer begrenzt ist. Um es noch einmal zusammenzufassen: Kometenkomas und -schweife entstehen aus Gasen und Staubpartikeln, die zuvor Teile des Kometen waren. Dieses Material verbreitet sich ins All und kommt nie mehr zurück. Daher verlieren Kometen jedesmal, wenn sie in der Nähe der Sonne kreisen, an Größe und Masse. Dort lassen sie – ein interessanter Nebeneffekt – kieselsteinchengroße und größere Trümmer zurück. Wenn die Erde auf ihrem Umlauf um die Sonne dorthin kommt, dringt etwas von dieser Materie in ihre Atmosphäre ein und erzeugt die Meteor- oder Sternschnuppenschauer, an denen wir uns mehrmals im Jahr erfreuen können.

Erde, Mond und Sonne

Erde, Mond und Sonne bilden gewissermaßen eine Schicksalsgemeinschaft. Der springende Punkt ist dabei das Sonnenlicht. Im ersten Kapitel sahen wir, daß diese Strahlung durch die Umwandlung von Materie in Energie im Sonneninnern entsteht. Die erzeugte Energiemenge entspricht der verlorengegangenen Menge an Sonnenmasse, wie in Einsteins Gleichung $E=mc^2$ dargestellt. In etwa fünf Milliarden Jahren wird der gesamte Wasserstoff im Kern der Sonne in Helium umgewandelt sein, so daß die Fusion endet. Die durch Kernverschmelzung erzeugte Energie ist aber auch das, was den Kern davor bewahrt, unter dem Gewicht der Sonnenmasse zu kollabieren. Ein Teil der Energie dient heute dazu, die nach innen wirkende Schwerkraft auszubalancieren: Sie drückt die äußeren Schichten der Sonne nach außen. Dem gesunden Menschenverstand mag es scheinen, daß bei aussetzender Kernfusion die ganze Sonne in sich zusammenfallen muß. Doch das ist nicht ganz richtig.

Ohne Fusion *wird* der Kern der Sonne in der Tat beginnen, in sich zusammenzufallen, wie auch die Gase in einer Schale unmittelbar außerhalb des Kerns. Wenn sich diese Gasschale nach innen bewegt, wird sie zusammengepreßt und so stark erhitzt werden, daß in ihr eine Wasserstofffusion erfolgen kann. Desgleichen wird sich der Kern derart aufheizen, daß sein Helium zu Kohlenstoff verschmilzt. Da die verschmelzende Wasserstoffschale näher an der Sonnenoberfläche sein wird als der Kern, wird die in ihr erzeugte Energie weniger Materie nach außen zu drücken haben als die im Kern erzeugte Energie. Infolgedessen wird die Energie aus der Schale stärker gegen die äußeren Schichten stoßen.

Daher werden sich in etwa fünf Milliarden Jahren die äußeren Schichten der Sonne nach außen ausdehnen, sich somit immer weiter von der Energiequelle in der Schale verschmelzenden Gases entfernen und folglich immer mehr abkühlen. Die Sonne wird rot werden, da rotglühende Gegenstände kälter sind als gelb (oder türkis) glühende. Diese sukzessive Ausdehnung und Verfärbung der Sonne ist typisch für alle Sterne – mit der Größe verändert sich auch ihre Farbe.

Nach heutigen Berechnungen wird die Sonne schließlich so groß werden, daß ihre äußere Schicht sich bis zum Orbit der Erde und darüber hinaus ausdehnt. Zu diesem Zeitpunkt wird ihre Hitze bewirken, daß die Erde ihre Atmosphäre verliert und ihre Oberfläche verkohlt. Die Reibung zwischen den äußeren Sonnengasen und der Erde dürfte so stark sein, daß Erde und Mond immer langsamer werden, sich in die Sonne hineinschrauben und verdampfen.

Der Sonnenkern wird sich schließlich in Kohlenstoff verwandeln. Die Sonne hat nicht genug Schwerkraft, um den Kohlenstoff so sehr zusammenzupressen und zu erhitzen, daß eine Fusion erfolgen kann. Aber die Schalen, die den Kern umgeben, werden weiter verschmelzen und die äußeren Schichten immer weiter nach außen drücken, bis diese sich lösen und ins All verteilen. Dieses relativ sanfte Ablösen von Masse nennt man einen planetarischen Nebel. Der verbleibende Kohlenstoffkern, ein sogenannter Weißer Zwerg, wird etwa so groß wie die Erde, aber viel dichter sein.

Die allermeisten Sterne im Universum werden ihr »Leben« auf diese Weise beschließen. Diejenigen, die mehr als achtmal so groß wie die Sonne sind, entwickeln sich über den Kohlenstoffkern hinaus. Sie verschmelzen immer weiter, erzeugen dadurch Elemente so schwer wie Eisen und explodieren dann als Supernova.

Sternbilder

Die Sterne, aus denen die Sternbilder bestehen, befinden sich alle in der Milchstraße, aber, anders als es scheint, in unterschiedlichen Abständen zur Erde. Während die uns am nächsten gelegenen nur über vier Lichtjahre entfernt sind, liegen zwischen den hellsten wie Deneb im Sternbild des Schwans und uns mehr als 1500 Lichtjahre. Sämtliche Himmelskörper in unserer Galaxie umkreisen deren Zentrum.

Entgegen der verbreiteten Annahme sitzt unser Stern, die Sonne, nicht starr im Weltraum. Sie bewegt sich vielmehr auf einem kreisförmigen Orbit um den Mittelpunkt der Galaxie und braucht für einen Umlauf rund 250 Millionen Jahre. Doch nicht alle Sterne kreisen mit der gleichen Geschwindigkeit, sondern einige schneller, andere langsamer; auch die Sterne in ein und demselben Sternbild bewegen sich mit unterschiedlichen Geschwindigkeiten durch den Raum. Daher scheinen Sterne mit der Zeit voneinander weg- oder zueinander hinzuwandern, je nach unserer Orientierung zu ihnen, weshalb die Sternbilder ihr Aussehen ändern.

Muster, wo es keine gibt

Wir Menschen besitzen ein bemerkenswertes Talent, in Phänomenen der Natur Strukturen zu entdecken, die uns an irgendwelche Lebewesen oder Gegenstände erinnern. Als ich eben die Wolken betrachtete, »sah« ich einen Seehund, eine Ente, ein Unterseeboot und ein Seepferdchen. Beim Blick auf den nächtlichen Himmel entdecken wir mit ein wenig Phantasie im Sternbild des Orion eine menschlichen Gestalt, im großen Bär (zu dem der Große Wagen gehört) einen Topf, im Adler einen Vogel, im Skorpion das gefährliche Stacheltier und im Sternbild des Löwen einen Löwen.[29]

Ein Teil dieser Fähigkeit, Muster wiederzuerkennen, ist in unserem Gehirn fest verankert, das gerade Linien, Kreise und andere geometrische Grundformen sozusagen automatisch identifiziert. Kompliziertere Strukturen lernen wir im Lauf unseres Lebens kennen und speichern sie, um sie schnell parat zu haben. Dies ist ein sehr nützliches Charakteristikum der menschlichen Evolution. Stellen Sie sich vor, wie es wäre, wenn Sie bei jedem Auto, das Ihnen begegnet, erst in ihrem Kopf rekonstruieren müßten, was es ist, anstatt auf das in ihrem Kopf gespeicherte Muster zurückgreifen zu können und somit fast augenblicklich zu wissen, daß Sie dem Fahrzeug ausweichen sollten.

Wenn wir es mit visuellen Mustern zu tun haben, realen oder imaginären, liefert uns unser Gehirn Interpretationsmöglichkeiten, die wir sodann mit Hilfe unserer Sinne bestätigen oder verwerfen. Angenommen, Sie sehen eine V-förmige Struktur, die sich über den Himmel bewegt. Noch ehe sie nahe genug herankäme, um identifiziert zu werden, hätten Sie wahrscheinlich schon zwei mögliche Erklärungen auf Lager: ein Flugzeug oder ein in keilförmiger Formation dahinziehender Vogelschwarm. Die Bestätigung der einen oder der anderen Alternative würde diesen Teil Ihres Kopfes frei machen für andere Dinge; wenn Sie gerade nicht von dringenderen Angelegenheiten abgelenkt sind, würden Sie wahrscheinlich warten, um dahinterzukommen.

Neben visuellen Mustern entwickeln wir Erwartungen über Ereignisse, die in Zeit und Raum dicht beieinanderliegen. So lehrt uns die Erfahrung, einen Donner zu erwarten, kurz nachdem wir einen Blitz gesehen haben. Solche Begebenheiten sind eine Form von zeitabhängigen Erkennungsmustern – das Assoziieren von Ereignissen in der Zeit. Wenn wir das Quietschen von Reifen und einen dumpfen Aufprall oder das Klirren zerbrechenden Glases und Fluchen hören, vermuten wir dahinter gewöhnlich zu Recht eine Beziehung von Ursache und Wirkung. Allerdings müssen wir sowohl im Alltagsleben als auch in der Wissenschaft sorgfältig vorgehen, wenn wir einen kausalen Zusammenhang zwischen zwei Ereignissen herstellen, die in zeitlicher und räumlicher Nähe stattfinden.

Echte Kausalbeziehungen treten in der Astronomie durchaus auf, wie etwa bei den Meteorschauern, zu denen es kommt, wenn die Erde auf ihrem Orbit um die Sonne durch eine Region von Gesteinstrümmern wandert, die ein Komet hinterläßt, oder bei der Bildung eines Kraters, wenn Meteoriten die Erdoberfläche treffen. Es gibt jedoch viele Beispiele im alltäglichen Leben wie auch in der Wissenschaft, wo sich zwei vollkommen unzusammenhängende Vorkommnisse in unmittelbarer Nähe ereignen und fälschlicherweise kausal miteinander verknüpft werden. Nehmen wir einmal an, Sie hören draußen ein Krachen, rennen hinaus und sehen einen Mann auf der Straße liegen und ein Auto, das gegen einen nahen Baum geprallt ist. Vermutlich kämen Sie zu dem Schluß, daß der Wagenlenker die Kontrolle über sein Kraftfahrzeug verloren, den Fußgänger erfaßt hat und dann gegen den Baum gefahren ist. In diesem Szenario verursachte der Autofahrer die Verletzung des Fußgängers und den Unfall. Aber es hätte auch ganz anders gewesen sein können: Vielleicht hat der Fußgänger aus irgendeinem Grund eine Herzattacke erlitten, und ein betrunkener Autofahrer ist gegen den Baum gefahren.

Schnelle Schlüsse

Vor eine Frage gestellt, greift fast jeder zu der erstbesten plausiblen Antwort, die ihm einfällt. Wenn wir Zeuge eines Unfalls wie des soeben beschriebenen werden, gelangen die meisten von uns zu der »naheliegenden« – und der schnellsten, bequemsten – Schlußfolgerung, das Auto habe den am Boden liegenden Mann angefahren. Bestimmt haben auch Sie schon Begegnungen erlebt, nach denen Sie mit dem, was sie spontan äußerten, nicht zufrieden waren und hinterher dachten, »Ich hätte doch lieber *das* sagen sollen«, oder sich vornahmen, beim nächsten Mal anders zu reagieren.

Versuchen wir, ein uns neues Phänomen in der Natur zu erklären, so verfallen wir ebenfalls leicht auf die plausibelste Erklärung, die uns in den Sinn kommt. Wenn die Annahme, die wir getroffen haben, auch nur annähernd mit dem, was wir beobachten, übereinstimmt, machen wir uns oft nicht die Mühe, weiter darüber nachzudenken, obwohl wir die Zeit dazu hätten. Häufig jedoch treten Ungereimtheiten in unseren ersten Erklärungen schon nach einer kurzen Überprüfung zutage, wie ich im ersten Kapitel anhand mehrerer verbreiteter Erklärungen zu zeigen versuchte.

Ein Klassiker unter den spontanen Fehlurteilen, die wir treffen, ist die Ursache der Jahreszeiten, basierend auf der plausiblen, aber hier irrelevanten Vorstellung, daß näher an ein »Feuer« zu kommen, mehr Wärme bedeutet. Hier sind noch ein paar mehr: Die Sterne scheinen, weil sie etwas verbrennen; die Planeten, Monde und Weltraumtrümmer setzen sich alle aus den gleichen Elementen zusammen; Planeten haben kreisförmige Umlaufbahnen; Planeten bewegen sich mit gleichbleibender Geschwindigkeit auf Umlaufbahnen um die Sonne; der Himmel ist blau, weil er ein blaues Gas enthält; der Himmel ist blau wegen des Wassers, das er reflektiert; die Sonne ist am heißesten auf ihrer Oberfläche; der einzige Zweck eines Teleskops besteht darin, Dinge zu vergrößern.

Wenn die Sonne viele Sonnenflecken hat, dann heißt das für Astronomen, sie ist aktiv. In dieser Zeit stößt sie ungleich mehr Partikel aus als sonst, manchmal in Form sehr mächtiger Eruptionen, und auf der Erde treten häufig Polarlichter auf. Das Jahr 2000 war eine Phase höchster Sonnenfleckenaktivität, zu der es etwa alle elf Jahre kommt. Während solcher Phasen sinken Satelliten mit niedrigem Orbit wie etwa die Internationale Raumstation leicht ab und müssen dann oft wieder auf die gewünschten Umlaufbahnen hochgebracht werden.

Nun erscheint es durchaus einleuchtend, daß die zusätzlichen Partikel aus der Sonne gegen diese Satelliten stoßen und sie aus ihren Orbits drängen. Und genau auf diese Erklärung werden sicherlich die meisten Leute verfallen. Sie stellt außerdem eine direkte Ursache-Wirkung-Relation zwischen der Sonne und den Bewegungen der Satelliten her. Dennoch ist sie falsch. Die Satelliten verlieren nämlich deshalb an Höhe, weil die Partikel und die Strahlung der aktiven Sonne die Erdatmosphäre stärker als sonst aufheizen, wodurch diese sich ausdehnt (erhitzte Gase dehnen sich aus) und an den Satelliten reibt, und diese Reibung entzieht ihnen vorwärtsbewegende Energie, so daß sie in einer Spirale zur Erde hin absinken.

Annahmen und Vorstellungen aus unser Erfahrung abzuleiten und sie auf neue Situationen anzuwenden ist eine Sache. Richtige und durchdachte Schlußfolgerungen zu ziehen ist etwas anderes. Und es kommt selten vor.

Nicht zu Ende gedacht

Unsere Denkfähigkeit wird ständig trainiert. Zuerst legen wir ein Ziel fest, entweder aus äußeren Gründen, etwa wenn Ihnen Ihr Chef etwas aufträgt, oder aus uns selbst heraus, wenn Sie zum Beispiel entscheiden, was Sie zur Arbeit anziehen. Dabei stützen wir uns auf unsere Erfahrung, Übung, Input von anderen, auf unsere Logik und Gefühle, um zu einem Entschluß zu kommen. Wenn wir uns überlegen, was wir bei der Arbeit tragen, berücksichtigen wir Faktoren wie das Wetter, die Leute, die wir an diesem Tag zu treffen erwarten, die momentane Mode, Kleiderordnungen, Bequemlichkeit, Sex-Appeal und anderes mehr. Als nächstes schätzen wir unsere Optionen ein, das heißt, wir schauen in unseren Kleiderschrank und handeln dann.

Solche komplexen Denkvorgänge sind ganz und gar menschliche Aktivitäten. Zwar werden wir auch von biologischen Bedürfnissen und Instinkten getrieben, doch sind wir auf einzigartige Weise in der Lage, diese Triebe zu beherrschen und aus ganz anderen Gründen zu handeln. Das menschliche Gehirn hat sich zu einem atemberaubenden Instrument entwickelt, das fähig ist, Informationen aufzunehmen, zu speichern, abzurufen, zu modifizieren, einzuschätzen, neue Reaktionsmöglichkeiten zu lernen und schließlich durch unseren Körper entsprechend zu handeln.

Jedes Element in diesem Denkprozeß ist problematisch. Wie ich bereits erörtert habe, wird das, was wir von außen aufnehmen, von unseren Sinnen beeinflußt, aber auch davon, wie es in unseren Köpfen gespeichert ist, ein heißes Gebiet neurologischer Forschung. Weil unsere Erinnerungen auf so komplexe Weise gespeichert werden, haben die meisten von uns ein lückenhaftes Gedächtnis. Was wir erinnern, ist selten genau das, was wir erlebten, weshalb wir die Lücken unbeabsichtigt mit »Standard«-Bildern füllen. Wenn Sie gefragt werden, was Sie bei einer bestimmten Verabredung anhatten, und Sie können sich nicht daran erinnern, werden Sie wahrscheinlich mit einer Antwort aufwarten, die sich auf das stützt, was sie vermutlich angehabt hätten. Wenn man Sie nach der Farbe eines Autos fragt, das Sie vor mehreren Wochen gesehen haben, von dem sie aber nur noch wissen, daß es eine helle Farbe hatte, werden Sie wahrscheinlich etwa so antworten: »Ich bin mir nicht sicher, aber ich denke, es war …«

Sich neue Denk- oder Verhaltensweisen anzugewöhnen, ist äußerst schwer. Man braucht viele Jahre des Studiums, um beim Denken die Gesetze der Physik zu gebrauchen, was leider die Zahl der Leute eingrenzt, die bereit sind, sich diese Mühe zu machen. Am anderen Ende des Spektrums bedarf es (vielleicht) Jahre der Anstrengung und des Umdenkens, bis man ein guter Soldat wird. Deshalb ist die militärische Ausbildung, besonders in den ersten Monaten, eine solch grauenhafte Erfahrung. Militärischer Drill zielt darauf ab, den freien Willen des Soldaten dem oft lebensbedrohenden Willen des Militärapparats zu unterwerfen. Eine Durchhaltedisziplin zu lehren für Situationen, in denen die Evolution und normale Überlegung sagen »nur raus hier«, ist sehr schwierig.

Logisch denken zu lernen ist ebenfalls sehr schwer, oft weil die Regeln der Logik dem normalen Denken widersprechen. Die meisten von uns verletzen sie andauernd. Nur weil die Wissenschaft die Existenz von Außerirdischen auf der Erde nicht widerlegt hat (was übrigens ein unmögliches Unterfangen ist), heißt das zum Beispiel nicht, daß sie hier sind.

»Aber es heißt auch nicht, daß sie *nicht* hier sind.«

Einverstanden. Sie könnten möglicherweise hier sein.

Aber gemäß dem Ockhamschen Rasiermesser-Prinzip sollten wir nicht daran glauben, ehe ein Grund dafür vorliegt. Generell muß etwas, das nicht als falsch erwiesen wurde, nicht zwangsläufig richtig sein, und was nicht als wahr erwiesen wurde, nicht notwendigerweise falsch sein.

Außerdem besteht ein Unterschied zwischen logischer Unmöglichkeit und physischer Unmöglichkeit. Sowohl logisch als auch physisch unmöglich ist es, ein bißchen schwanger zu sein. Entweder Sie sind es oder Sie sind es nicht. Es ist mir logisch möglich, von New York nach Melbourne in Australien zu springen, aber physisch natürlich nicht.

Wirklich logisches Denken zu lernen ist eine berauschende Erfahrung. Nachdem ich am College einen Kurs in Logik belegt hatte, hielt ich mich wochenlang für anders als normal. Ich hatte tatsächlich das Gefühl, als könnte ich Mängel im Denken »sehen«, die mir vorher nicht aufgefallen waren. Wie bei den meisten Dingen im Leben jedoch verlieren Sie eine Fähigkeit, wenn Sie sie nicht benutzen. Mit der Zeit wurde ich weniger gewissenhaft, viele der Regeln und Techniken schwanden dahin. Zwar sind mir noch einige geblieben, aber etliche wurden durch logisch weniger korrekte Denkmuster ersetzt, deren ich mich schon früher bedient hatte. Zu sehen, wo Logik versagt, hilft ungemein, um Fehlurteile zu korrigieren, aber leicht fällt es nicht.

Wir Menschen verfügen normalerweise nicht über alle notwendigen Instrumente, um zu richtigen Urteilen zu gelangen: Unsere Beobachtungsgabe ist begrenzt, unser Gedächtnis lückenhaft und unser logisches Denken mit Schwächen behaftet. Wie oben schon bemerkt, neigen wir dazu, nach der erstbesten Erklärung zu greifen, die uns einfällt, ohne deren Implikationen und Stichhaltigkeit zu Ende zu denken. Konfrontiert mit neuen Informationen oder Erfahrungen in der Welt der Natur, analysieren die meisten

Leute nicht alle relevanten physikalischen Fakten und kommen aufgrund dessen zu falschen Annahmen.

Im Einführungskurs Physik wird den jungen Leuten am College (richtigerweise) beigebracht, daß die Reibungskraft stets der Bewegungsrichtung gegenläufig ist. Wäre es nicht so, das heißt, würde sie in die Bewegungsrichtung wirken, dann könnte man ja mit ihr Gegenstände beschleunigen. Aber Reibung nimmt immer und ausschließlich Energie aus einem System (wie Hitze und Klang); daher kann sie nicht zur Bewegung beitragen – sie muß gegen die Bewegung wirken. Wenn ich also ein Auto auf die Tafel male und die Studenten bitte, mir zu zeigen, wie die Reibungskraft auf die Räder wirkt, zeichnen die meisten von ihnen einen Pfeil, der in Gegenrichtung des sich vorwärts bewegenden Autos weist. Sie irren sich.

»Moment mal, Sie haben doch eben gesagt, die Reibung sei der Bewegungsrichtung immer gegenläufig.«

Der Irrtum beruht auf einer unvollständigen Analyse des Problems. Stellen Sie sich auf die Beifahrerseite eines Autos und schauen Sie zu, wie es sich bewegt. Um ein Fahrzeug nach, von Ihrem Standort aus gesehen, rechts zu bewegen, müssen seine Reifen im Uhrzeigersinn gedreht werden. Wo die Reifen Kontakt zum Boden bekommen, bewegen sie sich daher nach links. Damit die sie nicht durchdrehen, muß die Reibungskraft zwischen ihnen und dem Boden in die ihrer Bewegung entgegengesetzte Richtung wirken, also in diesem Fall nach rechts wirken und damit in eben die Richtung, in die sich das Auto dann bewegt. Somit ist die Reibungskraft der Bewegungsrichtung der Reifen entgegengesetzt, was die Reibung erzeugt, nicht aber der Bewegungsrichtung des Autos, an dem sie befestigt sind.

Auch ungeschulte Intuition führt meist zu Fehlurteilen. Viele Leute meinen, ein in die Luft geworfener Ball höre am höchsten Punkt, den er erreicht, auf zu beschleunigen, oder ein Pfund Blei wiege mehr als ein Pfund Federn, oder schwerere Gegenstände fielen schneller als leichtere oder Elektronen hörten auf zu strömen, nachdem sie durch ein elektrisches Gerät geflossen sind. Die Gesetze der Logik und die Gesetze der Physik sind zwei unterschiedliche Studiengebiete, obwohl ein genaues Verstehen der Natur eigentlich die Kenntnis beider voraussetzt.

Die Sache mit den fallenden Gegenständen ist deshalb interessant, weil sie zeigt, wie die Erfahrung falsche Intuitionen untermauern und zu falschen Schlüssen aufgrund unvollständiger Überlegung führen kann. Denken Sie an die Versuche mit Hammer und Feder, die ich zu Beginn dieses Kapitels geschildert habe. Wenn Sie beide Gegenstände in einem luftleeren Raum hier auf der Erde zu Boden fallen lassen, kommen sie, genau wie auf dem Mond, gleichzeitig unten an. Der physikalische Effekt, der die Feder unter normalen Bedingungen auf der Erde verlangsamt, ist natürlich die Reibung oder der Luftwiderstand. Bewegen sich Gegenstände durch die Luft, so treffen sie auf die Luftmoleküle, wodurch Reibung entsteht, die immer gegen die Bewegung wirkt und daher die Gegenstände beim Fallen abbremst. Um ein Ereignis im Bereich der Natur voll und ganz zu verstehen, müssen wir uns jede einzelne seiner Komponenten klarmachen. Um die Bewegung fallender Gegenstände zu verstehen, müssen wir uns der Tatsache bewußt sein, daß Schwerkraft und Reibung zwei getrennte Phänomene sind, und auf welche Weise jedes von ihnen den Vorgang beeinflußt. Gäbe es keinen Luftwiderstand, so würden, wenn ich das Empire State Building und eine Feder von derselben Höhe herunterfallen lassen könnte, beide gleichzeitig den Erdboden erreichen.

Wenn ich Ihnen zwei Sterne zeigte, von denen der eine den doppelten Durchmesser des anderen hat. Hätten Sie recht mit der Annahme, daß der größere mehr Masse enthält als der kleinere? Die Antwort können Sie auf Seite 158 unten lesen.

Tief in uns haben wir das Bedürfnis, Geschehnisse zu ergründen. Anders ausgedrückt, wir suchen nach den Antworten auf die Frage »warum?«. Hierzu gehört auch, daß wir dazu neigen, unbelebte Gegenstände[30] wie Lebewesen zu behandeln oder ihnen deren Merkmale zuzuschreiben, und unbelebte Gegenstände oder von Instinkten und Trieben geleitete Tiere zu vermenschlichen (anthropomorphisieren) oder mit menschlichen Eigenschaften auszustatten. All das führt zu falschen Annahmen über die Natur.

Auch Wissenschaftler sind von solchen Tendenzen nicht ganz frei, zumindest was die Begriffe betrifft, die sie für bestimmte Vorgänge und Phänomene wählen. Sie haben vielleicht weiter oben in diesem Kapitel bemerkt, daß ich das Wort Leben im Zusammenhang mit Sternen in Anführungszeichen setzte. Das geschah, um den Gebrauch von auf Lebewesen zutreffenden Wörtern zur Beschreibung unbelebter Objekte hervorzuheben. Die Anthropomorphisierung wurde auf die Spitze getrieben, als Menschen Himmelskörpern wie der Sonne übersinnliche Kräfte zuschrieben und sie dann verehrten. Tatsächlich hat fast jede Zivilisation irgendwann einmal einen Sonnengott angebetet. Einen gewissen Symbolismus, der auf diese frühen Weltanschauungen zurückgeht, findet man auch heute noch in den meisten Religionen.

Sowohl die Neigung zur Anthropomorphisierung als auch der Hang zum Animismus haben ihren Ursprung in unserer Kindheit. Sie können an Kindern beobachten, daß sie ihre Puppen und Plüschtiere wie menschliche Wesen behandeln und ihren Spielsachen und Haustieren menschliche Empfindungen zuschreiben. Als meine Kinder klein waren, taten sie das mit großer Vorliebe. Das ist völlig in Ordnung, und ich würde nicht im Traum daran denken, es Kindern austreiben zu wollen. Allerdings überträgt sich dieses Verhalten mehr oder minder ausgeprägt auf unsere Denkweisen als Erwachsene. Viele Leute entwickeln eine emotionale Bindung an ihre Autos, die so weit geht, daß sie ihnen Namen geben und trauern, wenn diese eine Panne haben, in einen Unfall verwickelt oder verkauft werden. Selbst wenn ein Computer abstürzt, stellt sich bei manchem das Gefühl ein, das sei mit Absicht geschehen

---

Lösung

Sie irren sich, wenn Sie annehmen, der größere Stern habe notwendigerweise mehr Masse. Aller Wahrscheinlichkeit nach kamen Sie zu dieser Schlußfolgerung aufgrund der Annahme, daß alle Sterne dieselbe Dichte haben. Dichte ist die in einen Rauminhalt gepackte Menge an Materie. Um einzusehen, daß dies nicht stimmt, erinnern Sie sich daran, daß ich weiter oben in diesem Kapitel erläutert habe, die Sonne werde sich mit zunehmendem Alter erheblich ausdehnen. Zu dem Zeitpunkt, da sie die Erde schlucken wird, wird sie einen 214mal größeren Durchmesser als heute haben und an die zehn Millionen mal mehr Raum einnehmen. Da sie einen Teil ihrer Masse in Energie umgewandelt haben wird, um weiterhin zu scheinen, wird sie jedoch geringfügig *weniger* Masse haben als heute. Obwohl also die Sonne viel größer sein wird, wird ihre Masse geringer und ihre Dichte viel niedriger sein. Wir würden natürlich genau das gleiche Ergebnis erhalten, wenn wir die Sonne, so wie sie heute ist, mit irgendeinem Stern verglichen, der ursprünglich identisch mit ihr war, sich aber bereits ausgedehnt hat (einen solchen Stern nennt man einen Roten Riesen).

und die Maschine habe es auf ihn abgesehen oder »den schlimmsten Moment gewählt, ihren Geist aufzugeben«; manche denken vielleicht sogar: »Warum passiert ausgerechnet mir so etwas?« Es könnte zwar sein, daß es jemand auf Sie abgesehen hat und dazu Ihren Computer mißbraucht, aber die Maschine selbst »weiß« ja nicht einmal, daß Sie existieren, um so weniger »will« sie Ihnen schaden.

Allein schon in der Wahl unserer Wörter neigen wir dazu, Dinge unbeabsichtigt zu anthropomorphisieren und zu animieren. Veränderungen in unbelebten Dingen werden oft lebensweltlich oder lebenszyklisch beschrieben. In der Astronomie gehören dazu Leben und Tod von Sternen, die Lebenszyklen interstellaren Gases und das Leben eines Kometen oder irgendeines von hunderterlei Dingen, die sich verändern.

Wenn wir annehmen, etwas könne denken oder fühlen wie wir, entwickeln wir automatisch weitergehende Erwartungen an sein Verhalten nach Maßgabe dessen, was wir von uns selbst und anderen Leuten erwarten. Dies ist besonders dann ein Problem, wenn wir meinen, Tiere müßten wissen, was richtig und falsch ist, oder ein ästhetisches Empfinden haben. In einem schönen Reh, das wir auf einer Wiese äsen sehen, würde ein Puma nichts als ein leckeres Mittagessen wittern.

Anthropomorphisierung, aus welchen Gründen auch immer, hat zur Folge, daß wir viele naturwissenschaftliche Erkenntnisse aus den Augen verlieren. Indem wir Wörter benutzen wie »wollen« (der Stein will fallen), »müssen« (der Baum muß sich zur Sonne hin strecken) und »spüren« (die Blätter spüren den Windstoß), nehmen wir Absichten an, die es nicht gibt. Die Lebewesen auf Erden werden durch die Evolution zum Überleben getrieben. Infolgedessen haben sie viele Eigenschaften entwickelt, die ausschließlich dem Überleben der Spezies dienen. Einige sind physischer Natur wie schützende Schalen, Schuppen oder Haut, andere direkte Körperfunktionen wie die Fähigkeiten, Gefahr oder Nahrung zu wittern, diese zu verdauen und Krankheiten abzuwehren. Auch Wesensmerkmale wie das »Bedürfnis«, den Nachwuchs zu ernähren, der Impuls, um ein Gebiet oder um Gefährtinnen zu kämpfen oder der Herdentrieb und die Fähigkeit, Gemeinschaftsstrukturen zu bilden, gehören dazu. Bei den meisten Tieren werden diese Reaktionen durch festverankerte Funktionen im Gehirn und Körper, nicht durch irgendeine Art von Vernunft ausgelöst. Wir Menschen tun zwar ebenfalls alle diese Dinge, doch ihre Ursachen sind weitaus komplexer, weil unser Grad an Selbstwahrnehmung und Verstand größer ist. Wenn wir von zwei Bedürfnissen getrieben werden, etwa vom Hunger und dem Wunsch, ein gutes Buch zu lesen, können wir uns entscheiden, erst das Buch zu lesen und danach zu essen.

Betrachten wir den weitverbreiteten Gebrauch des Begriffs »Lebenszyklus«, um zu beschreiben, wie sich ein Stern mit der Zeit verändert (wie er »altert«). Die unzähligen Aspekte dieses Prozesses werden bestimmt von der Masse des Sterns und, zu einem viel geringeren Maß, von seiner chemischen Zusammensetzung. Zu Beginn ihres »Lebens« bestehen alle Sterne in erster Linie aus Wasserstoff und Helium, weniger als 2/10 Prozent ihrer Atome setzen sich aus anderen Elementen zusammen. Zum Vergleich dazu machen Sauerstoff, Silizium, Aluminium, Eisen und Kalzium über 90 Prozent der Masse der Erdkruste aus, wohingegen Wasserstoff nur das zehnthäufigst vorhandene Element hier ist und Helium nicht einmal unter den ersten fünfzehn rangiert.

Die Sterne verändern ihre chemische Zusammensetzung, da die Schwerkraft in ihren Kernen zu Verschmelzungen führt. Nirgendwo in ihrer »Entwicklung« gibt es ein Bewußtsein von oder ein Reagieren auf ihre Umgebung oder ein Anzeichen dafür, daß irgend etwas aus freier Wahl geschieht. Ferner schleudern Sterne, wenn sie explodieren, Elemente in den Weltraum, die es ansonsten dort nicht geben würde, etwa Sauerstoff, Silizium, Aluminium, Eisen, Kalzium und alle die anderen Elemente, die notwendig sind, damit sich komplexes Leben wie das unsere entwickeln kann. Aber den Sternen ist nicht bewußt, daß ihre Fusionsprozesse zu Leben führen werden. Alle ihre Aktivitäten gehen ausschließlich auf physikalische Gesetze zurück.

Ein weiteres Problem trübt oft unsere Wahrnehmung von Ereignissen in der Natur. Wir wollen wissen, »warum« etwas geschah. Angenommen, ein Freund von Ihnen wurde von einem Betrunkenen überfahren. Ich wette, Sie würden während Ihrer Trauerarbeit etliche Zeit damit verbringen, sich zu fragen, warum dies »geschehen mußte«. Auf diese und ähnliche Weise versuchen wir, in einer manchmal sinnlos anmutenden Welt Sinn zu finden. Naturkatastrophen lösen in uns ähnliche Überlegungen aus. Ein Erdbeben tötet Tausende, ein Vulkan macht Hunderte obdachlos, eine Flutwelle zerstört eine Stadt, ein Monsun spült die gesamte Ernte eines Landes samt zahllosen Behausungen und Menschen hinweg. Ich glaube, es ist unmöglich, *nicht* zu fragen, »warum?«, aber wenn wir anthropomorphisierende oder theistische Erklärungen von Naturkatastrophen geben, versperren wir uns den Blick auf das, was in der Natur tatsächlich vorgeht.

Wie kommt es, daß wir trotz all dieser Quellen falscher Annahmen und der daraus resultierenden Mißverständnisse über die uns umgebende Natur in einer stets komplexer werdenden Welt überleben konnten? Werden wir uns auch in Zukunft weiterentwickeln können, ohne besser zu verstehen, wie die Dinge wirklich funktionieren? Diesen Fragen will ich als nächstes nachgehen.

4 *Überleben in einer unerklärlichen Welt*

Wie gut kamen unsere Vorfahren zurecht, ohne die Natur zu verstehen?

Je mehr wir über Gebiete wie Genetik, Quantenmechanik, Allgemeine Relativitätstheorie, Astrophysik und Superstring-Theorie[31] erfahren, desto phantastischer muten uns die Mechanismen der Natur an. Selten, wenn überhaupt, hat ein Science-fiction-Autor eine originelle, schlüssige Idee, die sich an Komplexität und Bizarrheit mit den tatsächlichen Entdeckungen in den Naturwissenschaften messen könnte. Das wurde mir vor ein paar Jahren so richtig bewußt, als ich mich mit der Superstring-Theorie zu beschäftigen begann. Sie ist zwar noch unvollständig und nicht frei von Mängeln, wird uns aber bald einen tieferen Einblick in das Wesen von Materie und Raum verschaffen als alle gegenwärtig gängigen Theorien.

Der Preis, den wir für diese Erkenntniserweiterung zu zahlen haben, besteht in der Notwendigkeit, Mathematik von einem sehr hohen, völlig neuen Schwierigkeitsgrad zu erlernen. Sobald sie jedoch angewandt werden kann, erbringt sie unglaublich interessante Resultate, unter anderem Vorhersagen über das Vorhandensein bisher noch unentdeckter Dimensionen und eine schlüssigere Erklärung der Eigenschaften von Materie, über die unser heutiges Wissen noch bruchstückhaft ist. Die Superstring-Theorien haben das Potential, uns zu einem umfassenderen Naturverständnis zu verhelfen, aber es deutet nichts darauf hin, daß Science-fiction-Autoren zuerst dorthin gelangen.

Ohne Mathematik kommt man nicht weit

Wenn Sie gesellschaftlich anerkannt sein, aber irgendwie aus dem Rahmen fallen möchten, sollten Sie Naturwissenschaftler werden. Gesellschaftlich anerkannt sind die Naturwissenschaften vor allem deshalb, weil sie der Menschheit mehr Vor- als Nachteile verschafften. Etwas Besonderes haftet ihnen an, weil sie sich erst während der letzten 800 Jahre in der mehr als 100 000jährigen Geschichte des modernen *homo sapiens* entwickelt haben.[32] Die soziale Anerkennung, die Naturwissenschaftler genießen, hat jedoch ihre Grenzen. Bei gesellschaftlichen Anlässen, das kann ich aus eigener Erfahrung sagen, werden wir von den Nichtwissenschaftlern normalerweise toleriert, stoßen aber auf wenig Interesse, was unsere »unnatürliche« Arbeit betrifft, es sei denn, wir beschäftigen uns mit etwas wirklich Aufregendem, Berüchtigtem oder Exotischem. Die Leute reagieren beispielsweise höchst unterschiedlich, je nachdem, ob ich auf die Frage nach meinem Beruf antworte, ich sei Wissenschaftler (»Ach, das ist aber schön«), oder sage, ich sei Astronom (»Wirklich? Ich wollte immer Astronom werden, aber ich war schlecht in Mathe. Ich habe jahrelang ein Teleskop gehabt. Befassen Sie sich mit Schwarzen Löchern? Ich habe mich immer gefragt …«).

Wie unnatürlich die Naturwissenschaften sind, wird Studenten schon im ersten Semester deutlich. Nehmen Sie die Physik. Das erste Jahr von Physikkursen an Colleges ist in der Regel ganz fürchterlich. Zunächst müssen die entsprechenden Mathematikkenntnisse aufgefrischt oder überhaupt erworben werden, was allein schon der menschlichen Natur widerstrebt. Die mathematischen Grundtechniken Trigonometrie und Geometrie sind weniger als 2500 Jahre alt, und die Infinitesimalrechnung, auf der die moderne Naturwissenschaft beruht, wurde erst in der zweiten Hälfte des 17. Jahrhunderts von Isaac Newton und dem Mathematiker Gottfried Wilhelm Leibniz entwickelt. Selbst heute besitzt die überwältigende Mehrheit der Weltbevölkerung – wenn überhaupt – allenfalls rudimentäre Kenntnisse an Algebra und Geometrie.

Meine persönlichen Erfahrungen mit Physik am College bildeten da keine Ausnahme. Ich belegte parallel Einführungskurse in die Infinitesimalrechnung und die auf ihr basierende Physik. Als ich so durch diese fremdartigen Wälder voll unaussprechlicher Schrecken stolperte, stieß ich gegen viele Bäume, fiel über etliche Wurzeln, verlief mich im Unterholz und wurde häufig vom Fieber des gesunden Menschenverstandes gepackt, das unsere Erwartungshaltung gegenüber der Natur heimsucht. Und, was alles noch schlimmer machte, es dauerte eine ganze Weile, ehe mir klar wurde, wie sehr sich die Bereiche von Mathematik und Physik überschneiden. Denken Sie einmal an die Alltagsvorstellungen von der Position, Geschwindigkeit und Beschleunigung eines Objekts. Was diese Wörter bedeuten, wissen wir aus dem gewöhnlichen Sprachgebrauch. Jedes von ihnen steht im normalen Kontext ziemlich für sich und wird in der Algebra nur etwas präziser mit den anderen verknüpft (siehe nebenstehende Tabelle). Erst wenn die Infinitesimalrechnung auf den Plan tritt, werden die Zusammenhänge klarer.

Der normale Sprachgebrauch ist intuitiv, wenn nicht sogar unpräzise. Mit der Algebra kommt Genauigkeit ins Spiel, aber die Terminologie ist mühsam und bedarf oft vieler Vorbehalte. Die Resultate der Infinitesimalrechnung sind exakt und elegant. Allgemein kann man sagen, je leistungsfähiger die Mathematik ist, desto umfassender beschreibt sie die stoffliche Welt.

Studenten, die sich aus ihrer vertrauten Welt immer weiter in den hochkomplizierten Bereich der Naturwissenschaften hineinbewegen, entdecken, daß viele Vorstellungen des gesunden Menschenverstands mit den Gleichungen, die sie zu lösen und an die sie zu glauben lernen, im Widerspruch stehen. In diesem Sinne ist Wissenschaft unnatürlich. Ein Beispiel: Werfen Sie einen Ball in die Luft und fangen sie ihn auf, wenn er wieder herunterfällt. Am Gipfelpunkt hält der Ball an. Wie groß ist dort seine Be-

Position	Geschwindigkeit	Beschleunigung
Alltagssprache		
Mein Auto befindet sich 10 Kilometer nördlich von Bangor und fährt auf der I 95 nach Süden.	Ich fahre mit einer Geschwindigkeit von 100 Kilometern in der Stunde.	Ich habe soeben beschleunigt, um einen anderen Wagen zu überholen.
Algebra		
Mein Auto befindet sich 10 Kilometer nördlich von Bangor und fährt auf der I 95 nach Süden.	Die Positionsveränderung meines Autos, geteilt durch die Zeit, die ich brauche, um diese Entfernung in einer bestimmten Richtung zurückzulegen, ist die Geschindigkeit meines Autos. Dabei wird von einer konstanten Geschwindigkeit ausgegangen. Sonst müssen wir über die Durchschnittsgeschwindigkeit sprechen.	Die Veränderung in der Geschwindigkeit meines Autos, geteilt durch die für die Veränderung nötige Zeit, ist seine Beschleunigung. Sonst müssen wir über die durchschnittliche Beschleunigung sprechen.
Infinitesimal		
Mein Auto befindet sich 10 Kilometer nördlich von Bangor und fährt auf der I 95 nach Süden.	Die Positionsveränderung meines Autos in jedem Augenblick (erste Ableitung der Position im Hinblick auf die Zeit) ist seine Geschwindigkeit (gegenwärtig 100 Kilometer in der Stunde südwärts).	Die Veränderung in der Geschwindigkeit meines Autos in jedem Augenblick (zweite Ableitung der Position im Hinblick auf die Zeit) ergibt die Beschleunigung meines Autos.

schleunigung? Bekanntlicherweise denken die meisten Leute, sie sei gleich null, da sich der Ball nicht mehr weiter nach oben bewegt und somit auch nicht beschleunigen könne.

Die richtige Antwort lautet: annähernd 9,8m/sec^2, die Beschleunigung, die genau der Erdanziehungskraft entspricht. Dies ist die gleiche Beschleunigung, die der Ball im Augenblick davor hatte und im Augenblick danach haben wird. Um zu verstehen, warum, ersehen Sie bitte aus der entsprechenden Zeile der Tabelle auf Seite 167, daß Beschleunigung die Augenblicksveränderung in der Geschwindigkeit eines Objekts ist. Bis unmittelbar bevor der Ball den Gipfelpunkt seiner Flugbahn erreicht, ist seine Geschwindigkeit aufwärts gerichtet, am Gipfelpunkt ist sie gleich null, also hat er in diesem Augenblick seine Geschwindigkeit verändert oder beschleunigt. Das gleiche gilt für sein Verhalten zwischen dem Augenblick, in dem er am Gipfelpunkt anhält, und dem, in welchem er zu fallen beginnt. Die Position am Gipfelpunkt stellt den Moment dar, in dem die Geschwindigkeit von aufwärts nach abwärts wechselt. Aber das kann sie nur, wenn der Ball während der gesamten Übergangsphase beschleunigt. Um am Gipfelpunkt die Beschleunigung null zu haben, müßte er dort länger verweilen als den Sekundenbruchteil, der zwischen Aufwärts- und Abwärtsbewegung liegt.

Dasselbe Problem kann man vom Newtonschen Bewegungsgesetz angehen, das besagt, daß die Kraft, die auf einen Gegenstand wirkt, seiner Masse multipliziert mit seiner Beschleunigung entspricht. Die auf den Ball wirkende Kraft ist die Erdanziehung, und die Masse des Balls ist die Anzahl der in ihm enthaltenen Partikel. Wenn Sie den Ball hochwerfen, bleiben sowohl die Erdanziehung als auch die Masse des Balls gleich. Daher muß während seines Flugs die auf ihn wirkende Beschleunigung konstant bleiben.

Niemand ist gegen den Konflikt zwischen Intuition und den Naturgesetzen gefeit. Ich begann dieses Kapitel mit der Bemerkung, die Naturwissenschaften seien, aus unserer Alltagsperspektive betrachtet, unnatürlich, tatsächlich jedoch geben sie die Natur viel genauer wieder als unser gesunder Menschenverstand. So gesehen verdient unser alltägliches, vom gesunden Menschenverstand gesteuertes Denken über die Natur das Attribut »unnatürlich«.

Mathematiklehrer stellen uns viele der Methoden und Verfahren zur Verfügung, die für ein wissenschaftliches Verständnis unabdingbar sind. Ohne Mathematik »kommen Sie nicht von hier nach dort«. Aber selbst dabei müssen wir viele Überzeugungen, angelernt oder vom gesunden Menschenverstand diktiert, über Bord werfen, ehe wir wirklich begreifen, wie die Natur funktioniert. Man sollte nicht vergessen, daß Mathematiker ständig neue Mathematiken entdecken. Irgendeines dieser Verfahren, die vielleicht gerade entwickelt werden, während Sie das hier lesen, wird den Schlüssel liefern, um die Naturgesetze der Kosmologie mit denen der Elementarteilchen zu vereinigen.

Selbst wenn sie die wesentlichen mathematischen Techniken beherrschen, verliert die Physik für diejenigen, die sie studieren, noch lange nicht ihren Schrecken. Die nächste Hürde, auf die ich stieß, war zu lernen, welche Gleichungen man unter welchen Umständen verwendet. Diese Fähigkeit stellt sich erst nach langer, zäher Praxis ein, weil es so viele Gleichungen und so viele verschiedene Fälle gibt. Weiter als bis hierher schaffen es die meisten Studenten, die Physikkurse belegen, nicht, und so weit auch nur mit Hängen und Würgen. In diesem Stadium wird den Studierenden geraten, ihre Antworten zu überprüfen, um zu sehen, ob sie realistisch sind – sind die Einheiten passend? Sind die Zahlen physikalisch sinnvoll? Doch die meisten tun nicht einmal das. Auch Ihr Arzt überprüfte wahrscheinlich seine Antworten nicht auf diese Weise, als er die zwei für das Medizinstudium obligatorischen Physikkurse belegte.

Von Anfang an gehört zum Erlernen der Anwendung von Gleichungen das Erlernen der wissenschaftlichen Definitionen und Begrifflichkeiten, die Sie bereits zu kennen glauben, wie »Position«, »Geschwindigkeit«, »Beschleunigung«, »Zeit«, »Energie« und »Kraft«. Nehmen Sie den Begriff »Zeit«. Wenn Sie gebeten würden, die Geschwindigkeit, mit der für jemanden, der sich nicht von der Stelle bewegt, die Zeit vergeht (mit der Uhren ticken), mit derjenigen zu vergleichen, mit der die Zeit für jemanden vergeht, der in einem fahrenden Auto sitzt, würden Sie aller Wahrscheinlichkeit nach vermuten, ihre beiden Uhren gingen gleich schnell oder gleich langsam. Das tun sie nicht. Für alles, was sich bewegt, verstreicht die Zeit langsamer als für ruhende Dinge oder Personen. Wenn die sich bewegende Person anhält, und die beiden Leute sich miteinander vergleichen, werden sie feststellen, daß die sich bewegende Person langsamer altert als die ruhende.

Nachdem Sie sich die korrekten Bedeutungen und Funktionsweisen von Begriffen angeeignet haben, die Sie schon zu kennen glaubten, müssen Sie sich neue Termini der Physik wie etwa »Potential«, »Vektor«, »Entropie« und »Wärmekapazität« einprägen. Selbst wenn man versteht, was die Ausdrücke bedeuten, und weiß, wann man welche Gleichung wählt, reicht das nicht aus, um die Natur zu verstehen. Als nächstes gilt es, Gleichungen handhaben zu lernen, um das, was Sie suchen, aber aus einer Gleichung nicht direkt hervorgeht, doch in ihr steckt, ermitteln zu können. So mag eine Gleichung aufgestellt sein, um Auskunft zu geben, wie weit sich ein Gegenstand bewegt, vorausgesetzt, Sie kennen seine Geschwindigkeit und seine Beschleunigung und die Dauer der Bewegung. Statt dessen aber sagt man Ihnen, wie weit das Objekt gekommen ist, wie schnell es sich bewegt und wie groß seine Beschleunigung ist, und bittet Sie herauszufinden, wie lange es gebraucht hat, um zum Ziel zu gelangen. Dazu müßten Sie die Gleichung, von der Sie ausgingen, umformen – im Grunde eine andere aufstellen, die Sie womöglich noch nie zuvor gesehen haben. Die Lösung bezüglich der Fortbewegungszeit ist in der Gleichung für die zurückgelegte Entfernung impliziert.

Falls Sie keinen Mathematik- oder Physikkurs belegt haben, in dem solche Umformungen gelehrt werden, hier eine Parallele: Sie nehmen Unterricht in Kursen, die wissenschaftliche Begriffe und Fakten vermitteln. Sie prägen sich Informationen für eine Prüfung ein, und dann stellt Ihnen der Lehrer eine Frage, bei der Sie eine Aufstellung umkehren oder zwei Fakten zusammen verwenden müssen, um eine logische oder plausible Schlußfolgerung zu ziehen. Ich lehre zum Beispiel in meinem Astronomiekurs die Reihenfolge, nach der die Planeten von der Sonne entfernt sind. Ich lehre auch Keplers drittes Gesetz, das besagt: Je näher ein Planet der Sonne ist, desto schneller umkreist er sie. Anders ausgedrückt: Je näher ein Planet der Sonne ist, desto kürzer ist sein Jahr. Wenn Sie gefragt werden, welcher der folgenden Planeten der Sonne am nächsten ist – Jupiter, Saturn, Venus, Erde oder Neptun –, werden die meisten Studenten die richtige Antwort geben (Venus). Wenn die Frage gestellt wird: »Welcher der Planeten Jupiter, Saturn, Venus, Erde oder Neptun hat das längste Jahr?« sind falsche Antworten viel häufiger. Die richtige lautet: Neptun. Um darauf zu kommen, muß man die Aussage des dritten Keplerschen Gesetzes umdrehen (von »nähere Planeten haben kürzere Jahre« zu »fernere Planeten haben längere Jahre«) und aus den gegebenen den fernsten Planeten bestimmen.

Sobald Sie glauben, Sie hätten die grundlegenden Techniken und Begriffe der Physik intus, verschlägt es Ihnen angesichts der Fülle von Fachgebieten die Sprache: klassische Mechanik, Quantenmechanik, Elektromagnetismus, statistische Physik, Thermodynamik, Elementarteilchenphysik, Allgemeine Relativitätstheorie, Festkörperphysik, Kernphysik, Atomphysik, Plasmaphysik, Oberflächenwissenschaft, Astrophysik, Geophysik, Biophysik, Optik, Chaos, Flüssigkeiten und andere mehr. Zudem ist jedes dieser Fachgebiete in zahlreiche Teilgebiete untergliedert, allesamt mit zunehmend komplexeren mathematischen Strukturen. Auf eins dieser Teilgebiete müssen sich Physiker spezialisieren.

Zwar gilt Physik zu Recht als sehr kompliziert, aber sich in die Astronomie ebenso gründlich einzuarbeiten, ist eigentlich noch schwerer, weil Sie breitgefächerte Kenntnisse in Mathematik und Physik kombinieren müssen, um zu begreifen, was im Kosmos vor sich geht. Um etwa die Funktionsweise der Sonne zu verstehen, müssen Sie über beträchtliche Kenntnisse in Thermodynamik, statistischer Mechanik, Elektromagnetismus, klassischer und Quantenmechanik, Kern- und Atomphysik sowie Plasmaphysik verfügen, und das ist die Mindestvoraussetzung. In jedem Semester belegen Studenten meinen Einführungskurs in Astronomie, finden das Thema hinreißend, wollen sich weiter damit beschäftigen und erleben dann einen fürchterlichen Schock, wenn sie feststellen, daß sie jahrelang Mathematik und Physik studieren müßten, um auf diesem Gebiet weiterzukommen.

Gute alte Zeit?

Ich hoffe, die vorangegangene Erörterung verschaffte Ihnen einen Einblick, warum sich so wenige Leute in den Naturwissenschaften auskennen oder sie studieren und warum es in der Geschichte des *homo sapiens* so lange gedauert hat, bis sich die Wissenschaft und wissenschaftliche Methode entwickeln konnten. Dieser Fortschritt fand hauptsächlich im Lauf der letzten sechshundert Jahre statt. Vor dieser Zeit, seitdem es die ersten empfindungsfähigen Wesen auf der Erde gab, beruhte das Verständnis vom Kosmos fast ausschließlich auf Erfahrung und gesundem Menschenverstand. Im nachhinein, das konnten Sie in den vorangegangenen Kapiteln lesen, hat sich herausgestellt, daß das meiste, was unsere fernen Vorfahren über die Natur dachten, falsch war. Dies wirft die Frage auf, wie sie in ihrem Zustand kosmischer Ignoranz über unzählige Generationen hinweg überleben konnten. Ich behaupte, daß sie es nur mit knapper Not schafften und unser heutiges Leben sehr viel mühsamer und unkultivierter wäre, wenn sie in jenem nichtwissenschaftlichen Geisteszustand verharrt hätten.

Schauen wir uns nur einmal an, wie es um das körperliche Wohlergehen unserer Vorfahren bestellt war, denn hier ist das Wirken der Wissenschaften für jeden von uns am ehesten einsehbar. Erfreuten sie sich guter Gesundheit, ehe die moderne Medizin und Hygiene entwickelt wurden?

Kinder machen in der Regel eine Reihe von Kinderkrankheiten durch. Auch meine Jungen hatten Ohreninfektionen, Halsentzündung, Bindehautentzündung, Durchfall und erhöhte Temperaturen, wenn ihr Immunsystem gegen verschiedene Mikroorganismen ankämpfte. In jedem Fall fanden wir immer die passende Behandlungsweise, um ihre natürlichen Abwehrkräfte zu unterstützen.

Wie erging es den Kindern, die vor dem 19. Jahrhundert lebten, und denen die Errungenschaften der modernen Medizin folglich nicht zu Gebote standen? Ohreninfektionen endeten häufig in partieller oder völliger Taubheit, was wiederum oft ihre sprachliche Entwicklung verzögerte. In vielen Fällen führten Ohreninfektionen zu Hirnhautentzündung und diese nicht selten zum Tod. Diejenigen, die eine Hirnhautentzündung überstehen, tragen mitunter bleibende Gehör- oder Sehstörungen davon. Die überwiegende Zahl von Kindern bekommt Ohreninfektionen. Daher litt die Mehrzahl unserer Vorfahren, die diese Krankheit überlebten, zumindest an mehr oder weniger ausgeprägten Gehörschäden. Viele lernten deshalb auch erheblich später sprechen als gesunde Kindern heutzutage.

Angina beziehungsweise Halsentzündung ist eine verbreitete Krankheit, die vom Streptokokkenbakterium hervorgerufen wird. Heute läßt sie sich mit Hilfe von Antibiotika leicht behandeln. Wenn unsere Vorfahren Angina bekamen, hatten sie es mit ernsten Nachwirkungen zu tun. Die bekannteste war rheumatisches Fieber, das Gelenkentzündungen und Herzbeschwerden auslösen kann. Halsentzündungen ziehen auch manchmal Nierenprobleme und Scharlach nach sich. Deshalb trugen viele der Menschen, die in früheren Jahrhunderten diese Krankheit überlebten, Arthritis und ein schwaches Herz davon.

Diarrhöe geht auf Viren, Bakterien, Parasiten, Lebensmittelallergien und oder Medikamente zurück. Anhaltender Durchfall verursacht oft Kopfschmerzen, Fieber, Übelkeit und Erbrechen und kann infolge von Dehydrierung tödlich sein. Selbst heute noch ist er eine der häufigsten Ursachen für Kindersterblichkeit. Er tritt häufig dort auf, wo die sanitären Anlagen miserabel und Nahrung und Wasservorräte verseucht sind. Diese Bedingungen trifft man in Industriestaaten glücklicherweise selten an, aber in vielen Entwicklungsländern sind sie noch immer verbreitet und waren bis weit ins 19. Jahrhundert hinein in der ganzen Welt die Regel. Ehe im 20. Jahrhundert entsprechende Hygienemaßnahmen getroffen wurden, waren praktisch alle Bevölkerungsschichten für Durchfallerkrankungen anfällig.

Hohes Fieber stellt sich ein, wenn unsere Körpertemperatur automatisch steigt, um temperaturempfindliche Eindringlinge abzutöten. Allerdings können hohe Körpertemperaturen unseren Organismus dauerhaft schädigen und sogar zum Tod führen. Es empfiehlt sich daher meist, das Fieber zu senken, während der Körper die Krankheit mit anderen Mitteln bekämpft. Diese Wahl hatten die Menschen jedoch nicht, ehe um die Mitte des 19. Jahrhundert die Weidenrinde als fiebersenkendes Mittel weithin Verbreitung zu finden begann.[33] Leider gingen mit der gewünschten Wirkung äußerst schmerzhafte Magenbeschwerden einher. Erst 1899 gelang es, den in der Weidenrinde enthaltenen Wirkstoff, in eine relativ gut verträgliche chemische Verbindung zu verwandeln, nämlich Acetylsalicylsäure, bekannter unter dem Namen Aspirin. Vor dem 20. Jahrhundert starb man entweder an hohem Fieber oder trug körperliche Schäden davon. Daß Aspirin als eins der modernen Schmerzmittel auch half, uns von oft unerträglichen Schmerzen zu befreien, die für unsere Vorfahren noch zum Alltag gehörten, sollte vielleicht auch erwähnt werden. Stellen Sie sich vor, wie es wäre, wenn Sie Wochen und Monate lang Zahnschmerzen ertragen müßten. Bis man den Zahn gezogen hätte, was ohne Betäubung ebenfalls eine ziemliche Tortur war, wären Sie den Schmerz nicht losgeworden. (Frühere Schmerzmittel enthielten unter anderem Alkohol, Opiate und Alraune. Äther, die erste moderne Narkose, wurde erst seit 1842 angewandt.) Chirurgen der damaligen Zeit rühmten sich gern, Gliedmaßen recht schnell abzutrennen, damit der Patient nicht vor lauter Schmerz und Blutverlust seinen Geist aufgab, ehe die Operation beendet war. Selbst wenn jemand eine solche Amputation bei vollem Bewußtsein überlebte, starb er wahrscheinlich danach an Blutvergiftung. Erst in den sechziger Jahren des 19. Jahrhunderts entdeckte Louis Pasteur in lebenden Mikroorganismen Krankheitserreger und zeigte Joseph Lister, daß sich Blutvergiftungen vermeiden lassen, wenn man das gesamte medizinische Gerät sterilisiert. (Ja, Listerin wurde nach ihm benannt.) Ohne Betäubungs- und Desinfektionsmittel war es oft qualvoller zu leben als zu sterben.

Eine weitere Gruppe von Krankheiten verdient deshalb Beachtung, weil sie durch den wissenschaftlichen Fortschritt unter Kontrolle gebracht wurde, nämlich jene Leiden, gegen die Impfungen möglich sind. Heute ist es üblich, Kinder gegen viele Krankheiten zu immunisieren: Impfstoffe verhindern den Ausbruch von Hepatitis B, Diphterie, Masern, Mumps, Röteln, Keuchhusten, Kinderlähmung, Wundstarrkrampf, Gastroenteritis (hervorgerufen durch das Rotavirus), Virusgrippe B (HIB b), Windpocken und gewöhnliche bakteriologische Lungenentzündung. Sie alle versetzten unsere Vorfahren, die ihre Ursachen nicht kannten, in Angst und Schrecken.

Tetanus oder Wundstarrkrampf ist eine Krankheit, gegen die die meisten von uns in der Kindheit geimpft wurden (und danach alle zehn Jahre wieder). Infolgedessen ist unsere größte Befürchtung bei den meisten kleineren Schnitten, Verletzungen durch Holzsplitter, Insektenstichen und Verbrennungen gewöhnlich kosmetischer Natur. Derartige Wunden jedoch sind Quellen des *clostridium tetani,* das Tetanus hervorruft. Dieses Bakterium ist ein verbreiteter Bestandteil des Erdreichs und findet sich auch im Darm von Lebewesen (somit auch des Menschen). Von dort gelangt es jedoch nicht in unsere Blutbahn; es tritt durch die Haut ein. Unbehandelte Infektionen erweisen sich oft als fatal, da die Tetanusgiftstoffe Muskelkrämpfe oder -erstarrung auslösen (von daher der Begriff »Wundstarrkrampf«). Das gesamte Muskelsystem ist betroffen, so daß schließlich sogar das Atmen schwerfällt und oft unmöglich wird.

Bis Anfang der neunziger Jahre des 19. Jahrhunderts gab es keine vorbeugende Medizin gegen Tetanus. Daher war diese Krankheit für jeden eine Gefahr, der sich schnitt, einen Holzsplitter einrammte, von Wanzen gebissen wurde oder Verbrennungen erlitt, was natürlich jedem passieren konnte. Ist Ihnen schon einmal aufgefallen, daß auf Gemälden und Fotografien von Strandszenen aus dem 19. Jahrhundert und früher die Leute vollkommen bekleidet dargestellt sind? Dieses Verhalten war zweifelsohne eine Folge viktorianischer Prüderie, hatte aber den nützlichen Nebeneffekt, die Menschen vor Insektenstichen zu schützen, die damals nicht selten tödlich waren. An Tetanus starben die meisten Soldaten, die sich im Gefecht Verwundungen zugezogen hatten.

Der Sommer ist heute in den Industriestaaten oft eine Jahreszeit der Entspannung und Erholung, des Spiels und des Reisens und vieler Aktivitäten im Freien. Vor der Entwicklung des Salk-Polioimpfstoffes 1955 hingegen bestand im Sommer höchste Poliogefahr. Er war eine Zeit der Angst, als Eltern noch befürchten mußten, wegen dieser Krankheit ihre Kinder zu verlieren. Polio zerstört Nervenzellen, was zu Muskelschwund führt. Wenn Nerven befallen sind, die die Atmung regulieren, erstickt das Opfer. Jene, die den Ausbruch der Krankheit überleben, werden zu Krüppeln. Bis die Impfstoffe von Salk und Sabin weithin erhältlich waren, brachen auf der Welt häufig Polioepidemien aus, woraufhin die Menschen in hellen Scharen die heimgesuchten Regionen verließen. Diese Impfungen veränderten die Einstellung der Leute besonders zu gesellschaftlichen Aktivitäten im Sommer. Wenn Sie also am Strand liegen, sollten Sie daran denken, daß Sie Ihr Wohlbefinden nicht zuletzt der Wissenschaft zu verdanken haben.

Technologischer Fortschritt

Nützliche und das Leben bereichernde oder erleichternde Dinge wie Dampfmaschine, Fotoapparat und Telegraf wurden zu einer Zeit erfunden, als die wissenschaftlichen Prinzipien, nach denen sie funktionieren, noch gar nicht richtig erkannt worden waren. All das hat sich geändert. Heute können Ingenieure die überwiegende Mehrzahl neuer Technologien nur deshalb entwickeln, weil sie über die diesen zugrundeliegenden wissenschaftlichen Erkenntnisse verfügen. In der Tat wissen wir heute, wie sehr viele Dinge von der Ebene des Atoms an aufwärts funktionieren.

Ehe Heiztechniken auf der Grundlage von Solarenergie, Elektrizität, Erdgas und leistungsstarken Ölheizungen entwickelt wurden, heizte man hauptsächlich mit Brennholz und Kohle, wie es in manchen Gegenden der Welt auch heute noch geschieht. Diese Brennstoffe haben einen geringen Heizwert, stoßen eine Menge verschiedener chemischer Bestandteile aus und lagern Ruß ab, wo immer sich der Rauch niederschlägt. Bis in die zweite Hälfte des 20. Jahrhundert waren daher Atembeschwerden in großen Städten aufgrund der Heiztechniken keine Seltenheit.

Überall auf der Welt gibt es auch weiterhin enorme Probleme mit Luftverschmutzung, die zum großen Teil auf den Schadstoffausstoß der Kraftfahrzeuge zurückzuführen ist. Die Verschmutzung war noch viel schlimmer, als Benzin Blei enthielt und die Auspuffgase ungefiltert durch den Auspuff in die Atmosphäre gelangten. Als in den 1960er Jahren auf die Risiken schadstoffbelasteter Emissionen hingewiesen wurde, erließ man Gesetze, die Blei in Kraftstoffen verboten und den Einbau von Abgasfiltern zur Auflage machten. Weil die chemische Zusammensetzung der Auspuffgase und eine Vielzahl chemischer Reaktionen genau bekannt waren, konnten Naturwissenschaftler und Ingenieure Katalysatoren entwickeln, die Emissionen von Kraftfahrzeugen in weniger schädliche Bestandteile umwandeln.

Angenommen, Autos wären nie erfunden worden. Würden wir uns zur Fortbewegung noch immer der Pferde bedienen, wären die Probleme mit festen Abfällen und der Luftverschmutzung im wahrsten Sinne des Wortes atemberaubend. Bereits im 19. Jahrhundert versank man in Städten wie New York knöcheltief im Pferdemist, und die Luft enthielt erhebliche Mengen an Methan- und anderen schädlichen Gasen. Glauben Sie mir, wenn wir mit Hunderten Millionen von Pferden und deren »Abgasen« zurechtkommen müßten, hätten wir noch größere Probleme als heute!

Die schnell gewachsene Mobilität ist ein gutes Beispiel für den Nutzen naturwissenschaftlicher Erkenntnisse. Die *Mayflower* brauchte 1620 nicht weniger als 64 Tage, um den Atlantik zu überqueren. Im Jahre 1854 dauerte die schnellste Atlantiküberquerung immerhin noch 13 Tage und 20 Stunden. Erst im 20. Jahrhundert erlebten die Naturwissenschaften und die aus ihnen resultierende Technologie ihr »take off« . Die Kenntnisse über Thermodynamik, Reibung, Verbrennung und Metallurgie (Hüttenkunde) führten zur Entwicklung besserer Maschinen und konstruktiver Entwürfe, die die Reisedauer dramatisch verkürzten. Die *United States* (der schnellste transatlantische Ozeandampfer) benötigte 1952 nur noch drei Tage und zehn Stunden, um den Atlantik zu überqueren.

Eine ähnliche Entwicklung, wenn auch rasanter, fand im Luftverkehr statt. Während Charles Lindbergh zu seinem Flug über den Atlantik im Jahre 1927 noch 33 Stunden und 29 Minuten brauchte, schaffte es die Lockheed Constellation 1950 von New York nach London in zwölf Stunden. Heute dauert ein Passagierflug von der Stadt der Wolkenkratzer zur englischen Metropole noch nicht einmal drei Stunden. Darüber hinaus wissen unsere heutigen Piloten bis auf wenige Quadratmeter genau, wo sich ihr Flugzeug gerade befindet, und können auf Minuten genau voraussagen, wann der Zielflughafen erreicht sein wird, soweit es der Luftverkehr und das Wetter erlauben. Diese Genauigkeit ist ausschließlich der Anwendung der Wissenschaft auf dem Gebiet der Navigation zu verdanken.

Durch Hochgeschwindigkeitsbeförderung und Telekommunikation sind die Menschen näher zusammengerückt. Unsere Technologie hat viele jener Schranken eingerissen, die einst der Definition von Gemeinwesen dienten. Man kann sich fragen, ob das gut oder schlecht ist. Jedenfalls stehen wir heutzutage mit mehr Menschen in Verbindung und können an einer größeren Bandbreite von Ereignissen teilnehmen als je zuvor. Doch eine Kehrseite gibt es: Rasche Beförderung bedeutet auch die rasche weltweite Verbreitung von Krankheiten und anderen Übeln.

In regelmäßigen Abständen erfaßt uns eine Sehnsucht nach der vermeintlich einfacheren, freundlicheren Vergangenheit. Diese »gute alte Zeit« hat es nie gegeben, außer vielleicht für die höheren, begüterten Schichten. Idealisierungen sind falsche Vorstellungen, die wir uns machen, indem wir die als hektisch und zerrissen empfundene Gegenwart mit einer gemächlicheren, bodenständigeren Vergangenheit vergleichen, in der es nur ums Überleben ging. Ich habe deutlich zu machen versucht, daß das Leben unserer Vorfahren keineswegs idyllisch war. Allerdings halte ich persönlich unsere gegenwärtigen sozialen, wissenschaftlichen und technologischen Zustände durchaus nicht für ideal. Vielmehr glaube ich, daß wir uns in einer beispiellosen Übergangsphase befinden. Perioden des Wandels sind äußerst verwirrend und oft beunruhigend, und in der heutigen Welt haben wir kaum die Zeit, um innezuhalten und uns zurechtzufinden, ehe eine neue technologische, medizinische, soziale, ökonomische oder politische Veränderung die Gesellschaft schon wieder in eine andere Richtung treibt.

Falls keine globale Katastrophe eintritt, werden wir wohl weiter der High-Tech-Straße folgen, auf der wir uns gegenwärtig fortbewegen. Das heißt, wir werden immer genauere Einblicke in die Mechanismen der Natur gewinnen und immer neue Anwendungen für dieses Wissen finden. Ich glaube ferner, daß wir die Folgen der laufenden Veränderungen verstehen müssen, um als Gesellschaft besser entscheiden zu können, wohin wir gehen und was wir tun wollen. Derzeit ist beispielsweise das Internet ein allgegenwärtiger, rasch sich verändernder Faktor in unserem Leben und unter einigen Aspekten überaus nützlich: Noch nie hatten wir Zugang zu so vielen und genauen Informationen und unterschiedlichen Standpunkten, die für die Meinungsbildung hilfreich sind. Oft können Sie durch »Internet-Surfen« an einem Tag mehr recherchieren, als wenn Sie eine Woche lang von morgens bis abends in der Bibliothek säßen. Doch es hat auch gravierende Nachteile: Es verbreitet mehr Fehlinformationen, als dies herkömmlichen Medien je möglich war, und birgt nicht zu unterschätzende Gefahren.

Wir können die Entwicklung des Webs allerdings indirekt steuern, indem wir selbst entscheiden, was wir von ihm wollen und was nicht, und durch unser Verhalten darauf hinwirken, daß seine Vorteile größer und seine Nachteile geringer werden. Dazu könnten harte Strafen gehören, mit denen der Gesetzgeber Leute belegt, die Computerviren erzeugen oder Kinderpornografie verbreiten. Es könnte auch bedeuten, Softwarefilter anzuwenden, damit gewisse Webseiten unter anderem für Kinder nicht zugänglich sind. Der Punkt ist, wir leben in einer Zeit technologischen und wissenschaftlichen Wandels und müssen dafür sorgen, daß er sich zugunsten aller optimal auswirkt.

Obwohl die Naturwissenschaften den meisten Leuten noch immer fremd sind und unserem gesunden Menschenverstand oft zuwiderlaufen, versetzen sie uns doch in die Lage, die Lebensbedingungen auf Erden laufend zu verbessern und bieten einen universellen Weg, das Universum zu begreifen. Verglichen mit der Kunst und anderen schöpferischen Tätigkeiten, die subjektive Erfahrungen und Gefühle zum Ausdruck bringen, ist Wissenschaft eine unpersönliche, objektive, öffentliche Disziplin. Allerdings wird sie durch persönlichen Einsatz geleistet, oft aus subjektiven Gründen und oft im stillen Kämmerlein. Der eigentliche Unterschied zwischen Wissenschaft und Kunst besteht darin, daß Wissenschaft Konsens erzwingt – wissenschaftliche Theorien sind entweder richtig oder falsch, wohingegen künstlerische Schöpfungen keinen Konsens verlangen und ihn auch selten erzielen. Nicht zuletzt, weil es so schwer ist, eine wissenschaftliche Geisteshaltung anzunehmen und nach ihren strengen Richtlinien zu arbeiten, haben die Naturwissenschaften bis vor kurzem im Leben der meisten Menschen eine eher untergeordnete Rolle gespielt.

Gesunder Menschenverstand versus Sinn für die Wissenschaft

Warum hat sich unser Gehirn nicht so entwickelt, daß wir die Natur automatisch aus einer wissenschaftlichen Perspektive wahrnehmen? Ich weiß noch, wie mich diese Frage als Teenager beschäftigte. Damals glaubte ich noch, eine höhere Intelligenz lenke unser Leben. Ich kam zu dem Schluß, unsere Naturauffassungen seien deshalb so verkorkst, weil wir nach dem Willen jener höheren Intelligenz erst einen bestimmten Grad an gesellschaftlicher, politischer und ethischer Reife erreichen mußten, ehe uns die Einsicht und Nutzung der Naturkräfte gestattet würde. Sie dürfen nicht vergessen, daß wir uns damals mitten im Kalten Krieg befanden, wo jedem die Angst vor einem nuklearen Holocaust im Genick saß. Vielleicht hatten wir einige naturwissenschaftliche Erkenntnisse zu früh erlangt, dachte ich mir, und waren als Spezies noch so unreif, daß wir uns selbst in die Luft jagen würden.

Ich muß zugeben, daß bei dem Gedanken an die Massenvernichtungspotentiale meine Vorstellung von einer höheren Intelligenz ins Wanken kam. Falls es eine solche wirklich gab, würde sie uns bestimmt nicht erlauben, die Atombombe noch einmal einzusetzen. Aber selbst wenn wir das glaubten und die Bomben abschafften, konnten wir darauf vertrauen, daß die andere Seite sie nicht einsetzen würde? Die meisten Leute mißtrauten den Sowjets, und so wuchsen die Kernwaffenarsenale weiter an. Bei dem Versuch, meinen Glauben an eine höhere Macht zu retten, sagte ich mir, daß der Kalte Krieg vielleicht ein Test sei, ob wir wirklich bereit sind, echte Einsichten in die Natur zu bekommen. Sie sehen, wie gewunden solche Gedankengänge werden. Nehmen Sie die höhere Intelligenz aus dem Mix heraus, und dieselbe Realität läßt sich auf einmal viel einfacher erklären: Wir hatten einige Geheimnisse der Natur enthüllt, und ihr Zerstörungspotential zwang uns, die Menschheit, erwachsen zu werden.

Warum also argumentiert der »gesunde Menschenverstand« in der Regel so anders als Wissenschaftler, die die Natur studieren?[34] Die Antwort lautet: Wir entwickelten uns, um zu überleben. Ich glaube nicht, daß hinter der Fähigkeit unseres Gehirns zur Selbstwahrnehmung, zum logischen Denken, zur Kommunikation oder zur Triebunterdrückung die »Absicht« irgendeiner äußeren Macht steht. Diese und damit verbundene menschliche Eigenschaften stellten sich ein, je komplexer die einzelnen Teile unseres Nervensystems wurden.

Die verschiedenen Bereiche unseres Gehirns entwickelten sich, um uns in die Lage zu versetzen, bestimmte Aufgaben zu erfüllen. Auf unser vegetatives Nervensystem, das heißt jene Funktionen, die unser Gehirn automatisch für uns ausübt, haben wir nur sehr beschränkt Einfluß. So können wir weder unser Herz anhalten noch die meisten anderen Organe unseres Körpers bewußt steuern. Am ehesten ist das noch bei der Atmung möglich, indem wir schneller oder langsamer atmen. Aber ganz aussetzen können wir sie nicht. Versuchen wir es dennoch, werden wir bewußtlos, woraufhin unser Gehirn wieder das Regiment übernimmt und uns zwingt ein- und auszuatmen.

Über dem vegetativen oder auch autonomen Nervensystem befindet sich eine Reihe komplexer Systeme, durch die wir Informationen speichern und auf Reize reagieren können. Es hat sich gezeigt, daß unser Gedächtnis, wenn auch noch kaum erforscht, aus einem Durcheinander verschiedener Systeme besteht. Anders als ein Fotoapparat, der die gesamte Szene aufnimmt, die durch die Kameralinse zu sehen ist, erinnern wir nicht alles über nur eine

Stelle in unserem Gehirn. Vielmehr setzt unser Gehirn Erinnerungen aus vielerlei Speicherbereichen zusammen. Bei den meisten von uns vollzieht sich dieser Erinnerungsprozeß lückenhaft, aber sehr schnell. Rasch zu reagieren war im Kampf ums Überleben von größter Wichtigkeit, ein lückenloses Gedächtnis hingegen nicht.

Das galt vor allem im Umgang mit Gefahr. Auf das blitzartige Erkennen einer Bedrohung mußte eine rasche Entscheidung folgen: kämpfen oder fliehen? Oft blieben unseren Vorfahren nur ein paar Sekunden oder sogar nur Bruchteile davon, um zur »richtigen« Schlußfolgerung zu kommen. Bei überstürzt getroffenen Entscheidungen kann man nur wenige Aspekte des zu lösenden Problems in Betracht ziehen. Selbst als das Lebenstempo sich verlangsamte und der Mensch den Luxus genoß, Zeit zum Nachdenken zu haben, war sein Gehirn immer noch darauf gepolt, sich mit wenigen Informationen zufriedenzugeben und dann rasch zu einer Entscheidung zu kommen. Wir müssen *denken*, um diesen tief in unseren Köpfen verankerten Mechanismus zu überwinden.

Aus einer entwicklungsgeschichtlich noch früheren Zeit stammt die reflexartige Reaktion, uns irgendwo festzuhalten, wenn wir hinzufallen drohen. Tieren, die auf Bäumen hausen (und das taten unsere ältesten Vorfahren auch), bleiben bei einem Sturz von einem Ast nur ein paar Sekunden, um sich festzuklammern. Innerhalb von drei Sekunden fallen sie mit einer Geschwindigkeit von um die 65 Stundenkilometer. Unsere Vorfahren mußten sich entweder in weniger als drei Sekunden an irgend etwas festhalten oder zogen sich, je nach Fallhöhe, leichte bis tödliche Verletzungen zu. Daher bildete unser Gehirn zunächst die Fähigkeit aus, blitzartig zu reagieren, und nicht das Vermögen, die Veränderungen in unserer Fallgeschwindigkeit zu analysieren – dafür fehlte einfach die Zeit! Sobald die Menschen in der Lage waren, den Gefahren ihrer Umwelt zu trotzen, entwickelten sich die Gehirnstrukturen bis zu dem Punkt weiter, wo auch andere Denkprozesse möglich wurden.

Entscheidend für unsere Evolution waren die Ausbildung und Verfeinerung der Sinne, die uns halfen, wichtige Dinge wie Gefahr, Nahrung und potentielle Paarungspartner in unterschiedlichen Entfernungen zu »wittern«. Durch den Tastsinn, den Geschmack und das Gefühl für Beschleunigung erfahren wir unsere unmittelbare Umgebung. Am Geruch, den Lauten und der Wärme erkennen wir Dinge, die etwas weiter von uns entfernt sind, während uns der Gesichtssinn Informationen über Dinge von hier bis unendlich liefert. Noch einmal: Unsere Sinne entwickelten sich, damit wir überleben konnten; sie brauchten nicht perfekt zu sein, sondern mußten einfach nur ihre Funktion erfüllen. Die Evolution unseres Gehirns verlieh uns jedoch die Fähigkeit, Informationen zu verarbeiten, und nun leben wir in einer Zeit, in der wir die Möglichkeit haben, dies zu tun.

Nirgends in der Evolution des menschlichen Bewußtseins oder logischen Denkens bestand die Notwendigkeit zum Experimentieren; zur Neugier, ja, nicht aber dazu, Annahmen auf die Probe stellen. Wenn etwas beim ersten Mal funktionierte, hielten unsere Vorfahren daran fest, ging es jedoch schief oder rief Verletzungen hervor, ließen sie die Finger davon. In der Wissenschaft aber ist das Experimentieren das ein und alles. Die Notwendigkeit, Ideen zu testen, mußte durch Versuch und Irrtum sowie durch geistiges Verarbeiten von Erfahrungen entdeckt werden. Der erste Ansatz, Einblick in kosmische Abläufe zu gewinnen, bediente sich einfach des logischen Denkens, wie es die alten Griechen taten. Mit wenigen Ausnahmen, so etwa Archimedes, glaubten die »Denker«, sie könnten aus der reinen Vernunft deduzieren, wie die Natur funktioniert.

Die erste Versuch-und-Irrtum-Phase in der Wissenschaftsgeschichte war die Renaissance, als Männer wie Leonardo da Vinci über die nötigen Mittel und die nicht minder wichtige Muße verfügten, Experimente anzustellen und Erfindungen zu machen. Einiges gelang, anderes nicht. Nach jedem Fehlschlag untersuchte da Vinci die Gründe dafür. Solche Überlegungen führten zu neuen Ideen und diese zu weiteren Versuchen. Heute erscheint uns das selbstverständlich. Doch noch in der Renaissance wurden Handwerker, die im Unterschied zu »Theoretikern« wirklich etwas herzustellen vermochten, relativ gering geschätzt. Sich Zeit zu nehmen, die eigenen sinnlichen Erfahrungen und vermeintliches Wissen zu überdenken, widerstrebt der menschlichen Natur. Wie Lewis Wolpert in *The Unnatural Nature of Science* schrieb, ist Wissenschaft ein Prozeß der Selbsterkenntnis, was man vom gesunden Menschenverstand nicht behaupten kann. So gesehen ist das Studium der Naturwissenschaften etwas für Leute, die Zeit (und oft Geld) haben.

Die richtungweisenden Schritte auf dem Weg in das wissenschaftliche Zeitalter vollzog die Menschheit, als sie lernte, die wissenschaftliche Methode anzuwenden, sich einen Bestand an Wissen aneignete, das die Natur zumindest schattenhaft widerspiegelt, und dieses Wissen zur Herstellung von praktischen Dingen einsetzte. Freilich sind alle Fortschritte in den Naturwissenschaften von relativ wenigen Leuten initiiert, erarbeitet und verstanden worden. Auf jedem wissenschaftliche Fachgebiet gibt es höchstens einige tausend Experten, und auf der Welt leben Milliarden von Menschen. Die überwiegende Mehrzahl profitiert von den Erkenntnissen der Naturwissenschaftler, ohne deren Arbeit je ganz zu begreifen.

Indem ich das konstatiere, will ich durchaus nicht einer allgemeinen Hinwendung zu den Naturwissenschaften oder gar zur Astronomie das Wort reden, was natürlich völlig unrealistisch wäre. Wichtig erscheint mir jedoch, daß wir versuchen, falsche Vorstellungen abzulegen und uns in Zukunft keine neuen zu eigen zu machen. Dies würde sich aus mehreren Gründen lohnen. Je mehr wir wissenschaftlich korrekten Informationen vertrauen, desto besser können wir beurteilen, unter welch einer Vielzahl von Einflüssen unser Leben steht. Dabei geht es oft um Einwirkungen, die mit Geld zu tun haben und unsere »Lebensweise« betreffen. Denken Sie an die Debatte über die weltweite Erwärmung, die von den sogenannten Treibhausgasen in der Luft verursacht wird, weil sie die Wärme, die normalerweise von der Erde in den Weltraum abgestrahlt würde, absorbieren. Verbleibt die Wärme in der Luft, so erwärmt sich diese, was zur Abschmelzung der Gletscher und somit zum Anstieg der Meerespiegel und infolgedessen zur Veränderung des Klimas, der landwirtschaftlichen Bedingungen und vieler anderer Faktoren führt und dramatische Konsequenzen für das Leben auf der Erde haben kann.

Die Frage, ob derzeit wirklich eine globale Erwärmung stattfindet, wird noch komplizierter, wenn man weiß, daß die Erde eine Vielzahl natürlicher Erwärmungs- und Abkühlungszyklen durchläuft. Wir stellen zwar derzeit einen Erwärmungstrend fest, doch können wir sicher sein, daß er auf die Treibhausgase zurückgeht, mit denen wir infolge unserer Lebensweise die Luft noch zusätzlich belasten? Eine richtige Entscheidung hinsichtlich der globalen Erwärmung zu treffen ist deshalb so wichtig, weil es dabei um viel Geld geht. Sollten unsere Technologien und Lebensstile falsch sein und wir sie ändern müssen, dann wird uns das teuer zu stehen kommen. Ein Beispiel: Während heute in den Vereinigten Staaten Automobile den Emissionsstandards von Schadstoffgasen entsprechen müssen, sind

Kleintransporter, Lastwagen und Fahrzeuge mit Zweizylindermotoren von den Restriktionen ausgenommen und schleudern täglich immer noch zigtausend Tonnen ebenjener Gase in die Luft. Die Verringerung des Schadstoffausstoßes auch dieser Fahrzeuge wird mit erheblichen Kosten verbunden sein. Wie stark läßt sich der Treibhauseffekt dadurch vermindern – und lohnt es sich überhaupt, dafür Geld auszugeben?

Viele von uns urteilen über solche Dinge aus dem Bauch, aber es ginge besser. Wir können lernen, wissenschaftlicher und kritischer zu denken und dadurch zu richtigeren Schlußfolgerungen zu gelangen. Wenn Sie in Detroit leben und Ihr Lebensunterhalt von der LKW-Produktion abhängt, wird Ihr Arbeitsumfeld Ihre Ansichten über die Erwärmung durch Treibhausgase und deren Zusammenhang mit dem Schadstoffausstoß von Fahrzeugen beeinflussen. Erzählt Ihnen Ihr Vorgesetzter, es seien erst weitere Studien nötig, ehe man wirklich wisse, was die Erwärmung verursacht, könnte das für Sie Grund genug sein, erst einmal so weiterzuleben wie bisher und etwaige Veränderungen von Lebensgewohnheiten auf die lange Bank zu schieben. Aber wenn Sie kritisch zu denken lernen – »Vertritt vielleicht mein Chef Interessen, die seine Äußerungen mir gegenüber beeinflussen könnten?« –, sind Sie in der Lage, andere Quellen heranzuziehen und genügend Informationen zu bekommen, um zu einem fundierten, tauglicheren Urteil zu gelangen und konstruktiver an dem Wandlungsprozeß teilzunehmen, den die Gesellschaft durchmacht.

Werfen wir nun einen Blick auf die Gründe, warum dies leichter gesagt als getan ist.

5 *Leben auf dem Mars*

Falsche Vorstellungen sind zählebig

Der vermutlich emotional am stärksten besetzte Himmelskörper ist der Mond, und die Streitfrage, die viele Gemüter bewegt, lautet, ob er unser Verhalten beeinflußt, wenn er als Vollmond am Himmel steht. Die überwiegende Mehrzahl der Leute glaubt, daß merkwürdige Dinge besonders oft bei Vollmond geschähen. Es gibt wirklich Hunderte von Studien über den Einfluß des Mondes auf Überfälle, Geiselnahmen, häusliche Gewalt, Schießereien, Messerstechereien, Morde, Unfälle, Depressionen, Ängste, Selbstmorde, Gewalt in Gefängnissen, Einlieferungen in die Psychiatrie, Notrufe, Notaufnahmen in Unfallstationen, Naturkatastrophen, Zugentgleisungen, Alkoholismus, Spielsucht, Drogenmißbrauch und Überdosierungen. Einige der Studien deuten darauf hin, daß derartige Vorfälle bei Vollmond häufiger vorkommen als in allen anderen Mondphasen. Interessanterweise stehen einer jeden solchen Studie mehrere gründlichere Untersuchungen gegenüber, die das genaue Gegenteil beweisen.

Eine wissenschaftliche Entscheidung darüber, ob man glauben soll, daß der Mond unser Leben und Handeln beeinflußt, muß sich auf statistische Daten gründen. Es gibt darauf keine eindeutige Antwort. Das Problem ist nur, daß ungeschulte Leute mit Statistiken schlecht umgehen können.[35] Hier zeigt sich an einem weiteren Beispiel, wie gesunder Menschenverstand und richtige Schlußfolgerungen im Widerspruch stehen. Die menschliche Unzulänglichkeit im analytischen Umgang mit Statistiken erweist sich bei strittigen Fragen wie den Auswirkungen des Vollmonds noch mehr, weil unser Denken in diesen Fällen kulturell und emotional vorgeprägt ist. So konnten übrigens Statistiker, die alle diese Studien über Vollmondeinflüsse überprüft haben, keinerlei statistisch signifikante Korrelation zwischen dem Himmelskörper und verschiedenen Vorfällen und Ereignissen entdecken.

»Aber das ist doch nur Statistik. Statistiken kann man so manipulieren, daß die gewünschten Ergebnisse herauskommen.«

An dieser Behauptung ist etwas Wahres dran. Wenn Sie absolute Gewißheit brauchen, um etwas zu glauben, dann werden Sie immer einen Grund finden, die Aussagen der Statistiker zu bezweifeln. Wenn Sie gefühlsmäßig daran glauben, wird Sie vermeintlich kein noch so stichhaltiger Beweis vom Gegenteil überzeugen.

Sowohl unter statistischen als auch unter wissenschaftlichen Gesichtspunkten deutet nichts auf einen Zusammenhang hin. Angenommen, der Wissenschaftler in mir will unbedingt herausfinden, warum so viele Leute vom Gegenteil überzeugt sind. Ich schlage zwei plausible Gründe vor. Erstens: Etliche Geschichten über den Mond werden mündlich überliefert. Er ist gewissermaßen die Hydra städtischer Mythologie. Von Kindheit an erfahren wir alles mögliche über die vermeintlichen Einflüsse des Mondes, und das aus ganz unterschiedlichen Quellen. Unter solchen Umständen fällt es schwer, zu einer anderen Auffassung zu kommen. Zweitens: Der Mond genießt in den Medien und in der Literatur großes Interesse. Von Märchen über Werwölfe bis hin zu Liebesgeschichten – der Vollmond übt angeblich auf den Menschen einen erheblichen Einfluß aus. Selbst bei Wettervorhersagen im Fernsehen kommt oft der Vollmond zur Sprache.

Viele Erwachsene aus allen sozialen Schichten und unabhängig vom Bildungsniveau vertreten solche Überzeugungen. Zehn Jahre lang arbeitete ich als Freiwilliger in der Notfallmedizintechnik. Während unserer Ausbildung sollten wir drei oder vier Schichten jährlich in einer örtlichen Notaufnahme verbringen. Ich versuchte, es so einzurichten, daß meine Schichten in der Unfallstation nach Möglichkeit in Vollmondphasen fielen. An klaren Vollmondnächten bemerkte dann gewöhnlich immer irgend jemand: »Heute ist Vollmond, da kriegen wir bestimmt allerhand zu tun.« Und es schien oft, als hätten wir in einer solchen Nacht besonders viel zu tun. Jeder eingelieferte Patient bestärkte die Leute in dem Glauben, daß die viele Arbeit auf den Vollmond zurückzuführen sei, obwohl ihnen dieselbe Anzahl von Notfällen in anderen Nächten ganz normal erschien.

In bewölkten Vollmondnächten oder wenn niemand auf die jeweilige Mondphase achtete, kamen keine derartigen Erwartungen auf. In der Unfallstation ging es in der Regel weder hektischer noch ruhiger zu, als wenn die Mitarbeiter wußten, daß Vollmond war, aber das fiel ihnen gar nicht auf. Persönliche Erfahrungen, wie ich sie machte, sind unter Umständen trügerisch; um herauszufinden, ob die Mondphasen tatsächlich die Betriebsamkeit in der Unfallstation beeinflussen, bräuchte man wesentlich mehr Stichproben als jene paar Nächte im Jahr. Krankenhausberichte zeigen, daß es in Unfallstationen an Vollmondnächten zu keinem statistisch bedeutsamen Anstieg der Notfälle kommt, verglichen mit anderen Nächten (jahreszeitliche Schwankungen und witterungsbedingte Ereignisse wurden berücksichtigt).

Ein anderer ebenso interessanter wie gefühlsbehafteter Irrglaube ist die weitverbreitete Überzeugung, der Mond sei in der Nähe des Horizonts größer, als wenn er hoch am Himmel steht. Er sieht vielleicht größer aus, ist es aber nicht.

»Doch, er ist es!«

Ich respektiere diese Auffassung, möchte aber, daß Sie folgendes Experiment durchführen. Bringen Sie in Erfahrung, wann der Mond aufgehen wird (die Information bekommen Sie unter anderem aus dem Internet oder der Zeitung). Orten Sie den Mond, wenn er aufgeht. Nehmen

Sie einen Karton von der Größe einer Karteikarte mit ins Freie und halten Sie ihn auf Armeslänge von sich weg (messen Sie den Abstand des Kartons von Ihrem Auge mit einem Maßband, wenn Sie ganz genau sein wollen). Decken Sie die Hälfte des Mondes mit dem Karton ab und markieren sie darauf, so exakt Sie können, wo die beiden Ränder der sichtbaren Mondhälfte, den Rand des Kartons schneiden (auf diese Weise ermitteln Sie den Durchmesser des Mondes). Lassen Sie mindestens drei Stunden verstreichen und wiederholen Sie dann das Experiment, wenn der Mond hoch am Himmel steht.

Da Sie nun selbst festgestellt haben, daß der Mond in der Nähe des Horizonts zwar größer *erscheint,* doch in Wirklichkeit nach seinem Aufgang die ganze Zeit über eine gleich große Fläche am Himmel bedeckt, wollen wir überlegen, warum die meisten Leute glauben, seine Größe verändere sich. Viele Erklärungen sind vorgebracht worden,[36] aber ich denke, die richtige fand 1985 der Wissenschaftspädagoge Carl Wenning. Er stellte fest, daß uns der Himmel in Richtung auf den Horizont hin viel weiter weg zu sein scheint als der direkt über uns. Das stimmt natürlich nicht, aber unser Gehirn kommt irgendwie zu diesem Schluß. Blicken wir zum Horizont, so kommen uns kleinere Objekte auf der Erde ferner vor als größere, weil wir davon ausgehen, daß Dinge um so weiter entfernt sein müssen, je kleiner sie aussehen. Deshalb – und vielleicht noch aus anderen Gründen – schlußfolgern wir, daß der Himmel »jenseits« der Erde am Horizont weiter weg sei als der Himmel über uns, wo es zwischen ihm und uns keine Bezugspunkte gibt.

In unseren Augen erscheint der Mond während der ganzen Nacht als gleich groß. Unser Verstand vergleicht diese Vorstellung damit, wie weit der Hintergrund entfernt zu sein scheint, und ermittelt dadurch, für wie groß wir den

Mond *halten.* Vor dem scheinbar ferneren Himmel am Horizont nehmen wir den Mond als größer wahr als auf dem scheinbar näheren Himmel über uns. Obwohl Sie nun ein Experiment durchgeführt haben, um zu erkennen, daß der Mond während der ganzen Nacht seine »Größe« nicht verändert und ich eine völlig plausible, auf Wahrnehmung gestützte Erklärung dieses Phänomens vorgebracht habe, gehe ich jede Wette ein, daß Ihnen der Mond, wenn Sie ihn das nächste Mal am Horizont sehen, besonders groß vorkommen wird.

Wir sind keine Computer

Im Laufe unseres Lebens prägen wir uns eine unglaubliche Menge Informationen ein. Gehirnforscher im In- und Ausland bemühen sich angestrengt herauszufinden, wie wir Informationen speichern, abrufen, verarbeiten und auf sie reagieren. Genauso wie Astronomen Theorien über den Mechanismus von Sternen oder die Entstehung des Universums aufstellen, entwickeln Gehirnforscher Theorien über die Funktionsweise des Gehirns. Diese können sie dann anhand von Experimenten überprüfen, die sie mit Hilfe einer stattlichen Anzahl moderner Verfahren durchführen wie etwa der MRI (magnetische Kernresonanz-Bildsynthese), fMRI (magnetische Funktionsresonanz-Bildsynthese) und PET (Positronenemissionstomographie). Insbesondere die MRI kann hochauflösende Hochgeschwindigkeitsaufnahmen der Gehirntätigkeit erstellen. Infolgedessen können inzwischen verschiedene geistige Funktionen ziemlich genau geortet werden.

Eine Fotografie speichert alle visuellen Informationen über den Gegenstand an einem Ort und im physikalisch korrektem Verhältnis zueinander. Auf ähnliche Weise speichern Computer generell Bilder, Töne und andere Daten, indem sie die Informationen einlesen und die Bits in einer Sequenz halten, mit deren Hilfe sich ein Faksimile der Originaldaten rekonstruieren läßt. Wie bereits weiter oben erwähnt, verteilen sich die in unserem Gehirn gespeicherten Informationen auf verschiedene Bereiche. Eine einzelne Szene ist in visuelle Eindrücke, Töne, Gerüche und andere Sinnesdaten gegliedert. Diese werden dann weiter aufgebrochen und an unterschiedlichen Stellen gespeichert. Verschiedene Formen gehen in verschiedene Bereiche, verschiedene Gerüche in verschiedene Bereiche und so weiter. Wenn erforderlich, werden sie zusammengebracht und zur Rekonstruktion der Erinnerung benutzt.

Der Prozeß, permanente Erinnerungen zu erzeugen, läuft auf eine physische Veränderung der Nervenverbindungen in unserem Gehirn hinaus. Sobald Informationen im Langzeitgedächtnis gespeichert worden sind, können wir, wenn wir nachdenken, darauf zurückgreifen. Weil Erinnerungen auf diese Weise gespeichert sind, lassen sie sich zudem völlig unabhängig von ihrem Entstehungskontext abrufen. Angenommen, Sie haben vor kurzem Royal Gala zu Ihrer bevorzugten Apfelsorte erkoren, sich Geschmack, Geruch, Farbe und Namen eingeprägt und dann einfach normal weitergelebt. Einige Monate später ist Ihnen nicht gut. Als Sie die Straßen entlanggehen, fällt Ihr Blick auf ein Schild mit einem großen roten Ball. Ohne zu wissen warum, kommt Ihnen das Sprichwort aus Ihrer Kindheit: »Ein Apfel am Morgen verjagt Krankheit und Sorgen«, in den Sinn. Sie sagen sich, warum nicht, es kann nicht schaden, und nehmen sich vor, einen Apfel zu essen, wenn Sie nach Hause kommen. Dann fällt Ihnen ein, daß Sie nur Äpfel der Sorte Red Delicious zu Hause haben. Sind die aber gut genug? Sie erinnern Duft und Geschmack verschiedener Apfelsorten. Nein. Sie wollen einen Royal Gala. Also richten Sie es so ein, daß Sie an einem Laden vorbeikommen, und kaufen einen Royal Gala.

In diesem fiktiven Szenario haben Sie eine Idee, nämlich Royal-Gala–Äpfel, bewertet und beschlossen, sie zu mögen. Dann haben Sie sich Name, Aroma, Geschmack, Farbe und Ihre Meinung über sie eingeprägt. Ferner haben Sie seit der Kindheit bestimmte Vorstellungen über Äpfel entwickelt. Sie kennen die Form, Farbe, die Konsistenz und innere Beschaffenheit vieler anderer Sorten. Sie haben außerdem Zusammenhänge hergestellt zwischen Äpfeln und anderen Dingen in Ihrem Leben, wie etwa der Zeit, als Ihr Großvater Sie hochhob, damit Sie einen von einem Baum pflücken konnten, oder dem mit einer Karamelschicht überzogenen Apfel, den Ihnen Ihre Mutter einmal zur Belohnung für einen ausgezeichnet bestandenen Rechtschreibtest kaufte, und dem alten Sprichwort über Äpfel und Gesundheit. Natürlich blieben die Informationen über Äpfel und insbesondere Royal Gala in Ihrem Kopf nicht isoliert. Sie nutzten ihr Wissen über Äpfel, wenn Sie überlegten und Entscheidungen trafen. In dieser Situation fielen Ihnen beim Anblick des roten Balls Äpfel ein. Sie verknüpften Ihr Gefühl, krank zu sein, mit Ihren Erinnerungen an den angeblichen medizinischen Nutzen von Äpfeln. Ihr Ego wies Sie an, nach Ihrem Lieblingsapfel zu verlangen, woraufhin Ihnen Royal Gala in den Sinn kam.

Diese Art der Vernetzung zwischen Erinnerungen und anderen Aspekten unseres Denkens ist der Schlüssel, um zu verstehen, warum es uns so schwerfällt, unsere Überzeugungen zu ändern, besonders Vorstellungen, die wir in allen möglichen Zusammenhängen benutzen, wie etwa wenn wir den Namen Royal Gala mit einem Geschmack assoziieren, den wir besonders mögen. Sobald wir einmal Überzeugungen haben wie »Royal Gala sind meine Lieblingsäpfel« oder, wenn wir an die Astronomie denken, daß der Mond Einfluß auf das Verhalten des Menschen hat, sind diese nur schwer abzulegen. Unser Widerstreben, einmal gefaßte Meinungen zu ändern, hängt von mehreren Faktoren ab, darunter auch davon, ob und wie sehr sie emotional verankert, inwieweit von einem Umdenken auch andere Auffassungen betroffen sind, die wir vertreten, wie stark das entsprechende Gegenargument ist und ob sich uns bessere Alternativen bieten, um die alten zu ersetzen.

Von Kindheit an besetzen wir unsere Überzeugungen, Erfahrungen sowie materielle Dinge, die uns gehören, mit Emotionen. Kinder haben bevorzugte Spielsachen, Plüschtiere, Bücher und Fernsehsendungen. Sagen Erwachsene etwa: »Das ist ein wirklich gutes Buch«, so bekennt ein Kind: »Ich liebe dieses Buch«. Selbst als Erwachsene hängen wir gefühlsmäßig an unbelebten Gegenständen. Wenn wir uns auf einer Reise gut amüsieren, werden wir uns hinterher mit größerer Wahrscheinlichkeit an die Einzelheiten erinnern, als wenn sie ereignislos und unerfreulich verläuft. Und manche Ehepaare fühlen sich bei bestimmten Songs immer wieder an ihre erste Begegnung oder andere besondere Ereignisse erinnert, als diese nämlich spielten.

Überzeugungen zu ändern, an die wir so starke gefühlsmäßige Bindungen haben, ist sehr schwer. Betrachten wir noch einmal unseren Lieblingsapfel. »Geschmack« an etwas zu finden ist eine Gefühlssache, insofern dieser Vorgang kaum eine oder überhaupt keine rationale Basis hat. Mit noch so vernünftigen Argumenten wird man Sie nicht davon überzeugen, daß eine bestimmte Apfelsorte besser schmeckt als eine andere. Man mag Ihnen sagen, dieser Apfel sei süßer oder saurer als jener, aber am Ende müssen Sie die Frucht selbst kosten; erst dann können Sie entscheiden, welcher Ihnen am besten schmeckt.

»Aber viele Leute lesen doch Kritiken über Weine oder Autos und werden davon beeinflußt.«

Das stimmt natürlich, zumindest so lange, bis die Verbraucher das empfohlene Produkt selbst versuchen. Im allgemeinen verlieren die Meinungen anderer an Bedeutung, nachdem wir selbst eine bestimmte Erfahrung gemacht haben. Leute, die leichter zu beeindrucken sind, werden wahrscheinlich länger an Meinungen anderer festhalten, aber am Ende setzen sich auch bei ihnen die eigenen Geschmacksempfindungen und Erfahrungen durch.

Was würde Sie wohl veranlassen, Ihre Meinung über Ihren Lieblingsapfel zu ändern? Einerseits könnten Sie eine andere Apfelsorte versuchen und merken, daß sie Ihnen besser schmeckt. Andererseits könnten Sie des Royal Gala überdrüssig werden oder von jemandem hören, daß diese Apfelsorte irgendeine Krankheit hervorruft (was natürlich nicht stimmt). Vertrauen Sie der Quelle dieser Nachricht, so werden Sie aufgrund Ihrer Bedenken wegen der Krankheit nach einer anderen Apfelsorte suchen, die Sie unbedenklich genießen können. Entscheidend ist, daß etwas Bedeutsames passieren muß, um Sie zu einem Sinneswandel zu bewegen. Das mag plötzlich oder allmählich geschehen, immer aber müssen Sie einen Widerstand überwinden, ehe Sie Ihre Meinung ändern.

Lassen wir nun die gefühlsmäßigen Assoziationen außer acht und wenden wir uns den intellektuell logischen Auswirkungen neuer Ideen zu. Wir alle haben uns als Schüler Fakten für irgendwelche Prüfungen eingeprägt und das meiste des Gelernten hinterher sofort wieder vergessen. Das ist vor allem bei Themen der Fall, über die wir wenig wissen, für die wir uns nicht besonders interessieren oder über die unsere Meinungen so feststehen, daß wir sie selbst im Lichte neuer Informationen nicht zu ändern gedenken.

Im Sprachgebrauch der Bestandskontrolle sind dies für unser Gedächtnis »Last-in-First-out«-Situationen (das sogenannte LIFO-Prinzip).

Manchmal merken wir uns Dinge, die zu unserem sonstigen Wissen keinerlei Bezug haben und deshalb in unserem Kopf isoliert bleiben. Sie könnten zum Beispiel gehört oder gelesen haben, daß Saturn die meisten bekannten Monde, Jupiter die zweitmeisten und Uranus die drittmeisten hat. Das traf in der Tat zu bis 1997, als zwei weitere Monde im Umkreis des Uranus entdeckt wurden. Nun hat dieser Planet mehr bekannte Monde als Jupiter. Diese neue Information ist jedoch für alles, worüber Sie sonst nachdenken, völlig belanglos. Sie brauchen daher keine Ihrer anderen Überzeugungen zu korrigieren, um sie anzunehmen.

Vieles von dem, was wir erfahren, nimmt allerdings in unserem Gehirn keine solche »splendid isolation« ein. Wir ziehen es heran, wenn wir uns neue Meinungen bilden oder alte untermauern. Sollten Sie etwa glauben, es habe auf dem Mars Leben gegeben (oder gebe es noch), dann wird Sie die Nachricht erfreuen, daß Astronomen auf dem roten Planeten Strukturen entdeckt haben, die wie ausgetrocknete Flußbetten aussehen. Da Wasser die Voraussetzung für Leben in unserem Sinne ist, würde Sie der Beweis, daß auf der Marsoberfläche einst Wasser floß, in Ihrem Glauben bestärken.

Vorstellungen, die wir in anderen Zusammenhängen verwendet haben, lassen sich besonders schwer ersetzen, weil sie und ihre Implikationen an verschiedenen Stellen in unserem Gehirn verwoben sind. Eine Ansicht zurückzuweisen bedeutet dann, ihre Implikationen ganz oder teilweise zu überdenken. Aber alle Folgerungen, die sich aus einer bestimmten Überzeugung ergeben, nachzuvollziehen, fällt schwer, weil sie so komplex sind. Bleiben wir beim

Beispiel mit dem Leben auf dem Mars und nehmen wir an, Sie erfuhren später, daß Geologen diese angeblichen ausgetrockneten Flußbetten neu beurteilt haben und zu dem Schluß gelangt sind, daß sie nicht auf Wassererosion, sondern auf andere Mechanismen zurückzuführen sind, vielleicht auf seismische Tätigkeit (Erdbeben), zusammengebrochene Lavaröhren oder tektonische Plattenbewegung. Wenn Sie das hörten oder läsen, würden Sie als erstes den Schaden abschätzen, den die neue Information in Ihrem Gedankengebäude über mögliches Leben auf dem Mars angerichtet hat: »Sie haben also dort keinen Hinweis auf Wasser gefunden. Noch nicht. Na und?« Das versetzt der Überzeugung, es habe auf dem Mars Leben gegeben, gewiß nicht den Todesstoß, und somit werden Sie Ihre ursprüngliche Annahme weiter untermauern, indem Sie beide Meldungen noch einmal überdenken.

Zunächst könnten Sie die neue Entdeckung in Frage stellen: »Wenn sie einmal ihre Meinung geändert haben, warum nicht ein zweites Mal?« Oder: »Woher wissen sie, daß diese flußbettartigen Gebilde nicht auf Wasserläufe zurückgehen? Vielleicht fließt das Wasser auf dem Mars anders als auf der Erde. Schließlich hat der Mars weniger Schwerkraft, weniger Luftdruck, andere Durchschnittstemperaturen und andere Materialien an der Oberfläche als die Erde. Wissen wir wirklich, wie sich diese Werte auf das Fließen des Wassers auswirken? Möglicherweise erbringen genauere Aufnahmen neue Beweise für Wasser, das wir nur jetzt noch nicht sehen können.«

Für den Fall, daß die Geologen recht hätten, würden Sie eventuell überlegen, wo auf dem Mars sonst noch Wasser vorhanden sein könnte: »Vielleicht gibt es unterirdische Wasservorkommen. Dies wäre durchaus denkbar, da Kometen reichlich Wasser enthalten und mit Himmelskörpern im Sonnensystem kollidiert sein sollen. An den Polen des

Mondes hat man Spuren solchen Wassers entdeckt. So stürzte möglicherweise einst ein wasserreicher Komet auf den Mars, riß einen Krater auf und versank so tief im Inneren des Planeten, daß ihn die dort herrschende Hitze schmolz. Der Mars könnte warm genug sein, um selbst heute noch unterirdische Seen oder Meere zu bergen. Und aufgrund dieser Wärme hat sich dort Leben bilden und entwickeln können.«[37] Am Ende eines solchen Gedankengangs werden Sie wahrscheinlich ihre Auffassung differenziert (unterirdische Wasser statt solches auf der Oberfläche), aber nicht geändert haben.

Je stärker wir auf einer bestimmten Überzeugung andere Annahmen und Vorstellungen aufbauen, desto mehr werden wir uns bemühen, trotz gegenteiliger Informationen an ihr festzuhalten. Irgendwann kann jedoch der Punkt erreicht sein, an dem das, was gegen eine liebgewordene Vorstellung spricht, erdrückend ist. In einem solchen Augenblick müssen wir nicht nur die ursprüngliche Überzeugung ersetzen, sondern auch andere Vorstellungen ablegen, die wir mit ihr oder auf sie aufgebaut haben.

Die Evolution der astronomischen Weltbilder

Aufgrund ihrer Beobachtungen kamen die alten Babylonier und Griechen auf acht verschiedene permanente Himmelskörper: die Sonne, den Mond, die fünf Planeten (Merkur, Venus, Mars, Jupiter und Saturn) sowie die »Fixsterne«. Und da sie Sonne und Mond täglich auf- und untergehen sahen und die Sterne und Planeten sich am nächtlichen Firmament zu bewegen schienen, sagte ihnen ihr gesunder Menschenverstand, daß sie alle die Erde umkreisten.

Frühe Theorien von Philolaus und Aristarch, es verhalte sich genau umgekehrt, stießen auf Einwände, die ebendieser gesunde Menschenverstand diktierte. Wenn sich die Erde bewegte, würden wir es dann nicht merken? Würde sie dann nicht durch die Luft rasen und dabei ungeheure Stürme hervorrufen? Da es auf solche Fragen keine plausiblen Antworten gab, bestand in der Antike Einigkeit darüber, daß die Erde fest verankert sei und alles um sie kreise. Aristoteles, Hipparch und Ptolemäus bildeten diese Überzeugung zu einem geozentrischen Modell des Universums aus.

Ferner sagte der gesunde Menschenverstand den antiken Philosophen, die Umlaufbahnen der Himmelskörper müßten kreisrund sein. Dies entsprang der Auffassung, daß der Kreis die vollkommenste geometrische Form sei und alles Kosmische notwendigerweise der vollkommensten Bewegung folge. »Vollkommen« und »notwendigerweise« gehören zu einer Vielzahl von Begriffen und Wendungen, die die frühen Philosophen häufig ohne Begründung oder Definition benutzten, wenn sie über die Natur schrieben.

Um Phänomene wie die gelegentlich rückläufige Bewegungsrichtung der Planeten zwischen den Sternen in diesem Modell unterzubringen, enthielt die ptolemäische Version des geozentrischen Systems Kreise innerhalb von Kreisen. Während der größere Kreis eines Planeten (seine Umlaufbahn) sich immer in derselben Richtung um die Erde bewegt, ruft die Bewegung seines Epizykels, das heißt Nebenkreises, zuweilen den Eindruck hervor, der Planet bewege sich rückwärts (siehe Abbildung 18). Als genauere Beobachtungen angestellt wurden, mußte diese Theorie mittels weiterer Epizyklen und exzentrischer Kreisbewegungen modifiziert werden, um die Bewegungen der Himmelskörper präziser abzubilden. Obwohl das geozentrische Modell unglaublich schwerfällig wurde, waren seine Anziehungskraft und die Autorität »der Alten« so groß, daß es 1400 Jahre lang bestimmend blieb. Als

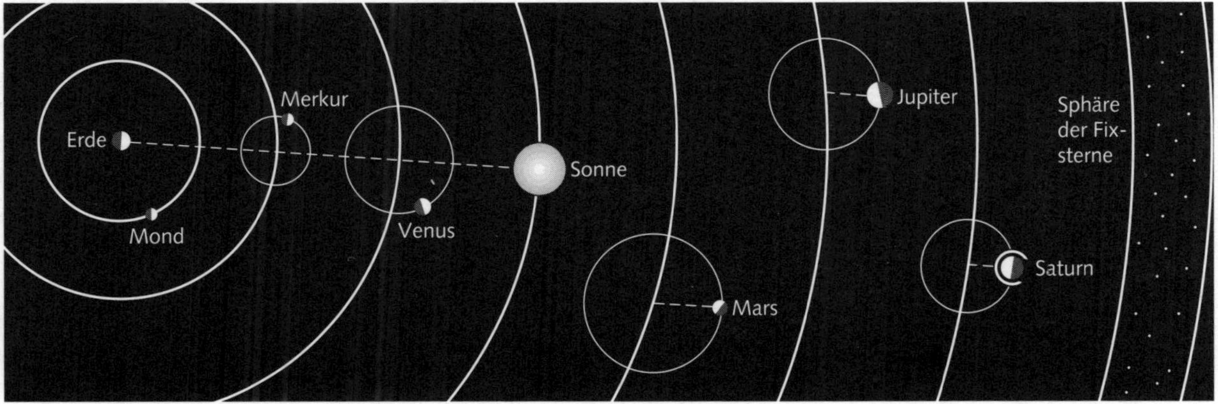

Abbildung 18: Das geozentrische Modell des Universums. Man glaubte, daß alle Himmelskörper die Erde auf kreisförmigen Bahnen umkreisten. Damit nicht übereinstimmende Bewegungen einiger Himmelskörper wurden durch Epizyklen erklärt: kleine kreisförmige Bahnen zentriert auf die Orbits jener Körper um die Erde.

Kopernikus 1543 (mit der Veröffentlichung von *De Revolutionibus Orbium Coelestium*) das heliozentrische Universum verkündete, versuchte er interessanterweise, ein einfaches kosmisches System wiederherzustellen, das auf kreisförmiger Bewegung beruhte. Wie im zweiten Kapitel erwähnt, gab das kopernikanische Modell die Planetenstellungen auch nicht genauer an als das mittlerweile erheblich verbesserte geozentrischen System.

Dies bringt uns zur ersten Revolution in diesem Abschnitt. Außerhalb von Astronomenzirkeln fand Kopernikus' Glaube an ein sonnenzentriertes Universum anfangs wenig Anhänger. Die Tatsache, daß sein Modell im Hinblick auf Planetenpositionen nicht genauer war als das geozentrische, schien die Ablehnung zu rechtfertigen, auf die es bei den Zeitgenossen stieß. Wenn es sich nicht als genauer erwies, konnte es von jenen, die das ptolemäische Weltbild verfochten, als »ein anderes« und nicht mit der Autorität der »Alten« ausgestattetes System schlichtweg ignoriert werden.

Doch noch ehe das kopernikanische Modell verbessert wurde, geschah etwas anderes, das das geozentrische Weltbild in Frage stellen sollte. Wie bereits erwähnt, gründete letzteres auf der Annahme, daß alle Himmelskörper um die Erde kreisen. Durch seine Beobachtungen von 1610 erschütterte Galileo Galilei diesen Glauben nachhaltig. Mit Hilfe eines primitiven Fernrohrs betrachtete er drei »Sterne« in der Nähe des Jupiter. Innerhalb einer Woche entdeckte er einen vierten »Stern« und stellte fest, daß alle vier neuen Himmelskörper in der Nachbarschaft des Jupiter blieben. Daraus zog er den richtigen Schluß, daß die neuen Himmelskörper in Wirklichkeit Monde seien, die den Jupiter umkreisen. Damit hatte er bewiesen, daß es im Universum Objekte gibt, die nicht um die Erde kreisen. Das eröffnete der jüngeren Astronomengeneration die

Möglichkeit, sich eingehender mit dem heliozentrischen System zu befassen und ihm zum Durchbruch zu verhelfen.

Galileo veröffentlichte seine Entdeckung im März 1610 in einem Buch mit dem Titel *Sidereus Nuncius* (*Sternenbote*). Die katholische Kirche hatte seit langem das geozentrische Modell unterstützt, das den Glauben aufrechterhielt, Gott habe mit der Erde etwas Einzigartiges geschaffen. Es entsprach außerdem dem Bedürfnis des normalen Menschen, im Mittelpunkt der Schöpfung zu stehen, ohne Rücksicht auf die Religion. Galileos Beobachtungen stellten nun all das in Frage.

Die Entdeckung der Jupitermonde wurde von vielen Leuten angezweifelt und lächerlich gemacht, besonders von jenen, die keine Fernrohre besaßen, um sich selbst zu überzeugen. Die Veröffentlichung des Buchs löste auch die Auseinandersetzungen Galileos mit der Kirche aus, die ihn für den Rest seines Lebens nicht mehr in Ruhe ließ. *Sidereus Nuncius* stand von 1616 bis 1822 auf dem Index der von der katholischen Kirche mit dem Bann belegten Bücher, was seine Verbreitung behinderte. 1616 wurde auch Kopernikus' *De Revolutionibus Orbium Coelestium* auf den Index gesetzt.

Im Jahre 1611 bestätigte Johannes Kepler Galileos Entdeckungen der vier größten Jupitermonde und versetzte dem geozentrischen Modell einen weiteren schweren Schlag, indem er ein besseres fand. Er begann mit Kopernikus' heliozentrischem Modell und entschied (richtig), dieser habe irrtümlicherweise angenommen, die Planeten bewegten sich auf kreisförmigen Bahnen. Kepler glaubte, mit ausreichend genauen Beobachtungen die wahre Form der planetarischen Umlaufbahnen bestimmen zu können. Diese präzisen empirischen Daten erhielt er von seinem Mentor Tycho Brahe, und nach vielen Versuchen und teils von mystischen Vorstellungen inspiriert, kam er auf eine geometrische Form, die mit den Umlaufdaten übereinstimmte. Zwischen 1609 und 1619 erarbeitete Kepler drei Bewegungsgesetze, die auf einem heliozentrischen Modell mit elliptischen Planetenumlaufbahnen beruhten. Angesichts der verblüffend genauen Voraussagen, die dieses Modell ermöglichte, zweifelte Kepler nicht mehr daran, daß es das Sonnensystem besser beschrieb, als alle früheren Konstruktionen es vermocht hatten. Das Problem bestand nun darin, die Menschen davon zu überzeugen.

Aber warum Ellipsen?

Es war ein steiniger Weg, bis sich Keplers Erkenntnis allgemein durchgesetzt hatte. Nur wenige Laien oder Astronomen der älteren Generation waren gewillt, die alte Sicht der Dinge aufzugeben. Die auf der Annahme kreisförmiger Umlaufbahnen basierende Überzeugung erschien ihnen tauglicher, ein vollkommenes Universum zu erklären. Vor allem die Vertreter der jüngeren Generation gaben den Keplerschen Gesetzen den Vorzug, deren Vorhersagegenauigkeit sie mehr beeindruckte als die Autorität der antiken Denker. Dennoch blieb in Keplers Version des heliozentrischen Universums ein großes Rätsel ungelöst: Sie vermochte nicht zu erklären, *warum* die Umlaufbahnen der Planeten um die Sonne oder die der Monde um die Planeten elliptisch sind.

Den ersten Schritt zur Lösung unternahm 1687 Isaac Newton in der Schrift *Principia Mathematica*, die sowohl seine Bewegungsgesetze als auch sein Gravitationsgesetz darlegt. Letzteres ist eine mathematische Gleichung, die vorhersagt, wie stark sich Paare von Himmelskörpern gegenseitig anziehen. Dies hatte sowohl kosmologische als auch theologische Auswirkungen. Es bedeutete, daß alle Sterne einander anziehen, selbst wenn sie sich nicht zu bewegen scheinen. Darüber hinaus waren sie offenbar nicht gleichmäßig über das Weltall verteilt. Newton berechnete, daß beliebig verteilte Sterne infolge ihrer gegenseitigen Gravitation irgendwann einmal ineinanderfallen würden. Solche größeren Ansammlungen von Materie zögen dann weitere Sterne in sich hinein, bis sich das Universum vereinigt habe und aufhören würde zu existieren.

Diese Konsequenzen beunruhigten Newton ungemein. Wenn die mit bloßem Auge sichtbaren Sterne das gesamte Universum umfaßten, bedurfte es einer gewaltigen Anstrengung Gottes, alles an Ort und Stelle zu halten. Aber Newton brauchte nicht auf diese Konstruktion zurückzugreifen. Er fand eine akzeptablere Lösung mit Hilfe des Fernrohrs, das ihm Myriaden von Sternen enthüllte, die zu schwach leuchten, um mit bloßem Auge sichtbar zu sein. Im Bemühen, das Universum vor dem Kollaps zu bewahren, folgerte Newton (nicht ganz richtig), daß alle diese schwächeren Sterne weiter weg seien. Daraus leitete er die Theorie ab, daß das Universum in seiner Ausdehnung unendlich sei und die Sterne überall in ihm gleichmäßig verteilt seien.

Von dieser Annahme ausgehend, vermochte er zu erklären, warum die Sterne und damit das Weltall als Ganzes überhaupt unbewegt an ihrem Ort bleiben konnten und daher von ewiger Dauer waren. Sein Gravitationsgesetz sagte vorher, daß sich bei einer vollkommen gleichmäßigen und unendlichen Verteilung der Sterne deren Schwerkraft gegenseitig aufhebe, wodurch sie allesamt an ihrem Ort blieben. Newton erkannte durchaus, daß die Lage höchst instabil war. Die geringste Bewegung auch nur eines Sterns im Weltraum würde das gesamte System irgendwann zum Einsturz bringen. Er glaubte, die Rolle Gottes bestehe darin, dies zu verhindern.

Die Vorstellung eines unendlichen Universums warf für

die Kirche verwirrende Fragen auf, darunter eine ganz entscheidende: Wo liegt dann das Himmelreich? Im ptolemäischen System aus Kristallsphären, die sich konzentrisch über der Erde wölbten, erstreckte sich, so glaubte man, der Himmel jenseits der entferntesten Sphäre, auf der die Fixsterne saßen.

Von den meisten Menschen wurde das neue Weltbild abgelehnt, bis Newtons Theorie einen zwingenden Grund lieferte, es anzuerkennen. Die Akzeptanz, die Newtons unendliches, statisches Universum allmählich fand, bereitete den Boden für einen noch traumatischeren Wandel des Weltbildes, der sich jedoch erst viel später vollziehen sollte – im 20. Jahrhundert.

Eingeständnis von Fehlern

Experimente ergaben, daß Newtons Gravitationsgesetz funktionierte, aber Newton selbst behauptete, nicht zu wissen, warum. Den nächsten Schritt zum Verständnis der durch Schwerkraft bedingten Anziehung zwischen den Himmelskörpern im Universum tat 1915 Albert Einstein mit der Veröffentlichung seiner Allgemeine Relativitätstheorie. Unter anderem lieferte sie eine viel tiefer gehende Erklärung der Funktionsweise von Schwerkraft als Newtons Gesetz.[38] Zudem besagt die Allgemeine Relativitätstheorie in ihrer einfachsten Form, daß sich das Universum entweder ausdehnen oder zusammenziehen müsse. Unter dem Eindruck der damals noch vorherrschenden Newtonschen Theorie eines statischen Universums benutzte Einstein eine komplexere Version der Gleichungen, die mit dieser Vorstellung im Einklang standen: Er fügte einen Term Lambda (λ) ein (die »kosmologische Konstante«), der für eine Kraft stand, die die Notwendigkeit einer Expansion oder Zusammenziehung des Kosmos aufhob.

1929 veröffentlichte Edwin Hubble eine Schrift, in der er den Nachweis erbrachte, daß sich das Universum ausdehnt. Er hatte ferne Galaxien beobachtet und Veränderungen in dem von ihnen ausgesandten Licht entdeckt. Je weiter sie weg waren, desto mehr verschoben sich ihre Farben zum roten Ende des Lichtspektrums hin. Hubble deutete diese sogenannte Rotverschiebung als Beweis dafür, daß all jene Galaxien von der Erde wegstreben.[39] Sie entspricht der tiefer werdenden Tonlage einer sich von Ihnen wegbewegenden Sirene. Man nennt dies die Doppler-Verschiebung, nach Christian Doppler, der das Phänomen 1842 als erster physikalisch erklärt hatte. Das visuelle Analogon zur ansteigenden Tonlage einer Sirene, die sich auf Sie zubewegt, ist die Blauverschiebung.

Konfrontiert mit dem unwiderlegbaren Beweis, daß einer der Bausteine seines statischen Modells des Universums falsch war, strich Einstein die zusätzlich eingefügte »kosmologische Konstante«, und andere taten es ihm nach. Seitdem benutzen Astronomen die Gleichungen der Allgemeinen Relativitätstheorie in der Form, die von einem expandierenden Weltall ausgeht. Einstein nannte die kosmologische Konstante »den größten Fehler meines Lebens«. Weil er das Newtonsche Modell nicht hatte aufgeben wollen, verpaßte er die Gelegenheit, selbst vorherzusagen, daß sich das Universum ausdehnt.[40]

Hubbles Entdeckung hatte zur Folge, daß im 20. Jahrhundert Naturwissenschaften und Theologie gründlich überdacht wurden. Unwiderlegbare Gegenbeweise in Verbindung mit einer neuen Theorie hatten im 17. Jahrhundert das geozentrische Weltbild endgültig verdrängt. Im selbem Jahrhundert war Newton auf überzeugende Weise für ein statisches, unendliches Universum eingetreten. 1929 stand nahezu unwiderlegbar fest, daß Newtons Theorie von einem statischen Weltall nicht begründet ist. Doch alte

Theorien und liebgewordene Überzeugungen sterben nur langsam. Daher wurden Gegenargumente vorgebracht, um die scheinbare Ausdehnung des Universums zu erklären, darunter vor allem eine Reihe von Photonentheorien. Sie postulierten ein nicht expandierendes Universum, in dem die Lichtteilchen oder Photonen auf vielerlei Weise Energie verlieren, wenn sie sich durch den Raum auf uns zubewegen, denn Photonen, die Energie verlieren, verändern ihre Farbe zum Rot hin. Gemäß diesen Theorien reichten die Ursachen der Rotverschiebungen von Zusammenstößen zwischen Licht und intergalaktischer Materie bis hin zu Veränderungen der physikalischen Gesetzen in den fernen Galaxien um uns herum. Allerdings hielt keine von ihnen entsprechenden Beobachtungstests stand.

Der grosse Knall

Man brauchte eine Theorie, die an die Stelle des Newtonschen Modells vom statischen Universum treten konnte. Versetzen Sie sich in die Lage eines Menschen zu Beginn des 20. Jahrhunderts, der in dem Glauben erzogen worden war, das Weltall sei sowohl unendlich als auch statisch. Dann erfahren Sie 1929 plötzlich von zwingenden Beweisen für ein expandierendes Universum. Angenommen, Sie wären von der Richtigkeit der Beobachtungen und Theorien überzeugt gewesen, wie hätten Sie diese neue Vorstellung in Ihr Weltbild integriert?

Wenn Sie sich wie die meisten Menschen verhalten hätten, wären sie bemüht gewesen, so wenig wie möglich daran zu verändern, und hätten vielleicht zumindest an der Überzeugung festgehalten, daß das Universum unendlich sei. In der Tat wurden Modelle entwickelt, die von einem expandierenden unendlichen Universum ausgingen. Dieser sogenannten »Steady state«-Theorie (Theorie des stationären

Universums) zufolge entsteht bei der Ausdehnung des Universums neue Materie, um die zu ersetzen, die sich entfernt hat, und die Dichte der Materie des Universums konstant zu halten. Sie zu erklären, bräuchte man eine neue Physik, die man entwickeln könnte. Zudem bliebe die Menge an Materie, die geschaffen werden müßte, unter dem Minimum, das wir derzeit erkennen können (das heißt, Beobachtungen können die Bildung dieser neuen Materie noch nicht ausschließen): Nach dem Modell des stationären Universums müßte jährlich nur ein einziges neues Atom pro zehn Milliarden Kubikmeter Raum entstehen!

Theorien des stationären Universums erfreuten sich in der ersten Hälfte des letzten Jahrhunderts großer Beliebtheit aus dem einfachen Grund, weil sie den früheren Vorstellungen der Menschen noch den geringsten Schaden zufügten. 1964 allerdings fanden Ingenieure, die für die Bell Laboratories arbeiteten, heraus, daß das ganze Universum mit Strahlung im Mikrowellenbereich gefüllt ist. Darüber hinaus ergab eine eingehende Untersuchung, daß diese Strahlung im gesamten Kosmos gleich war. Die Theorien des stationären Kosmos hatten keine Erklärung für diese kosmische Hintergrundstrahlung. Aber eine Reihe anderer Theorien, die schon bereitlagen, prognostizierten sie exakt: Modelle vom Urknall.

Falls Sie, als Astronomie-Freak des frühen 20. Jahrhunderts, auch von Ihrem Glauben an die Unendlichkeit des Universums abgerückt wären, hätten Sie aus dem Vorgang der Ausdehnung geschlossen, daß es einmal kleiner gewesen sein mußte. Drehen Sie die Zeit zurück, und das Universum zieht sich zusammen – sein Volumen verringert sich. Urknalltheorien besagen, daß das Universum einst winzig war – konkret: kleiner als ein Golfball.[41] Wieder kamen frühere Vorstellungen ins Spiel. Da das Universum einmal viel kleiner war, muß es, würden Sie wohl annehmen, zu einem bestimmten Zeitpunkt in der Vergangenheit begonnen haben, sich auszudehnen. Im frühen 20. Jahrhundert war aber die Auffassung verbreitet, daß es ewig, also immer schon vorhanden gewesen sei. Sich auch noch von dieser Überzeugung zu verabschieden, erschien vielen Menschen ganz und gar unerträglich, denn es stellte den Sinn des Lebens in Frage, eine wesentliche Komponente der meisten Religionen.

Daher wurden Urknalltheorien entwickelt, die diesem »horror vacui« Rechnung trugen. Ihnen zufolge leben wir in einem oszillierenden Universum, das zu einer maximalen Größe expandiert, bis es unter dem Einfluß der Gravitation seiner gesamten Materie innehält. Dann stürzt es wieder zu einem sehr kleinen Volumen zusammen, um sich danach erneut gewaltig auszudehnen. Die Idee eines oszillierenden Weltalls wurde beliebt, nachdem die Theorie des stationären Kosmos widerlegt worden war, weil sie die Frage nach dem Ursprung des Universums unter den Teppich kehrte, indem sie verkündete, es sei immer schon dagewesen und habe nur seine Gestalt verändert. Dies stellte das Mindestmaß an Anpassung dar, die vorgenommen werden mußte, um frühere Annahmen mit den neuen empirischen Daten in Einklang zu bringen.

Der Idee vom oszillierenden Universum wurde vor kurzem vielleicht der Todesstoß versetzt, als Beobachtungen ergaben, daß sich das Universum »wahrscheinlich« immerzu ausdehnen werde. Ich setze »wahrscheinlich« in Anführungszeichen, weil ich während meiner Berufslaufbahn mehrmals die Bestätigung beziehungsweise Widerlegung des Oszillations- beziehungsweise des Expansionsmodells erlebt habe. Dieser Perspektivenwechsel hat sich zwischen 1980 und 2000 mindestens ein dutzendmal vollzogen. Allerdings haben sich inzwischen unsere Observationstechnologie und Kenntnisse in Astrophysik weiter verbessert.

Und so gehen die meisten Astronomen davon aus, daß die jüngsten Beobachtungen, die mit der Theorie eines permanent expandierenden Universums übereinstimmen, in den nächsten paar Jahren bestätigt werden dürften.

Daher setzt sich in der Astronomie die Urknalltheorie immer mehr durch, die besagt, das Universum habe als eine Winzigkeit begonnen, sich ausgedehnt und viele Veränderungen durchgemacht, die Fähigkeit entwickelt, Leben hervorzubringen, und werde unendlich expandieren. Wie alles begann, wissen wir noch nicht. Ich nehme an, daß es im 21. Jahrhundert entdeckt werden wird. Von weniger als einer Sekunde nach Entstehung des Universums an können wir mit Hilfe der Gleichungen des Urknallmodells ziemlich genau bestimmen, wie es sich seit dieser Zeit verhalten hat. Eine der Lehren aus dieser Situation gilt für praktisch jede Wissenschaft: Auch wenn wissenschaftliche Theorien unvollständig sind, liefern sie doch wichtige Einsichten darüber, wie verschiedene Teile der Natur funktionieren.

Es ist zuweilen leichter, die Tatsachen zu verwerfen, als etwas unserem Denksystem Fremdes zu akzeptieren. Weil uns die Urknalltheorie so weit von den aus gesundem Menschenverstand hervorgegangenen Modellen des Universums weggeführt hat, bereitet sie vielen Leuten noch immer große Schwierigkeiten. In der Tat halten einige Wissenschaftler und viele Laien nach wie vor an der Theorie des stationären Kosmos oder der oszillierenden Urknalltheorie fest, trotz der Beobachtungsdaten, die das Gegenteil beweisen. Ob aus theologischen, philosophischen oder ästhetischen Gründen – viele Menschen glauben nun einmal lieber, das Universum sei unendlich und ewig oder zumindest relativ unveränderlich. So kann nach dem Modell des stationären Universums das Leben in alle Ewigkeit weitergehen. Die Zukunft eines Universums, das sich aus einem einmaligen Urknall immer weiter ausdehnt, ist freilich düsterer. Es besagt nämlich, daß schließlich alle Sterne ihren Brennstoff aufbrauchen und verlöschen werden und daß damit die Existenz von Leben, wie wir es kennen, endet.

Eine persönliche Kosmologie

Lassen Sie mich dieses Kapitel mit einer ganz persönlichen Erfahrung schließen, die mich gelehrt hat, daß ein Sinneswandel eintreten kann, selbst wenn es dabei um etwas so Riesiges wie das Universum geht. Als ich in den fünfziger und sechziger Jahren aufwuchs, legte ich mir eine ganz eigene Kosmologie zurecht. Ich glaubte, daß wir Menschen wirklich Fortschritte im Verständnis der Funktionsweise des Universums machen und schließlich alles wissen werden, was es darüber zu wissen gibt. Selbstverständlich konnte das Millionen von Jahren in Anspruch nehmen, aber es schien nichts zu geben, was diesen Fortschritt aufhalten würde, falls wir uns nicht zuvor selbst in die Luft jagten. Mit diesem Wissen ausgestattet, erwartete ich, daß wir schließlich in der Lage sein würden, immer kompliziertere und ausgeklügeltere Dinge zu bauen und immer größere Teile unserer Umwelt zu beherrschen. Dabei kam ich zu der vermeintlich logischen Überzeugung, daß wir irgendwann nichts mehr Neues lernen oder tun könnten. Dieser an sich schon recht deprimierende Gedanke wurde noch durch die Überzeugung gesteigert, wenn es ein Leben nach dem Tode gab, würde es einem nach ein paar Milliarden Jahren des Tobens irgendwann überdrüssig werden.

Das oszillierende Universum schien einen sauberen Ausweg aus all diesen Rätseln darzustellen. In erster Linie würden wir uns keine Sorgen machen müssen, nichts zu tun zu haben, weder hier noch danach, weil irgendwann einmal alles in unserem gegenwärtigen Universum vernichtet und zusammengebrochen sein würde. Der beste Teil dieser Idee war, daß zur Zeit des »großen Krachs«, wie es genannt wird, unsere Nachkommen so weit sein würden, neue und bessere physikalische Gesetzmäßigkeiten für das nächste Universum zu bestimmen. Ich fragte mich, ob unsere gegenwärtigen Gesetze der Physik nicht vielleicht noch von Lebensformen in der letzten Inkarnation des Universums formuliert worden waren.

Sie werden bemerkt haben, daß meine Ideen über die Zukunft des Universums aus einem tief anthropozentrischen Standpunkt abgeleitet waren – was für uns Menschen am besten ist. Diese Annahme setzt voraus, daß das Universum für uns geschaffen wurde, was eine ziemlich egozentrische, wenn auch nicht ungewöhnliche Vorstellung ist. Während die Ursprünge meiner persönlichen Kosmologie zu Kindheitserinnerungen verblaßten, wurde der daraus resultierende Glaube an das oszillierende Universum grundlegend für meine Sicht des Kosmos. Ich schleppte ihn sogar noch in meine Berufslaufbahn mit. Jedesmal, wenn Beobachtungen darauf hindeuteten, daß sich das Universum ewig ausdehnen würde, war ich überzeugt davon, daß nach ein paar Monaten Ergebnisse erzielt würden, die ein Wiederzusammenstürzen bestätigten, und so war es auch. Dann 1998, angesichts überzeugender Beobachtungen, daß sich das Universum ewig ausdehnen wird, lehnte ich mich zurück, um meine Überzeugung vom oszillierenden System zu überdenken.

Das erste, was ich entdeckte, war, daß sich meine anthropozentrischen Motivationen für das Universum verflüchtigt hatten. Ich glaubte nicht mehr daran, daß das Universum für unser Dasein hienieden »gemacht« ist. Zudem hielt ich es nicht länger für nötig, mir um die Berufsaussichten meiner Nachkommen Sorgen zu machen. Es war eine sehr befreiende Erfahrung, zu begreifen, daß ich nicht an etwas (die Theorie vom oszillierenden Universum) zu glauben *brauchte,* das mit den Beobachtungen im Widerspruch stand. Zwar würde ich einige andere Überzeugungen ändern müssen, aber es schien ein Abenteuer, gegen die inakzeptablen Vorstellungen anzugehen, die ich einmal vertreten hatte. Würden sie mich aus dem Konzept bringen? Ja, von Zeit zu Zeit taten und tun sie es, aber zumindest würde ich mir keine Entschuldigungen ausdenken müssen, weil ich an etwas glaubte, das nie eintreten würde.

Die gedankliche Freiheit erlaubte es mir, noch etwas in Betracht zu ziehen, das mir schon seit einiger Zeit Kopfzerbrechen bereitet hatte, nämlich Ewigkeit. Das oszillierende Universum hat angeblich seit jeher existiert. Ich bekam Kopfschmerzen, als ich mir auszurechnen versuchte, wie irgend etwas schon so lange da sein konnte. Zugegeben, wir wissen noch nicht, wie wir den Ursprung eines einzigen Urknalls erklären sollen, aber unsere Theorien der Natur liefern immer mehr Informationen. So bin ich eigentlich ganz zufrieden mit dem Gedanken, daß ein wissenschaftlicher Mechanismus für die Schöpfung des Universums entdeckt werden wird. Ein einziger Urknall, der sich ständig ausdehnt, scheint nicht mehr unannehmbar. Er bietet die Aussicht auf eine öde Zukunft, aber die ist noch Hunderte von Milliarden oder Billionen von Jahren entfernt. Vielleicht werden wir Möglichkeiten erlernen, in verschiedene Universa einzudringen oder neue zu schaffen. Wer weiß, welche Entdeckungen in diesem langen Zeitraum noch gemacht werden?

6 *Wie sag ich's meinen Schülern?*

Die Kunst, astronomische Irrtümer zu korrigieren

Ende der 1970er Jahre begann ich, am College Astronomie zu lehren. Da stand ich nun zum ersten Mal vor 250 Studenten, ohne jemals gesagt bekommen zu haben, wie man lehrt. In jenen Tagen erwartete man von den Nachwuchsdozenten eines College, daß sie didaktisches Grundwissen von den Lehrern aufgeschnappt hatten, deren Vorlesungen und Seminare sie jahrelang besucht hatten. Natürlich hatten auch diese Professoren ohne jede pädagogische Ausbildung lehren gelernt, somit war es meistens so, wie wenn der Blinde den Blinden führt.

Wie ich aus eigener Erfahrung bestätigen kann, meint ein neuer und unausgebildeter Dozent, der sein Fach vermitteln soll, die Studenten seien in der Lage, deutliche Erklärungen zu begreifen und das so erworbene Wissen zum festen Bestandteil ihres Naturverständnisses zu machen. Man ging von der Prämisse aus, der Student sei ein unbeschriebenes Blatt, das nur darauf warte, mit Informationen gefüllt zu werden. Inzwischen wissen wir, wie naiv diese Vorstellung ist. Belegten nicht auch Sie während ihrer Schulzeit oder Universitätslaufbahn den einen oder anderen Kurs, ohne von dem Thema, das sie dort erwartete, die geringste Ahnung zu haben?

Erst ganz am Ende des 20. Jahrhunderts »entdeckten« die meisten Hochschullehrer, daß sie den Studenten erst helfen müssen, falsche Vorstellungen abzulegen, um sie in die Lage zu versetzen, sich die richtigen Informationen einzuprägen und dann auch anzuwenden. Das bekommt man heutzutage bei Weiterbildungsseminaren immer wieder gesagt, aber es wird einem erst richtig klar, nachdem man ein ganz normales Seminar unterrichtet oder eine Vorlesung gehalten und erlebt hat, wie viele Studenten noch am Ende des Semesters ähnlich falsche Auffassungen vertreten wie am Anfang. Jene von uns Dozenten, die die Notwendigkeit erkannt hatten, von sich aus Vor- oder Fehlurteile zu korrigieren, traf die Erkenntnis, daß Studenten einen Großteil dessen, was man ihnen beibringt, rasch wieder vergessen oder erst gar nicht richtig aufnehmen, wie ein Schock.

Die Wirklichkeit sieht so aus, daß die meisten Studenten, egal, welcher Ausbildungsstufe, mit vorgefaßten Meinungen über den jeweiligen Gegenstand ins Seminar oder die Vorlesung kommen. Das ist deshalb so, weil wir Menschen generell zu voreiligen Schlüssen neigen, auch wenn es um Themen oder Sachgebiete geht, in denen wir absolute Laien sind. Ich selbst habe nie einen Kurs in Volkswirtschaft besucht, dennoch mache ich mir alle möglichen Vorstellungen darüber und ich wette, daß viele davon falsch sind. Das gleiche gilt für die Astronomie. Selbst wenn Sie nie einen Astronomiekurs besucht haben, werden Sie wahrscheinlich, wenn Sie ein populärwissenschaftliches Buch über Astronomie aufschlagen, feststellen, daß Sie zu dem einen oder anderen darin angesprochenen Thema bestimmte Ansichten hatten.

Es gibt leider keine Wunderpille, die Leuten helfen könnte, tiefsitzende falsche Auffassungen zu vergessen. Gäbe es solche Pillen, so würden wir Dozenten sie wie Süßigkeiten verteilen, und es wären dann viel weniger falsche Vorstellungen im Umlauf. Eines ist mir in all den Jahren jedoch sehr klargeworden: Man muß irrige Auffassungen direkt, deutlich und immer wieder ansprechen, wenn auch nur die geringste Hoffnung bestehen soll, daß jemand sie nachhaltig ändert.

Zwei Wege führen nach Rom

Es gibt im Grunde zwei Methoden, jemandem falsche Vorstellungen über die Naturwissenschaften auszutreiben. Beide gründen auf der Prämisse, daß man, um sich zu verändern, zuerst seine (falsche) Annahme über etwas erkennen und sie dann mit den wissenschaftlich belegten Funktionsweisen der Natur oder des Kosmos vergleichen muß. Dieser Prozeß beginnt mit einer Frage wie: »Warum ist der Himmel blau?« Sie könnten darauf antworten: »Weil er blaues Gas enthält.« Die beiden genannten Methoden unterscheiden sich in der Art und Weise, wie der Lehrer mit Ihnen umgeht, wenn er die Schlüssigkeit Ihrer Vorstellung erwägt. Bei der einen leitet er Sie freundlich an, die Richtigkeit ihrer Annahme selbst experimentell zu überprüfen und gewissermaßen mit eigenen Augen zu sehen, daß Sie sich geirrt haben. Die andere Methode besteht darin, die falsche Vorstellung des Studenten mit unwiderlegbaren Argumenten und vorgeführten Experimenten gnadenlos auseinanderzunehmen.

Beide Wege können ihr Ziel erreichen, das heißt ein Umdenken in Gang setzen, aber – wie heißt es doch in einem Song der Beatles? – »you know it don't come easy.« Ja, so einfach ist das nicht. Die einen Studenten sprechen auf den unterstützenden Ansatz, andere auf den der Konfrontation positiv an. Jener hat den Nachteil, daß er sowohl dem Lehrer als auch dem Schüler viel Zeit und Mühe abverlangt. Studenten selbst auf die richtige Lösung kommen zu lassen, dauert erheblich länger, als sie ihnen vorzusetzen, an der Tafel vorzurechnen. Lernen, das auf eigenem Entdecken beruht, ist nachhaltiger und dem wissenschaftlichen Denken förderlicher, aber die Zahl solcher Aha-Erlebnisse, die man in einem Semester oder einem Studienjahr bei Studenten herbeiführen kann, entspricht nur einem Bruchteil der durch konventionellere Methoden erreichten Lernziele. Mit der Konfrontationsmethode kriegen Sie mehr Stoff durch, aber eben um den Preis, den Lernenden weniger aktiv zu beteiligen.

Die optimale Lehrmethode müßte auf die unterschiedlichen Stärken und Schwächen der zu Unterrichtenden abgestimmt sein. Die einen haben ein besseres Gedächtnis als die meisten; andere begreifen besser, was sie lernen; wieder andere wissen das Gelernte besser anzuwenden; bei einigen sind die analytischen Fähigkeiten besonders ausgeprägt, andere zeichnen sich durch ein synthetisierendes Vermögen aus; andere können vorliegende Informationen besser auswerten. Zudem sind einige Leute eher Augenmenschen, andere wiederum wortgewandter; einige Studenten fixieren sich mehr auf Autoritätspersonen; andere lernen selbständiger; einige gehen mit vielen vorgefaßten Meinungen an ein Thema heran, andere habe relativ wenig Vorstellungen darüber.

Leider ist in der Praxis die Auswahl an Lehrmethoden begrenzt, und wenige, wenn überhaupt, sind für jeden optimal. Die oben beschriebene, die auf den Entdeckerdrang der Studenten setzt, ist zu kostspielig, um überall angewandt werden zu können. Der herkömmliche Kompromiß, der entdeckendes Lernen noch am besten fördert, besteht aus einem Unterricht mit Laborversuchen und Hausaufgaben.

Als hinlänglich erwiesen gilt, daß Seminare mit Vorlesungscharakter, wie etwa eine Einführung in die Astronomie mit 250 Teilnehmern, am wenigsten dazu geeignet sind, die Leute zum Um- und Nachdenken zu bringen. Das hat verschiedene Gründe. Wie Sie wahrscheinlich wissen, hängt viel von der Persönlichkeit des Dozenten ab. Ein langweiliger oder undeutlich sprechender Lehrer kann selbst den interessantesten Kurs zu einer drögen Angelegenheit werden lassen. Außerdem lehren Professoren oft auf einem Niveau, bei dem ihre Studenten nicht mitkommen. Doch selbst wenn alle Dozenten perfekt wären, blieben immanente Probleme bestehen. Sie laufen darauf hinaus, daß sich Studenten, die nicht aktiv in den Unterricht mit einbezogen werden, nur selten Informationen merken und einprägen oder ihre falschen Auffassungen durch richtige ersetzen. In einer Gruppe von mehreren hundert Studenten beteiligen sich die allerwenigsten an der Diskussion. Aber solche Lehrveranstalungen sind notwendige Übel, angesichts der Zahl der Studenten und der vergleichsweise wenigen Lehrer, Klassenzimmer und der spärlichen technischen Grundausstattung, die in der Regel zur Verfügung stehen.

»Aber Sie unterrichten doch große Klassen, genau solche, wie Sie hier beschreiben. Wie können Sie es dann mit Ihrem Gewissen vereinbaren, daß Ihre Studenten nicht richtig lernen, was Sie sie lehren?«

Sobald mir klargeworden war, daß normale Vorlesungen relativ ineffektiv sind, konnte ich nicht mehr so weitermachen. Ich hatte noch immer die Verantwortung für solch große Klassen, aber ich war entschlossen, die Lernerfahrung zu verbessern. Zuerst mußte ich wissen, mit welchen falschen Vorstellungen die Studenten in den Unterricht gekommen waren. Dann galt es Mittel und Wege zu finden, um ihnen begreiflich zum machen, daß ihre Vorstellungen falsch waren. Und schließlich mußte ich effektive Methoden finden, ihnen die richtigen Informationen zu vermitteln. Dieser Prozeß dauerte an die zehn Jahre. Ich würde niemals für mich in Anspruch nehmen, daß dabei eine Veranstaltung herausgekommen ist, die es an Effizienz mit kleinen handverlesenen Seminaren aufnehmen könnte. Auch ist sie nicht für alle meine Studenten gut. Und ich weiß noch nicht, welche Komplikationen in Zukunft auftreten. Aber irgendwann fand ich zu einem Ansatz, den Unterricht fesselnder zu gestalten. Dabei begann alles ganz harmlos.

Zeigen, nicht reden

Um Leuten zu helfen, mit ihren Irrtümern richtig umzugehen, müssen wir diese erst in Erfahrung bringen: Dazu gibt es mindestens zwei Wege: fragen und die Probe aufs Exempel machen. Damit Studenten solche Fragen beantworten können, müssen sie zunächst das, was sie lernen, mit dem vergleichen, was sie glauben. Nachdem ich mit Studenten in kleinen Diskussionsgruppen einige Mißverständnisse und Fehlurteile angesprochen hatte, wurde mir klar: Es gibt so viele falsche Auffassungen (sowohl oberflächliche als auch tiefverwurzelte), daß ich Jahrhunderte dazu benötigen würde, sie alle zu sammeln. Oder ich könnte Tausende von Freiwilligen anwerben und die meisten Informationen in ein paar Jahren bekommen. Ich wählte den letzteren Weg und fing im darauffolgenden Semester damit an.

Seitdem beginne ich die erste Unterrichtsstunde eines jeden Semesters mit einer Demonstration, die alle überzeugen soll, daß sie sich von vielen naturwissenschaftlichen Phänomenen falsche Vorstellungen machen. Ich stelle einen elektrischen Laubbläser, den man benutzt, um Blätter von einer Auffahrt wegzupusten, auf den Tisch und befestige ihn so, daß er gerade nach oben zeigt. Dann hole ich einen leichten Ball und werfe ihn in die Menge, damit die Studenten ein bißchen herumspielen können. Danach stelle ich drei Fragen:

1. Was passiert, wenn ich das Gebläse einschalte und den Ball in den vertikalen Luftstrom hochwerfe?

Etwa die Hälfte der Studenten hat diese Demonstration schon gesehen und antwortet richtig, daß der Ball über dem Gebläse schweben wird. Die anderen erwarten, daß er wegfliegen wird. Dann führe ich das Experiment durch, und der Ball schwebt in der Tat mehrere Fuß über dem Gerät. Durch den Lärm des Gebläses hindurch brülle ich ihnen die zweite Frage zu:

2. Was geschieht, wenn ich den Laubbläser um, sagen wir, 45 Grad zu den Studenten hin drehe?

Praktisch jeder erwartet, daß der Ball dann ins Auditorium geblasen werden wird. Ich führe diesen Versuch durch, und der Ball bewegt sich zur Seite und schwebt höchstens fünf Fuß seitlich des Geräts in der Luft. Dann drehe ich es langsam herum, und der Ball folgt in einem weiten Kreis.

Schließlich frage ich 3.: Was geschieht, wenn ich das Gebläse ausschalte?

Nun kommt von allen Seiten, wenn auch etwas zögerlicher, die Antwort, der Ball werde herunterfallen. Das tut er natürlich nicht. So wie der Luftstrom schwächer wird, bewegt sich der Ball zur Öffnung des Geräts zurück, wobei ich ihn auffange (das habe ich zuvor geübt!).

Mit einer solchen Vorführung gewinnt man die Aufmerksamkeit der Studenten. Sodann erkläre ich ihnen, daß sie viele Dinge lernen werden, die ihren bisherigen Annahmen widersprechen. Ich gebe ein paar Beispiele aus der Astronomie für weitverbreiteten Irrglauben, wie etwa daß der wechselnde Abstand der Erde von der Sonne die Ursache für die Jahreszeiten sei, daß abgebautes Ozon in der Atmosphäre nicht ersetzt werde; daß der Hauptzweck eines Teleskops in der Vergrößerung bestehe und Merkur der heißeste Planet sei. Als Anreiz biete ich allen Studenten, die mir am Ende des Semesters eine Liste mit 42 Annahmen über Phänomene und Vorgänge im Bereich der Astronomie zusammenstellen, die ich für sie korrigiert habe, zusätzliche Punkte. (Während eines Semesters finden 42 Kursstunden statt.) Zu jedem Punkt müssen sie ihre ursprüngliche, falsche Annahme notieren und woher sie sie hatten, falls sie sich daran erinnern. Auf diese Weise bringe ich in Erfahrung, was sie vorher dachten oder glaubten. Natürlich tauchen in den 50 000 Listen, die ich über die Jahre bekommen habe, viele Punkte immer wieder auf. Ich ordnete alle Aussagen und verfüge inzwischen über eine Aufstellung von mehr als 1500 Irrtümern und falschen Überzeugungen.

Einige kommen besonders häufig vor, wie etwa »Ich dachte, der Polarstern sei der hellste Stern« und »Ich dachte, die Asteroiden seien dicht nebeneinander, wie in den Filmen«. Man kann davon ausgehen, daß es sich um weitverbreitete Fehleinschätzungen handelt. Wie ich anhand von Tests erfuhr, trifft das allerdings auch auf weniger häufig gemachte Angaben zu. Nur wenige Studenten haben zum Beispiel zum Ausdruck gebracht, daß sie glaubten, Sterne hätten schmelzflüssige Oberflächen. Ich vermute jedoch, daß dies eine verbreitete Vorstellung ist; denn selbst nachdem ich den wissenschaftlichen Befund gelehrt hatte (Gas bis ganz nach unten), entschied sich eine große Anzahl von Studenten bei einer Prüfung, in der ich die Probe aufs Exempel machte, für die Antwort, stellare Oberflächen seien flüssig.

Mit diesen Erfahrungen im Hinterkopf begann ich, die Literatur nach Anregungen zu durchforsten, wie ich meinen Studenten im Rahmen einer Mammutveranstaltung helfen konnte. Die Ergebnisse waren enttäuschend. Falsche Vorstellungen konnten am besten in kleinen Seminaren ausgeräumt werden, vor allem wenn, wie oben erwähnt, den Studenten viele Möglichkeiten zur Verfügung standen. Mir wurde klar, daß man mit einem Lehrbuch auch Studenten größerer Seminare helfen konnte, ihre Fehlurteile anzugehen. Vielleicht würde ich Wege finden, Studenten zum Nachdenken über ihre vorgefaßten Meinungen zu bringen, ehe sie die wissenschaftlichen Standardwerke lasen, die sie wegen ihres falschen Vorverständnisses oft nicht begriffen.

Durch den Tod eines geschätzten Kollegen erhielt ich die Gelegenheit, ein Astronomielehrbuch für Colleges auf dem

Niveau von Einführungskursen für eine neue Auflage zu überarbeiten. Der Ansatz, den ich dafür wählte, zerfällt in mehrere Teile. Zu Beginn eines jeden Kapitels stelle ich eine Reihe von Fragen, die auf verbreiteten Irrtümern und falschen Annahmen hinsichtlich bestimmter Phänomene gründen. Das soll die Leser dazu bringen, während der Lektüre über ihre eigenen Vorstellungen nachzudenken. Danach versuche ich zu erklären, warum bestimmte Vorstellungen falsch sind, bevor ich die korrekte wissenschaftliche Sicht der Dinge präsentiere. Am Ende des Kapitels werden die Fragen des Anfangs wiederholt und unmittelbar darunter kurze Zusammenfassungen der richtigen Erklärung gegeben.

Von den meisten Studenten wurde diese Darstellung positiv aufgenommen. Kritik kam, soweit ich weiß, von Leuten, die nicht verkraften können, daß irgend jemand zu wissen scheint, was sie denken. Mit anderen Worten, es ist ihnen nicht wohl bei dem Gedanken, sich zu irren und zu wissen, daß ein anderer *weiß*, daß sie sich irren. Das führte mir ein Vortrag vor Augen, den ich über verbreitete Irrtümer hielt, die ich dem Buch entnommen hatte. Hinterher kam eine völlig konsternierte Studentin zu mir und sagte: »Ich kann es nicht fassen. Sie haben mich exakt beschrieben, all das habe ich tatsächlich geglaubt.« Ich versicherte ihr, daß sie damit nicht allein dastehe und ihre falschen Vorstellungen durchaus nicht mangelnde Intelligenz bedeuteten. »Wir alle neigen zu falschen Vorstellungen in vielerlei Hinsicht. Das ist geradezu unvermeidlich.« Ob sie diese Auskunft beruhigend fand, weiß ich allerdings nicht.

Fragespiel

Nun konnte ich also mit meinem eigenen Lehrbuch arbeiten. Aber falsche Vorstellungen in einem Buch anzusprechen ist das eine, sich mit ihnen im Hörsaal auseinanderzusetzen, etwas ganz anderes. Ich würde gern behaupten, geplant zu haben, was in dieser Hinsicht als nächstes geschah, aber es kam unerwartet und ergab sich gewissermaßen aus der Notwendigkeit, Anwesenheitslisten zu führen. Angesichts diverser Studien, wonach eine höhere Anwesenheitsrate bei Studenten zu besseren Prüfungsergebnissen führte, beschloß ich, meine Laisser-faire-Haltung zu ändern. Meine Benotung richtete sich fortan zu zehn Prozent danach, wie regelmäßig jemand im Seminar erschien. Diese simple Entscheidung löste eine Kette von Ereignissen aus, die meine Unterrichtsmethode dramatisch veränderten.

Die Realität sieht so aus, daß Studenten einige Veranstaltungen zwar belegen müssen, sie aber selten besuchen. Gründe dafür gibt es viele: man kann den Stoff aus den entsprechenden Büchern lernen und will nicht seine Zeit damit vertun, ein Seminar zu besuchen; der Professor, der die Vorlesung hält, ist todlangweilig; man hat zuweilen einen Kater; der Unterricht findet zu früh am Morgen statt; große Seminare oder Diskussionsgruppen kann man nicht ausstehen. Dennoch zeigen die Erfahrungen vieler Pädagogen, daß die Anwesenheit im Unterricht vielen Studenten zu besseren Prüfungsergebnissen verhilft. Die Frage lautete für mich, wie ich meine Studenten bei der Stange halten konnte, von denen einige alles mögliche taten, um dem Unterricht fernbleiben zu können und trotzdem einen Schein für den Kurs zu bekommen. Es hat wenig Sinn, Studenten dazu zu zwingen, ihren Namen auf einer Liste abzuhaken oder persönlich zu unterschreiben; sie kommen rasch dahinter, daß sie für ihre Freunde unterschreiben können. So kam ich auf die Idee, meinen Studenten am Ende jeder Sitzung eine Frage zu stellen, die sie aufschreiben, beantworten und auf einem Zettel abgeben mußten. Da ich mir die Frage immer erst ganz am Schluß ausdachte, mußten sie solange bleiben, um sie zu notieren und die Antwort zu geben.

In Anbetracht des Themas dieses Buchs wird es Sie gewiß nicht überraschen, daß ich beschloß, Fragen zu stellen, die auf verbreiteten Mißverständnissen beruhten. Überdies ging es dabei stets um Fragen, über die ich den Seminarteilnehmern noch keinerlei Informationen gegeben hatte, so daß die Antworten das wiedergaben, was die Studenten zuvor darüber gedacht hatten. Dies ist die zweite Möglichkeit, Informationen »einzuholen«. Ich versicherte den Studenten, daß ich während des Semesters ihre Antworten nur zur Kenntnis nehmen würde, um sicher zu sein, daß sie die Frage beantworteten, die ich stellte (und folglich in der Seminarsitzung anwesend waren). Ich versprach ihnen außerdem, daß ihre Antworten keinen Einfluß auf ihre Noten haben würden und ich nie ihre Namen in Verbindung mit ihren Antworten verwenden würde. Ich verbot ihnen nicht, sich während der Niederschrift der Antworten auszutauschen, aber ich förderte es auch nicht. Jede Frage beantwortete ich dann zu Beginn der nächsten Vorlesungsstunde. Hier sind einige Fragen, die ich im Herbst 1998 stellte.

1. Wie ist der Mond entstanden?
2. A) Wieviel von der Mondoberfläche können wir von der Erde aus im Lauf eines Jahres sehen?
   B) Kreist der Mond um sich selbst?
3. Worauf sind die Jahreszeiten zurückzuführen?
4. Worauf sind die Gezeiten zurückzuführen?
5. Worauf sind die Mondphasen zurückzuführen?

6. Was versteht man unter einem blauen Mond?
7. Welche geometrische Form hat die Umlaufbahn der Erde um die Sonne?
8. Wie viele Tierkreiszeichen gibt es?
9. Auf welchem Planeten ist die Oberflächentemperatur am höchsten?
10. Worauf ist das »Gesicht« auf dem Mars zurückzuführen?
11. Beschreiben Sie die Ringe des Saturn.
12. Welcher Anteil der Masse des Sonnensystems befindet sich in der Sonne?
13. Warum scheint die Sonne?
14. Wie groß ist die Sonne im Vergleich zu anderen Sternen?
15. Wie groß ist die Entfernung zwischen dem Sonnensystem und dem ihm nächsten Stern?
16. Welche Sterne haben eine längere »Lebensdauer«, die Sterne mit großer oder die mit geringerer Masse?
17. Wie viele Sterne gibt es im Sonnensystem?
18. Wie viele Sterne gibt es in der Milchstraße?
19. Wie viele Galaxien gibt es im Universum?
20. Wenn Sie heute Mittag nach draußen gehen und die Sonne fast im Zenit steht, in welchem Winkel befindet sie sich dann zum südlichen Horizont? Wählen Sie den Winkel, der dem gefragten am nächsten kommt: 30 Grad, 45 Grad, 60 Grad, 90 Grad?
21. Wie ist das Universum entstanden?
22. Bitte nehmen Sie zu diesen Fragen Stellung. Haben sie Sie zum Nachdenken gebracht, fanden Sie sie hilfreich?

Anfangs waren viele Studenten wütend, Antworten niederschreiben zu müssen, nur um dann zu Beginn der nächsten Seminarsitzung zu erfahren, daß sie oft falsch lagen.

Damit hatte ich gerechnet. Nicht vorausgesehen hatte ich indes, wie schnell sich ihre Einstellung zu diesem Verfahren änderte. Nach zwei oder drei Wochen bemerkte ich eine Veränderung, wenn sie mir die Blätter einreichten. Ihr Groll legte sich allmählich, und die meisten Studenten schienen die Tests klaglos hinzunehmen. Ab der vierten Woche spürte ich so etwas wie Vorfreude. Ich entdeckte Studentengruppen, die beim Verlassen des Hörsaals miteinander diskutierten.

Gegen Mitte des Semesters nahm die Mehrzahl der Studenten lebhaft am Unterricht teil und setzte sich mit ihren früheren Vorstellungen aktiv auseinander. Der Durchbruch war geschafft, als zum ersten Mal lautes Hurra, aber auch Stöhnen erscholl, nachdem ich auf eine Frage die wissenschaftlich korrekte Antwort erläutert hatte. Diejenigen, die sie richtig beantwortet hatten, rissen die Arme hoch, als habe ihr Footballteam einen Treffer gelandet, oder sie gratulierten einander wie Basketballer nach einem erfolgreich versenkten Ball. Die Studenten begannen mich zu fragen, warum ihre Vorstellungen falsch waren. Auch untereinander diskutierten sie nun heftiger. Nach jeder Sitzung standen vielleicht ein halbes Dutzend Studentengruppen herum, die sich über die neu gestellten Fragen unterhielten und dabei für diese oder jene Lösung eintraten, selbst dann noch, wenn ich den Übungsraum längst verlassen hatte. Mehrere erzählten mir, daß sie nach meinem Unterricht gleich nach Hause gingen, um im Lehrbuch oder im Internet nach der richtigen Antwort zu suchen. Andere berichteten, daß sie die Fragen ihren Eltern und Geschwistern stellten, wenn sie übers Wochenende heimfuhren.

Je weiter ich in meinem Lehrplan vorankam, als desto wirksamer erwiesen sich die Anwesenheitsfragen. Dies verschaffte mir auch die Gelegenheit, Veränderungen in der

Denkweise der Studenten zu überprüfen. Gegen Ende des Seminars beschloß ich, einen unbenoteten Test mit den gleichen Fragen durchzuführen, die während des Semesters gestellt worden waren. Ich legte den Test in die vorletzte Unterrichtswoche, bevor irgend jemand angefangen hatte, für die Abschlußprüfung zu lernen. Ich wollte nämlich wissen, ob nach mehreren oder sogar einem Dutzend Wochen mit den neuen Vorstellungen die Studenten ihre ursprünglichen Auffassungen geändert hatten. Auf den folgenden Seiten sehen Sie einige typische Ergebnisse.

Sie werden merken, daß die meisten hier aufgeführten Antworten auf intuitiven Eingaben des gesunden Menschenverstands beruhen und gleichwohl falsch sind:

Die Ursache der Jahreszeiten ist die sich verändernde Entfernung zwischen Erde und Sonne. (Wie wir gesehen haben, ist die wahre Ursache der Neigungswinkel der Erdrotationsachse.)

Sterne mit großen Massen haben eine längere Lebensdauer als Sterne mit geringeren Massen. (Tatsächlich sind Sterne mit geringerer Masse dauerhafter.)

Die Umlaufzeit (Jahr) einer Erde mit geringerer Masse wäre kürzer als das Jahr heute. (Tatsächlich hat die Masse eines Planeten keinerlei Einfluß auf seine Umlaufzeit um die Sonne.)

Der der Erde ähnlichste Planet ist Mars. (Tatsächlich ist Venus der Erde von der Größe und Zusammensetzung ähnlicher, obgleich der Mars ihr von seiner Rotationszeit näher kommt.)

Der Planet mit der heißesten Oberfläche ist Merkur. (Tatsächlich ist es auf der Venus wegen des Treibhauseffekts in ihrer Atmosphäre heißer.)

Die Frage, wieviel Prozent der Masse des Sonnensystems die Sonne enthält, ist interessant, weil die meisten Leute

Ursache der Jahreszeiten

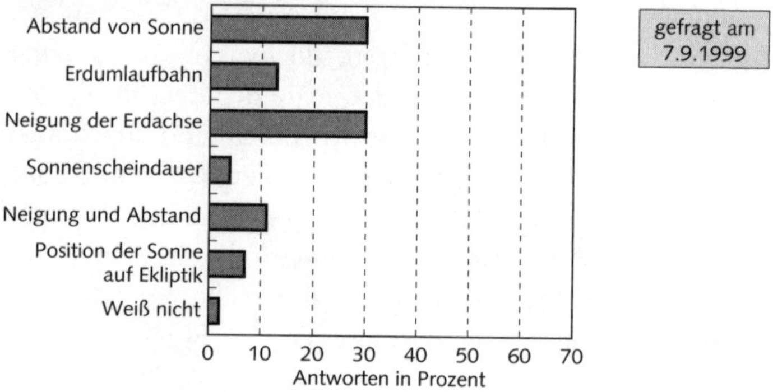

Ursache der Jahreszeiten

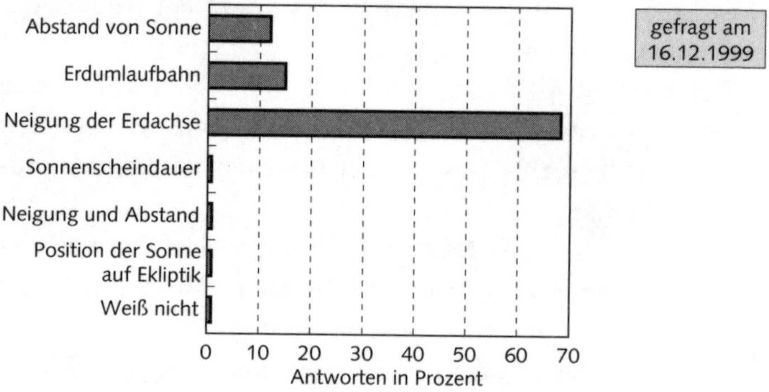

Welcher Anteil der Masse des Sonnensystems befindet sich in der Sonne?

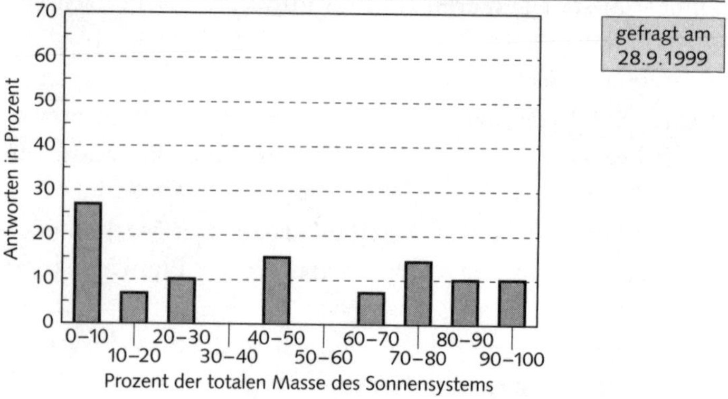

Welcher Anteil der Masse des Sonnensystems befindet sich in der Sonne?

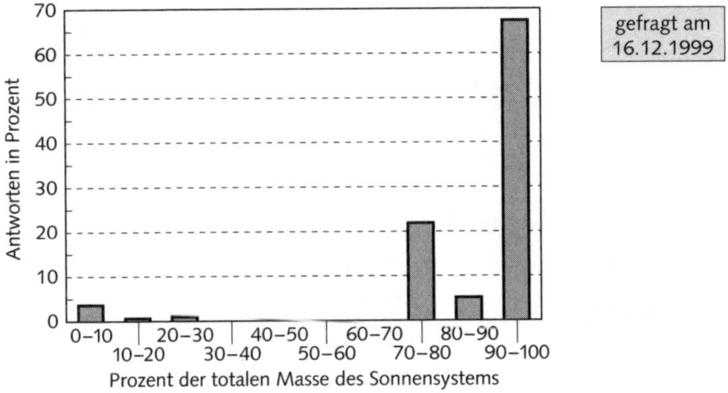

Wer hat die längere Lebensdauer: Sterne mit geringerer oder größerer Masse?

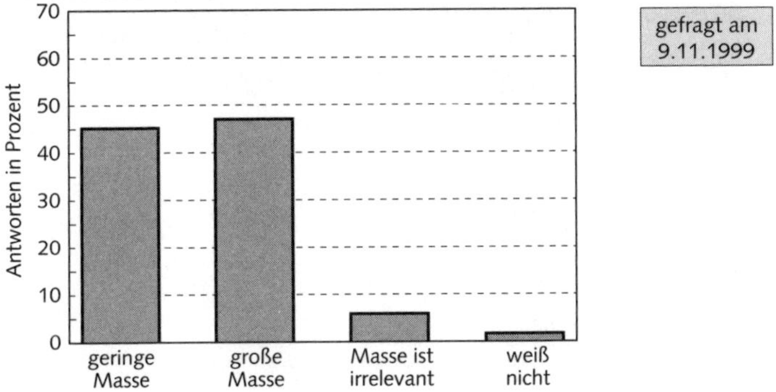

Wer hat die längere Lebensdauer: Sterne mit geringerer oder größerer Masse?

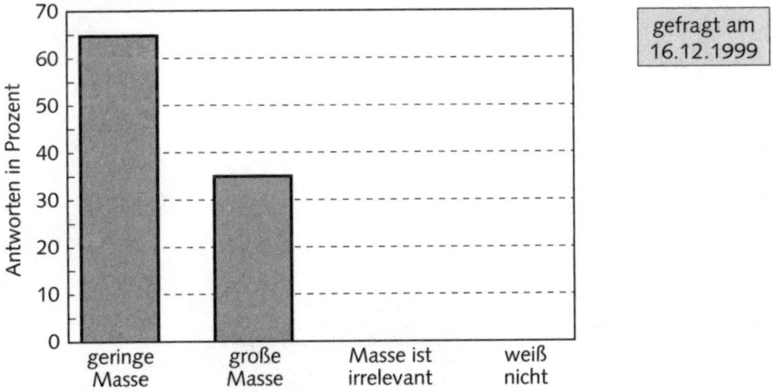

Ändert sich die Umlaufzeit der Erde bei nur der Hälfte ihrer gegenwärtigen Masse?

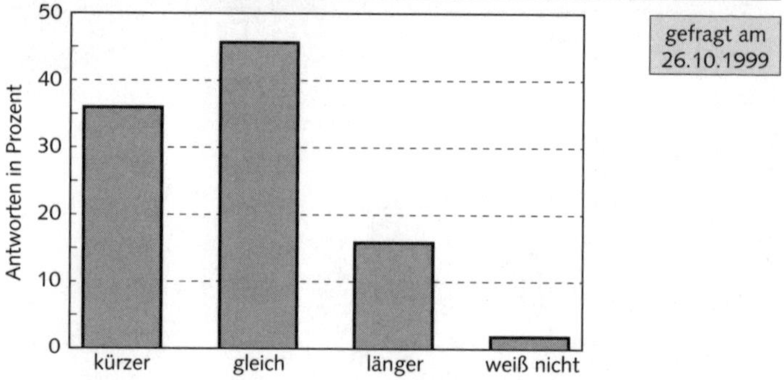

Ändert sich die Umlaufzeit der Erde bei nur der Hälfte ihrer gegenwärtigen Masse?

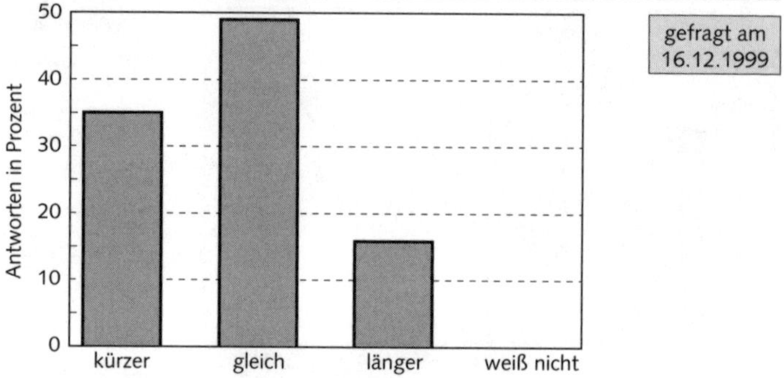

Welcher Planet ist physisch der Erde am ähnlichsten?

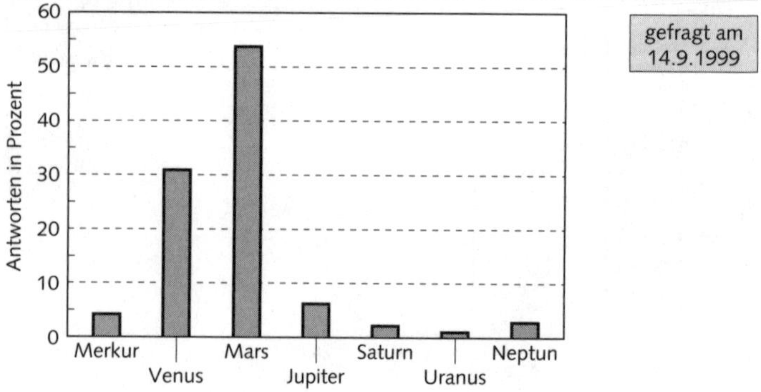

Welcher Planet ist physisch der Erde am ähnlichsten?

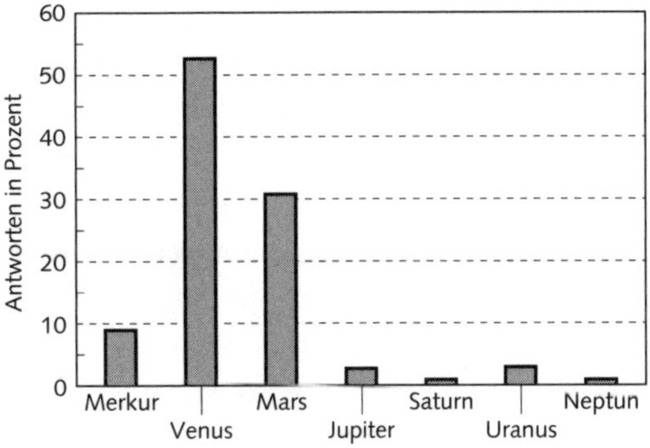

gefragt am
16.12.1999

Welcher Planet hat die heißeste Oberfläche?

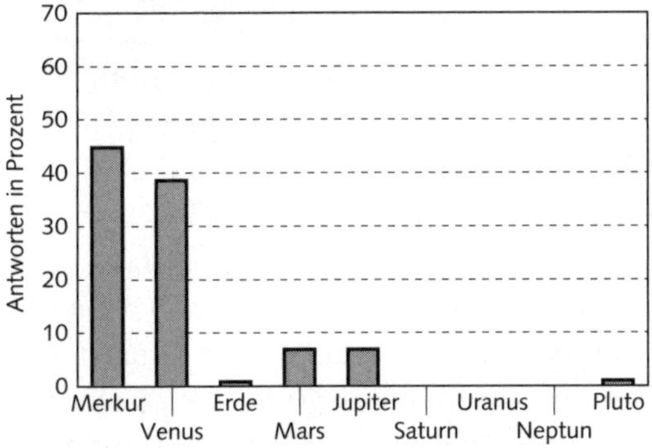

gefragt am
30.9.1999

Welcher Planet hat die heißeste Oberfläche?

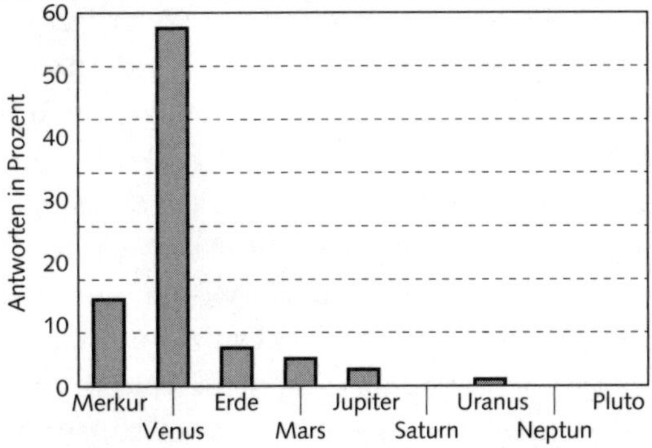

gefragt am
16.12.1999

eine bestimmte Vorstellung vertreten, es aber keine *allgemein verbreitete* gibt. Die Annahmen reichen von viel weniger als einem Prozent bis zu über 99 Prozent. (Der tatsächliche Prozentsatz liegt bei etwas über 99,85!)

Aus dem Umstand, daß die falschen Antworten auf die Frage nach der Umlaufzeit einer massigeren oder weniger massigen Erde besonders hartnäckig vertreten werden, ersieht man, daß zu einem Umdenken oft Einsicht in die zugrundeliegende Mathematik erforderlich ist. Ich begnüge mich in diesem Astronomiekurs mit sehr wenig Mathematik. Mit Gleichungen zu jonglieren, um nachzuweisen, daß die Masse eines Körpers keinen Einfluß auf die Dauer seines Umlaufs um die Sonne hat, würde viele Studenten überfordern. Auch höhere Semester, die sich noch nicht mit der Mathematik auseinandergesetzt haben, beantworten die Frage falsch. Nachdem sie jedoch die zugehörige Mathematik durchgearbeitet haben, kommen die meisten von ihnen auf die richtige Antwort.

Die Zahl von Studenten, die früher falsche Auffassungen vertraten, ist tatsächlich geringfügig größer als die von mir ermittelte. Das entnahm ich Äußerungen von einigen Studenten, die nach Seminarschluß ihre Antworten diskutierten. Sie sagten, wann immer es auf eine Frage nur zwei mögliche Antworten gebe (wie in »Rotiert der Mond?« »Was ist langlebiger – Sterne mit großer Masse oder Sterne mit geringer?« »Wie groß ist die Sonne im Vergleich zu anderen Sternen?«), schrieben sie immer diejenige hin, an die sie nicht glaubten, *und lagen damit richtig*. Das gehört natürlich zu den besonders schlauen Tricks, auf die einige Studenten verfallen. Dabei versichere ich ihnen während des Semesters wiederholt, daß mir ihre Antworten nur helfen sollen, ihre mitgebrachten Vorstellungen zu verstehen, und sie nicht gegen sie verwendet, ja nicht einmal mit ihren Namen verglichen werden. Daß einige Studenten dennoch versuchen, auf »die richtige Antwort« zu kommen, läßt vermuten, daß sie in den Fragen einen Leistungstest wittern und sie nicht als eine Möglichkeit betrachten, um herauszufinden, was sie vorher dachten. Dies ist nur eine von mehreren Verteidigungsstrategien, die Leute entwickeln, anstatt ihre Annahmen und Überzeugungen im Lichte neuer Erkenntnisse und Informationen kritisch zu überdenken.

Da meine Fragen im Laufe des Semesters bei den Studenten allerlei Emotionen ausgelöst hatten, war ich neugierig, was sie davon hielten, daß ich sie überhaupt gefragt hatte. Daher wollte ich am Ende des Semesters von ihnen wissen, ob die Fragen ihre Lernerfahrung und ihren Denkprozeß beeinflußt hätten (Frage 22 oben). Hier einige typische Antworten:

»Ja, sie haben mir gezeigt, wie wenig ich weiß.«

»Ja, man lernt aus den Fehlern anderer.«

»Ja, sie haben mich dazu gebracht, selbst nachzudenken und anzuwenden, was ich während des Seminars lernte.«

»Ja, ich entdeckte, wie naiv einige meiner Denkmuster gewesen sind. Es ist fast lustig. Ich habe *eine Menge* in dieser Veranstaltung gelernt. Danke.«

Ich erhielt auch einige neutrale Reaktionen wie »sie haben mir nicht weitergeholfen«, aber ein wirklich negativer Kommentar steht aus. Mit starker Untertreibung kann man sagen, die Anwesenheitsfragen veranlaßten mehr Studenten dazu, mehr Zeit mit Diskussionen über das Seminar zu verbringen, als sie es sonst tun. In vielerlei Hinsicht wurde aus einer normalen Lehrveranstaltung mit vielen Teilnehmern eine dynamischere und lehrreichere Unterrichtsform, auch wenn sich mit diesem Verfahren natürlich nicht alle Nachteile großer Lehrveranstaltungen ausgleichen lassen. Die Studenten kapierten, daß sie mit ihren falschen Vorstellungen über den Kosmos nicht allein standen. Diese Erfahrung in einer großen Gruppe zeigte ihnen, daß es ganz in Ordnung war, sich das auch einzugestehen. Im übrigen bewährte sich die Idee, durch Fragen, die man den Seminarteilnehmern am Ende jeder Sitzung stellte, die Anwesenheitsquote anzuheben. Sie blieb während des gesamten Semesters erstaunlich hoch, anstatt nach dem ersten Test dramatisch abzufallen, wie es zuvor immer der Fall gewesen war. Darüber hinaus schnitten auch die schwächeren Studenten besser ab als sonst.

Die Leere füllen

Sobald Sie sich damit abgefunden haben, daß eine Ihrer festen Überzeugungen über einen Sachverhalt falsch ist, beginnen Sie sie sogleich im Lichte Ihrer neuen Erkenntnis umzuformulieren. Aber ohne sich möglichst genau zu informieren oder über den Sachverhalt mehr Klarheit zu verschaffen, werden Sie wahrscheinlich wieder zu einem Fehlurteil oder einer nur teilweise richtigen Auffassung gelangen. Ja, Sie reden sich vielleicht sogar ein, daß Ihre ursprüngliche Überzeugung doch richtig war. Das ist durchaus üblich – Sie hören etwas Neues, aufgrund dessen Sie Ihre Vorstellungen korrigieren müßten, doch wenn Sie es nicht eindeutig bestätigt finden und eine überzeugende Alternative sehen, fallen Sie wieder in Ihre alte Denkweise zurück.

Zwischen dem Moment, in dem man seine alten Vorstellungen aufgibt, und dem Augenblick, in dem man sich neue zu eigen macht oder wieder früheren zuwendet, vergeht sehr wenig Zeit, vielleicht ein paar Tage. Dieses kleine Fenster stellt auch den besten Zeitpunkt dar, wissenschaftlich korrekte Kenntnisse zu erwerben, entweder auf eigene Rechnung oder unter Anleitung eines Lehrers. Angenommen, Sie halten den Polarstern für den hellsten Stern am nördlichen Himmel, und ich sage Ihnen, daß der hellste Stern, den man dort sieht, der Sirius ist. Wenn Sie keinen Beweis dafür bekommen, werden Sie den Sirius sehr schnell vergessen haben. Was nicht so leicht der Fall sein wird, wenn Sie meine Behauptung selbst überprüfen. Gehen Sie also in einer der nächsten klaren Nächte hinaus, suchen Sie den Sirius und vergleichen Sie seine Helligkeit mit der des Polarsterns und der anderen Sterne am Firmament. Den Sirius können Sie nicht übersehen, wenn der Orion am Nachthimmel steht. Machen Sie den Gürtel des Orion ausfindig, und gehen Sie von dort in einer Geraden nach links unten. Der erste helle Stern, den Sie sichten werden, ist der Sirius. Den Polarstern finden Sie, indem Sie zuerst den Großen Wagen orten, die beiden Sterne suchen, die von der Deichsel am weitesten weg sind, und dann der Linie nach oben folgen, von diesen zum ersten nicht ganz so hellen Stern. Durch einen Vergleich erkennen Sie sofort, daß der Sirius heller ist als der Polarstern und alle anderen Sterne am Himmel. Auf diese Weise setzt sich die richtige Annahme in Ihnen fest, weil sie die von mir aufgestellte Behauptung selbst bestätigt sehen und weil Sie verschiedene Teile Ihres Gehirns einsetzen, um diese Erkenntnis zu gewinnen.

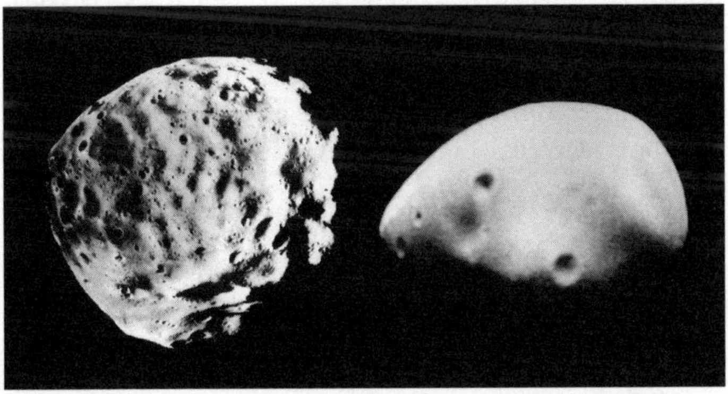

Abbildung 19: Die Marsmonde Phobos (rechts) und Deimos.

Natürlich ist es oft nicht möglich, praktische Erfahrungen zu machen oder Beobachtungen durchzuführen. Fast so lehrreich sind Abbildungen, Versuchsergebnisse oder andere konkrete Beweise, die Ihnen die Unhaltbarkeit einer Annahme direkt vor Augen führen. Wenn Sie zum Beispiel glauben, alle Monde seien kugelförmig wie der unsere, dürfte Sie ein Blick auf die Aufnahme von den Marsmonden Phobos und Deimos in Abbildung 19 sofort und nachhaltig eines Besseren belehren.

Zu wissen, wie verbreitet falsche Vorstellungen sind und wie sie unser Denken beeinträchtigen können, sind die ersten Schritte, um sie anzugehen und zu ersetzen. Den Beschützerinstinkt aufzugeben, den wir gegenüber dem, was wir für richtig halten, oft hegen, ist ebenso wichtig. Ein Lehrer könnte etwa sagen »Viele Leute glauben, ein Teleskop sei nur dazu da, um Dinge zu vergrößern. Sehen wir nun, was es wirklich tut.« Wahrscheinlich ist Ihnen das Problem eines solchen Ansatzes schon klar: Die Angesprochenen gehen in die Defensive und tun alles mögliche, um ihre bedrohte Überzeugung zu schützen. Wie eben bemerkt, besteht ein erfolgreicherer Ansatz darin, die Studenten so anzuleiten, daß sie den Widerspruch zwischen ihrer Vorstellung und der Funktionsweise der Natur selbst entdecken. Eine andere, weniger direkte aber auch weniger auf Demonstrationsmaterial angewiesene Methode ist, hinter die Verteidigungslinien zu treten: direkt auf den Irrglauben hin zu unterrichten.

Angenommen beispielsweise, Sie hören in meinem Seminar etwas über die Ringe des Saturn. Viele Leute assoziieren mit dem Wort »Ring« die Vorstellung von einem festen Band, das jenen Planeten umkreist. Bilder, die von kleinen, Teleskopen auf der Erde aufgenommen wurden, stützen zweifellos den Glauben, daß die Ringe fest seien und vielleicht zwei oder drei Lücken aufweisen (die Cassinische und die Enckesche Teilung). Zwar zeigen die von der Sonde Voyager aufgenommenen hochauflösenden Fotos mit den Saturnringen zahlreiche konzentrische »Kringel« von unterschiedlicher Helligkeit, aber bisher haben wir noch keine Aufnahmen, die einzelne Objekte erkennen lassen, aus denen die Ringe bestehen. Also verwundert es nicht, daß viele Leute glauben, Saturn habe ein paar Ringe, die fest sind.

Zu diesem Zeitpunkt hätten Sie im Seminar bereits von den Keplerschen Gesetzen erfahren (Umlaufbahnen sind elliptisch; je weiter ein Planet von der Sonne entfernt ist, desto langsamer bewegt er sich auf seiner Umlaufbahn und umgekehrt; und der Zeitraum eines Planetenumlaufs steht im direkten Verhältnis zu seinem durchschnittlichen Abstand von der Sonne). Die Ringe des Saturn gehorchen den Keplerschen Gesetzen, weil sie unter dem Einfluß einer Gravitationskraft kreisen, genauso wie die Planeten, die die Sonne umkreisen. Beobachtungen haben ergeben, daß das Hauptringsystem des Saturn unglaubliche 50 000 Kilometer breit ist, was mehr als dem dreifachen Erddurchmesser entspricht. Unter Verwendung der Keplerschen Gesetze können Sie errechnen, daß der innere Rand des Ringsystems fast zweimal so schnell wie der äußere Rand rotiert.

Nehmen wir nun an, die Ringe des Saturn seien tatsächlich fest. Die Tatsache, daß die verschiedenen Teile solch breiter Ringe sich mit so überaus unterschiedlichen Geschwindigkeiten bewegen, legt die Vermutung nahe, daß sie, wenn sie fest wären, rascher auseinandergerissen würden, da der innere Teil eines jeden Rings seinem äußeren Teil quasi voranrasen würde.

»Aber was ist, wenn der Ring fest ist und stark genug, um sich selbst zusammenzuhalten, entweder durch seine eigene Gravitation oder weil er aus einem sehr hartem Material wie Eisen besteht?«

Gute Einwände, die es zu bedenken gilt. Beobachtungen, die von den Ringen hochkant gemacht wurden, zeigen, daß ihre Dicke nur ein paar Kilometer beträgt. Da sie so dünn sind, verfügen sie nicht über die nötigen Anziehungskräfte, um als einzelner Ring zusammenzubleiben, besonders angesichts der Scherkräfte, die von ihrer Umlaufbewegung erzeugt werden, wie Keplers Gesetze deutlich machen. Wenn außerdem ein fester Ring auf dieselbe Weise zusammengehalten würde wie ein einzelner Felsblock oder eine Eisenschicht auf der Erde (durch elektrostatische Kräfte zwischen den Atomen), finge der Ring wegen der wechselnden Anziehung der Saturnmonde zu vibrieren an, wie das Schlagfell einer Trommel. Die Vibrationen würden ein so dünnes Band schon innerhalb weniger Tage zum Zerreißen bringen. Überdies rasen durch die Ringe Weltraumtrümmer auf den Planeten zu. Diese Materie hätte einen festeren Ring schon längst brüchig werden und auseinanderfallen lassen.

Selbst zu sehen, welche Prozesse tatsächlich ablaufen, ist natürlich ein viel überzeugenderer Beweis dafür, daß die Ringe aus vielen kleineren Partikeln (in der Regel von Kieselstein- bis Felsbrockengröße) bestehen, als wenn man gesagt bekommt, die Ringe könnten aus physikalischen Gründen nicht fest sein. Nun haben Sie die für ein Umdenken notwendige Information. Im besten Fall wird die Position, daß Planetenringe nicht fest sind, auch von anderen Informationsquellen bestätigt, die viele[42] der für Ihre Überzeugung relevanten Vorstellungen untergraben, an denen Sie bisher festgehalten haben.

Es ist interessant, was die Veränderung einer tiefsitzenden Überzeugung zuweilen bewirkt. Man kann sich oft gar nicht vorzustellen, jemals eine andere Ansicht vertreten zu haben. Ich las kürzlich in einem Artikel, daß Kinder einiges Geschick beweisen, die Unterschiede zwischen ihrer alltäglichen Wahrnehmung, daß die Erde flach sei, mit der »Tatsache« zu versöhnen, die sie von ihren Lehrern und aus anderen glaubwürdigen Quellen erfahren, wonach die Erde rund ist. Statt ihr Modell einer flachen Erde zu verwerfen, verbinden sie es mit der Vorstellung von der runden Erde, woraus sich die Form einer Scheibe ergibt. Die Erde ist flach, dort wo wir leben, und hat einen runden Rand.

Neugierig geworden, bat ich an jenem Abend meinen Sohn Josh, mir die Form der Erde zu beschreiben. Auf ein Blatt Papier zeichnete er ein kreisartiges Gebilde und eine aufrecht stehende Figur in der Mitte. Am nächsten Tag fragte ich meine Studenten, ob sie sich jemals die Erde als eine flache Scheibe vorgestellt hätten. Ein paar Leute hoben die Hand, nicht mehr als ein halbes Dutzend von insgesamt 250 Studenten. Im Lauf der nächsten Wochen kamen mehrere Studenten mit ähnlichen Geschichten in mein Büro. Sie hatten ihren Eltern von der Sache mit der scheibenförmigen Erde erzählt und von ihnen erfahren, daß sie als Kinder an solche oder ähnliche Versionen der Erde geglaubt hätten. Die Studenten wußten es nur schlicht nicht mehr.

Warum vergessen Leute so oft ihre früheren Auffassungen? Jedesmal wenn wir feste Überzeugungen, die sich als unwiderlegbar falsch erwiesen haben, durch richtige ersetzen, vollziehen sich in unseren Köpfen dramatische Neuorientierungen. Dazu gehört, daß wir Informationen so umorganisieren, daß sie nicht mehr mit unseren früheren Überzeugungen im Einklang stehen. Wenn wir über etwas nachdenken, kommen wir direkt auf unsere neuen Überzeugungen, so daß es uns schwerfällt, die alten zu rekonstruieren.

Tabula Rasa

Lassen Sie mich dieses Kapitel über das Austreiben falscher Vorstellungen mit der Geschichte einer Studentin beschließen, die bei mir einen Einführungskurs in Astronomie besuchte. Ich nenne sie hier M.F. Zu Beginn des Semesters kam sie in mein Büro und erklärte mir, sie habe sich nie für Astronomie interessiert. Selbst als Kind sei ihr der nächtliche Himmel gleichgültig gewesen. Journalismus war ihr Hauptfach, und Astronomie belegte sie nur, um ihren naturwissenschaftlichen Schein zu machen. »Nehmen Sie es nicht persönlich«, sagte sie, »aber ich kann mir nicht vorstellen, wie Sie es aushalten, die ganze Zeit so abstrakt zu denken.« Sie wollte wissen, wieviel Mathematik sie brauche und ob es dafür Tutoren gebe, da sie ihrer Fähigkeit, über klare wissenschaftliche Sachverhalte nachzudenken, nicht traue. Ich versicherte ihr, daß das Seminar durch und durch beschreibender Natur sei und der Universität Tutoren zur Verfügung stünden. Mich amüsierte ihre falsche Vorstellung, Naturwissenschaft sei »klar und feststehend«, mehr als der Umstand, daß sie sich nie für Astronomie interessiert hatte.

Vor jeder Prüfung kam M.F. mit Fragen zu mir. In der Regel ging es darum, wieviel detaillierte Kenntnisse verlangt würden. Sie nahm den Kurs sehr ernst, brachte ihre Notizen in eine Form, die für ihre Art des Lernens besonders nützlich war. Daß an M.F. etwas ungewöhnlich war (außer dem Umstand, daß sie sich nie für Astronomie interessiert hatte) fiel mir ein weiteres Mal auf, als sie in die abschließende Prüfung ging. Vergessen Sie nicht, daß ich den Studenten die Chance gebe, zusätzliche Punkte zu bekommen, wenn sie zweiundvierzig falsche Vorstellungen einreichen, die ich während des Semesters richtiggestellt habe. Als sie mir ihre Liste gab, sagte sie mir, sie würde zwar gern die Zusatzpunkte haben, aber es fielen ihr nicht mehr als ein Dutzend falscher Vorstellungen ein. Nie war mir ein Student begegnet, der Schwierigkeiten hatte, zweiundvierzig zu nennen, gar nicht zu reden von zwölf! Die eigentliche Überraschung kam aber, als ich mich hinsetzte, um die endgültigen Noten festzulegen. Ich begann mit den Prüfungsnoten und fügte dann die Zusatzpunkte hinzu. Schließlich druckte ich eine Tabellenkalkulation aus, die alle Ergebnisse anzeigte, so daß ich die Noten jedes einzelnen Studenten individuell durchsehen und Grenzfälle ermitteln konnte, die besondere Überlegung erforderten. Die Spalte der vom Computer errechneten Kursnoten wies zumeist zweistellige Zahlen auf, gelegentlich welche von 100 bis 104. Aus purer Neugier schaute ich nach, wer die einzige 104 bekommen hatte. Es war M. F.

Überrascht sah ich mir ihre einzelnen Noten an. Von den während des Semesters in Tests gestellten 250 Fragen hatte sie nur zwei falsch beantwortet. Wie war das möglich? Ich muß gestehen, mein erster Gedanke war, sie habe gemogelt, vielleicht indem sie eine Doppelgängerin geschickt hatte, die ihre Prüfungen absolvierte. Aber sogleich verwarf ich den Gedanken, weil mir einfiel, daß sie mir mindestens zwei Prüfungsarbeiten selbst ausgehändigt hatte, darunter die mit der Abschlußprüfung, auf die sie eine ausgezeichnete Note bekam. Dann drängte sich mir die logische Erklärung von selbst auf: Sie war mit wenigen falschen Vorstellungen oder anderen unzutreffenden Annahmen über Astronomie ins Seminar gekommen. Daher brauchten die Informationen, die ich gab, nicht gegen falsches Wissen anzukämpfen, das schon im Kopf saß. So konnte sie sich mehr oder weniger von Grund auf ein richtiges Bild vom Kosmos machen und mit dem erworbenen Wissen nicht nur auswendig gelernte Fragen, sondern auch solche beantworten, die Nachdenken erforderten.

7 *Rasiermesser und Waffelhörnchen*

Eine Anleitung zum Selbermachen

Kritisches oder skeptisches oder wissenschaftliches Denken hat viele Definitionen. Ich meine damit die Fähigkeit, den Wert, die Genauigkeit und Berechtigung einer Behauptung zu beurteilen und durch Nachdenken zu einer vertretbaren Entscheidung, Auffassung oder Handlungsweise zu gelangen.

Leider lösen die Adjektive »kritisch« und »skeptisch« bei manchen Leuten negative Gefühle aus und sind deshalb in vielen Kreisen zu Unrecht diskreditiert. Unter einer kritischen Person verstehen wir oft jemanden, der darauf aus ist, überall Fehler zu entdecken. Skeptische Menschen ziehen nach landläufiger Meinung alles, was sie hören, in Zweifel. Eine kritische oder skeptische Haltung wirkt zuweilen provokant, ist aber in Wirklichkeit sehr konstruktiv.[43]

Ein paar der im folgenden aufgeführten Leitlinien für wissenschaftliches Denken habe ich schon weiter oben angesprochen, aber es scheint mir hilfreich, sie alle an einer Stelle zusammenzustellen.

1. Verlassen Sie sich nicht auf nichtrepräsentative, tendenziöse oder unvollständige Daten, um etwas zu beweisen.

Wenn die Leute, die über ihr bevorzugtes Schmerzmittel befragt wurden, ausschließlich Mitarbeiter des Betriebs waren, der dieses Produkt herstellt oder vertreibt, können sie schwerlich als repräsentativ gelten. Sie sind nicht objektiv, weil sie ein starkes persönliches Interesse an dem Erfolg des Arzneimittels haben – möglicherweise hängen sogar ihre Arbeitsplätze davon ab.

Unvollständig sind Daten dann, wenn nicht genügend Ergebnisse aus genügend Versuchen, Studien oder von Testpersonen vorliegen, um eine begründete Schlußfolgerung daraus zu ziehen. Infolgedessen liefern auch individuelle

»Fallstudien« und »persönliche Erfahrung« nur unzureichende Beweise. Wenn zum Beispiel mein Hausarzt ein bestimmtes Medikament empfiehlt, weil es mehreren seiner Patienten geholfen hat, stellt er indirekt eine Behauptung auf, die nicht hinreichend begründet ist. Angesichts einiger, möglicherweise unterschiedlich gelagerter Fälle, die zudem nicht wissenschaftlich ausgewertet wurden, steht ihm eine solche Schlußfolgerung nicht zu.

Sie werden oft über »Fallstudien« hören oder lesen, in denen ein Kranker durch ein neues Medikament geheilt wurde oder eine Gruppe von Kindern überdurchschnittliche Prüfungsergebnisse erzielte, nachdem sie nach einer neuen Lehrmethode unterrichtet worden war. Derlei Einzelfälle rechtfertigen noch lange nicht den Schluß, daß das Medikament oder die Lehrmethode generell erfolgreich sein wird, ja nicht einmal, daß sie in diesen speziellen Fällen tatsächlich zum Erfolg geführt haben. Wenn nämlich Leute wissen, daß sie als Versuchspersonen dienen sollen, schneiden sie häufig überdurchschnittlich gut ab, ganz egal, was mit ihnen gemacht wird. Das ergab schon eine Studie, die zwischen 1927 und 1932 in einem Western-Electric-Werk in Cicero, Illinois, zum Zwecke der Produktivitätssteigerung durchgeführt wurde. Die Arbeiter waren zuvor darüber informiert worden. Was immer die Forscher dann ausprobierten – ob sie die Beleuchtung, die Luftfeuchtigkeit oder den Pausenplan änderten –, die Produktivität stieg.[44] Auch in den strengen Wissenschaften wie der Physik und der Astronomie, reichen die Resultate einzelner Beobachtungen oder Versuche, die die Stichhaltigkeit einer bestimmten Theorie beweisen sollen, nicht aus, um andere Wissenschaftler davon zu überzeugen. Jede Beobachtung und jedes Experiment muß von unabhängigen Forschern wiederholt und das jeweilige Ergebnis genau begründet werden.

Wir alle verlassen uns gern auf unsere persönlichen Erfahrungen, um zu Schlüssen zu gelangen, aber bei wissenschaftlichen Fragen versagt dieses Vorgehen oft kläglich. Wenn ein Medikament bei Ihnen zu wirken scheint, werden Sie wahrscheinlich Ihren Freunden davon erzählen und es bei Bedarf empfehlen. Doch was Ihnen oder mir zu helfen scheint, braucht nicht unbedingt das Heilmittel der Wahl zu sein, und selbst wenn, schlägt es womöglich bei den meisten anderen überhaupt nicht an. Um stichhaltige Behauptungen aufzustellen, brauchen Sie genügend wissenschaftlich geprüfte Informationen.

2. Stellen Sie Autoritäten in Frage.

Nur weil irgendeine Autoritätsperson etwas behauptet, heißt das noch lange nicht, daß es so ist, denn Autoritätspersonen sind auf den Gebieten, über die sie reden, oft keine Experten. Dabei kommen einem Grundschullehrer, Nachrichtenmoderatoren und Politiker in den Sinn. Wenn ein Politiker gegen Ausgaben für ein wissenschaftliches Projekt wettert und dabei durchklingen läßt, Experten hätten ihm versichert, es sei das Geld nicht wert, dann können Sie ziemlich sicher sein, daß das Projekt seinem Wahlkreis oder Bundesstaat nichts einbringt. Mit anderen Worten, über wissenschaftliche Belange werden unter Umständen Behauptungen aufgestellt, die nichts mit der Sache zu tun haben und nur dem Interesse dessen dienen, der sie vorbringt.

3. Lehrmeinungen auf naturwissenschaftlichem Gebiet sollte man solange als richtig betrachten und sich zu eigen machen, bis das Gegenteil bewiesen ist.

Bei wichtigen Fragen sollte man sich direkt darüber informieren oder die Meinungen von Experten einholen, worunter ich hier wohlgemerkt zuverlässige Wissensquellen und nicht Autoritäten verstehe. Anders als diese, die insgeheim von Ihnen erwarten, daß Sie unbedenklich glauben, was sie Ihnen erzählen, versuchen Experten nicht, Sie zu irgend etwas zu überreden. Experten teilen ihr Wissen in erster Linie, um Sie auf dem laufenden zu halten und vielleicht selbst etwas Publizität zu bekommen.

Wissenschaftliche Experten sind geschulte, erfahrene Leute, die auf ihrem Spezialgebiet weitergeforscht und sich mit Veröffentlichungen in der Fachwelt einen Namen gemacht haben. Mit ihren Publikationen, die von unabhängigen Kollegen in einschlägigen Zeitschriften besprochen werden, nehmen sie an einem Diskussionsprozeß teil, bei dem es um die Sache geht und nicht um Personen oder außerwissenschaftliche Interessen.

Allerdings kommt es nicht selten vor, daß die Expertenmeinungen über bestimmte Aussagen oder Theorien voneinander abweichen oder einzelne Fachleute Forschungsergebnisse unterschiedlich interpretieren. Da viele wissenschaftliche Studien nötig sind, um Behauptungen zu beweisen, dauert es oft eine gewisse Zeit, bis sich eine mehrheitsfähige Lehrmeinung durchsetzt. Dem Laien bleibt dann nichts weiter übrig, als abzuwarten. (Das ist natürlich leichter gesagt als getan, denn wenn wir etwas wissen wollen, wollen wir es meist sofort wissen.)

Auf der Suche nach vermeintlich masselosen Teilchen, den sogenannten Neutrinos, die im Sonneninnern erzeugt werden, entdeckte man bei Experimenten in den 1960er Jahren weniger als die Hälfte der Neutrinos, die von der Theorie der Produktionsgeschwindigkeit von Neutrinos vorausgesagt worden waren. Einige Experten in der Solarphysik schlossen daraus, daß sich in unsere Kernfusionstheorie irgendein Fehler eingeschlichen habe. Andere Fachleute hielten dagegen, die Fusionstheorie sei korrekt, aber hinsichtlich der Eigenschaften der Neutrinos habe man sich geirrt, und die Verfahren, sie zu entschlüsseln, müßten infolgedessen verbessert werden. Beide Erklärungen hatten weitreichende Konsequenzen für unser Naturverständnis, also wurden weitere Experimente durchgeführt. Jahrzehnte später stellte sich dann heraus, daß unsere Fusionstheorie völlig in Ordnung war, die Neutrinos jedoch andere Eigenschaften besitzen, als ursprünglich angenommen. Nach den jüngsten Forschungsergebnissen besteht zunehmend Einigkeit darüber, daß Neutrinos Masse haben, was wiederum wichtige Auswirkungen auf unsere Einsicht in die Evolution des expandierenden Universums hat.

Selbst wenn schließlich ein Konsens in strittigen wissenschaftlichen Fragen erzielt worden ist, wird eine Minderheit von Experten dennoch abweichende Ansichten vertreten. Während sich zum Beispiel derzeit ein Konsens herausbildet, daß sich das Universum ständig ausdehnen wird, glauben einige Astronomen und Astrophysiker immer noch, daß es eines Tages wieder in sich zusammenfällt. Einige von ihnen halten die Beweislage für unzureichend, um die Auffassung von einer permanenten Expansion zu stützen, andere hingegen sind aus religiösen oder ästhetischen Gründen überzeugt, das Universum müsse irgendwann einmal doch wieder zusammenstürzen.

Minderheitenmeinungen in der Wissenschaft leisten oft nichtwissenschaftlichen Überzeugungen Vorschub. So behaupteten 1989 zwei Forscher der University of Utah, sie könnten Atomkerne zum Verschmelzen bringen, und zwar unter Bedingungen, die die große Mehrheit der Wissenschaftsgemeinde für hierzu nicht geeignet hielt. Dieses Verfahren wurde als kalte Fusion bekannt. Spätere Bemühungen unabhängiger Forscher, das Experiment zu wiederholen, scheiterten allesamt, obzwar interessante, neue chemische Eigenschaften der Materie beobachtet wurden, die die anfänglichen Versuchsergebnisse erklären konnten. Bis heute glauben einige Leute immer noch, daß kalte Fusion möglich sei, und werben dafür in Büchern und Zeitschriften. Dennoch ist durch kalte Fusion noch keinerlei Energie erzeugt worden und wird es wohl auch nie werden.

Vergessen Sie nicht, daß Wissenschaftler, die auf einem bestimmten Gebiet als Experten gelten, nicht notwendigerweise auf einem anderen Feld über die gleiche Fachkompetenz verfügen und ihre diesbezüglichen Aussagen infolgedessen mit Vorsicht genossen werden sollten. Wenn ein angesehener Kosmologe ein Land veranlaßt, Millionenbeträge in geologische Forschungen zu investieren, die die überwiegende Mehrzahl der Geologen für zweifelhaft hält, muß man sich fragen, ob das Renommee des Befürworters oder die wissenschaftliche Überzeugungskraft des Projekts den Ausschlag gab. Dementsprechend sollten Sie sich erst über die Qualifikationen eines »Experten« informieren, ehe Sie entscheiden, wieviel sie ihm glauben können.

4. Verlassen Sie sich nicht auf die Worte der Alten.

Dies ist eine logische Folge der Maxime, Autorität zu hinterfragen, sollte aber gesondert erörtert werden. Nur weil eine Theorie Jahrhunderte oder Jahrtausende alt ist, heißt das nicht, daß sie stimmt. Überdies gibt es keinen wissenschaftlichen Beweis dafür, daß antike Philosophen oder Theologen zu Informationen über Naturgesetze Zugang hatten, die uns heute nicht zur Verfügung stehen – falls wir danach forschen. Wenn also eine antike Autorität (sagen wir Aristoteles) etwas behauptete (etwa daß schwerere Gegenstände an sich schneller fallen als leichtere), das durch spätere Versuchsergebnisse (in diesem Fall durch die von Galileo im 17. Jahrhundert erzielten) widerlegt wurde, müssen wir jene historische Behauptung ablehnen. Ich habe mich wirklich oft gefragt, warum Aristoteles nicht selbst ein paar einfache Versuche durchgeführt hat, die ihm vor Augen geführt hätten, daß seine Vorstellung falsch war. Vielleicht hat er es tatsächlich getan, dann aber die Resultate verworfen, weil sie nicht seiner falschen Annahme entsprachen. Oder vielleicht verfälschte der Luftwiderstand seine Ergebnisse.

5. Traditionen und althergebrachte Überzeugungen sind keine hinreichende Rechtfertigung, etwas für wahr zu halten.

In meiner Familie gibt es eine vier Generationen zurückreichende Überlieferung, wonach wir von einem berühmten Theologen namens Zvi Hirsch Kalischer abstammen. Ich erfuhr davon Anfang der 1990er Jahre, als ich mich für meine genealogischen Wurzeln zu interessieren begann. Einige meiner neu entdeckten Cousins und ich versuchten herauszufinden, ob an dieser Geschichte etwas Wahres dran ist. Kalischer hat im frühen 19. Jahrhundert gelebt, und verschiedene historische und gesellschaftliche Traditionen und Barrieren zwischen damals und heute hinderten uns daran, der Wahrheit näher zu kommen. Selbst Kalischer-Forscher vermochten uns keine definitive Antwort zu geben.

Die Frage lautet also: Sollen wir die uns angenehme, aber nicht erwiesene Geschichte glauben oder nicht? Ich meine, nein. Erstens, wenn wir diese auf bloßem Hörensagen beruhende Überlieferung weiterverbreiten, werden sich künftige Generationen bei dem Versuch, die Wahrheit zu ergründen, mit noch widersprüchlicheren und unzuverlässigeren Beweisen herumschlagen müssen. Zweitens kommt es mir anmaßend vor, ausgewiesenen Kalischer-

Nachkommen zu sagen, wir seien miteinander verwandt, obwohl es womöglich gar nicht stimmt.

Mit Hilfe einer wissenschaftlichen DNA-Analyse läßt sich jedoch die Frage der Abstammung heutzutage ziemlich zweifelsfrei beantworten. Viele Überlieferungen und Legenden sind inzwischen durch solche Methoden verifizierbar.

6. *Achten Sie lieber auf die Argumente als auf die Person, die sie vorbringt.*

Weil Sie solide Informationen auch aus unangenehmen oder zwielichtigen Quellen bekommen können, beurteilen Sie Daten stets danach, was sie taugen. Während des Kalten Kriegs wurden sowjetische Wissenschaftler im Westen oft verächtlich behandelt, zum Teil, weil sie »dem Feind« bei der Entwicklung von Massenvernichtungswaffen halfen. Trotzdem war das, was diese Leute betrieben, Wissenschaft. Wollten daher westliche Wissenschaftler nicht Jahre damit vertun, bestimmte Dinge noch einmal zu erfinden, studierten sie die Arbeit ihrer sowjetischen Gegenspieler streng nach dem Gesichtspunkt, was sie wert war. Ein weiteres Beispiel: Obwohl seine wissenschaftlichen Leistungen geachtet und seine Ideen weithin anerkannt sind, war Isaac Newton vermutlich ein recht unsympathischer Zeitgenosse. Wenn jemand es sich mit ihm verdarb, setzte er alles daran, die Person in Mißkredit zu bringen oder noch Schlimmeres. Trotzdem hat Newton Überragendes zur Entwicklung der Naturwissenschaft beigetragen.

Zugegeben, es ist zuweilen sehr schwer, die Botschaft vom Boten zu trennen. Wenn ich Leuten zuhöre, die mir zutiefst unsympathisch sind, deren Argumente aber durchaus Hand und Fuß haben, frage ich mich oft: »Was führt dieser Mensch tatsächlich im Schilde?« Beim Versuch, das herauszufinden, geht viel intellektuelle Energie verloren, die besser auf das wissenschaftliche, technische oder sonstige Thema angewandt wäre, das die betreffende Person erläutert.

7. *Benutzen Sie Ockhams Rasiermesser, wann immer Sie zwischen mehreren Erklärungen ein und desselben Problems wählen müssen.*

Um noch einmal auf das Prinzip des Ockhamschen Rasiermessers hinzuweisen: Wenn Sie zwei oder mehr Gründe erfahren, warum etwas geschieht, wählen Sie denjenigen, der mit den wenigsten unbewiesenen Annahmen auskommt. Nehmen wir an, Sie erfuhren, daß in unserer Galaxie gepulste Funksignale aus allen möglichen Richtungen entdeckt wurden und die Abstände der Impulse regelmäßiger als das Ticken der besten Uhren hier auf der Erde gewesen seien. Auf den ersten Blick drängt sich angesichts der Präzision der aus dem ansonsten mit willkürlichen Hochfrequenzsignalen gefüllten Weltall kommenden Impulse der Gedanke an eine Intervention intelligenter Wesen auf. Tatsächlich kam dieser Gedanke den Radioastronomen als erstes in den Sinn, als die Signale 1967 von Jocelyn Bell Burnell in Cambridge entdeckt wurden. Handelte es sich etwa um Funknavigationsleitstrahlen, die Außerirdische geschaffen hatten, um ihre Reisen durch die Milchstraße zu beschleunigen? Eine solche Erklärung wirft allerdings mehrere Fragen auf. Erstens ist die Energiemenge, die von diesen Signalen ausgesendet wird, wahrhaft »astronomisch«, das heißt, sie würde gewaltige Energiequellen erfordern. Das wäre freilich eher ein technisches als ein wissenschaftliches Problem. Außerdem benötigte man eine unglaublich hochentwickelte Technologie, um derartig präzise Impulse zu erzeugen. Auch dies wieder ein Problem für Ingenieure. Drittens folgte aus der Verbreitung dieser Quellen, daß, wenn Außerirdische sie geschaffen haben, die Galaxie ziemlich dicht mit anderen Lebensformen bevölkert ist.

Lassen Sie sich nun eine zweite Erklärung durch den Kopf gehen: daß die Quellen der Signale sehr kompakte, rotierende Überreste der Sternevolution sind, sogenannte Neutronensterne mit Magnetfeldern, die nicht durch ihre Rotationsachse laufen. Da diese magnetischen Felder um die Achse peitschen, stimulieren ihre wechselnden Richtungen die Emission von Radiowellen in das umliegende interstellare Gas. Astronomen haben raffinierte Modelle entwickelt, denen zufolge sich Neutronensterne aus Sternen gebildet haben, die anfänglich das Acht- bis Sechzehnfache der Sonnenmasse umfaßten. Ausgehend von der Sonne als Beispiel für einen rotierenden Stern mit geneigten Magnetfeldern, glauben wir, daß viele Neutronensterne ähnliche Eigenschaften besitzen. Berechnungen zeigen, daß Neutronensterne mehr Masse als die Sonne haben, aber zu Volumina komprimiert sind, deren Durchmesser nur wenige tausend Kilometer betragen. Solche Objekte sind aufgrund ihrer physischen Beschaffenheit in der Lage, schnell genug zu rotieren, um die beobachteten Impulse mit der beobachteten Präzision abzugeben.

Gemäß dem Ockhamschen Rasiermesser-Prinzip haben wir uns für die zweite Erklärung dieser sogenannten Pulsare (von denen bereits im 2. Kapitel die Rede war) zu entscheiden. Sie enthebt uns der Notwendigkeit, die Existenz bisher unbekannter Formen intelligenten Lebens in Betracht zu ziehen, die »unbewiesene Annahmen« in diesem Beispiel.

8. Stellen Sie Annahmen in Frage.

Wann immer Sie etwas zu verstehen versuchen, gehen Sie notwendigerweise von einigen Voraussetzungen aus. Wenn

Sie die falschen benutzen, kommen Sie automatisch zu unbegründeten Schlußfolgerungen und machen sich daher falsche Vorstellungen. Durchdenken Sie folgende Argumentation: »Das erste Leben in unserem Sonnensystem bildete sich im Wasser. Dieses muß flüssig gewesen sein, um die nötige zwischenmolekulare Wechselwirkung zu ermöglichen. Damit das Wasser so warm sein konnte, muß es genügend Energie von der Sonne bekommen haben. Daher kann sich nur im inneren Sonnensystem Leben entwickelt haben, allenfalls noch auf dem Mars, wo die Sonne ausreichend Wärme liefert.«

In dieser Argumentation über den Ursprung des Lebens im Sonnensystem bin ich von mehreren Voraussetzungen ausgegangen. Zunächst davon, daß das Leben, das hier existiert, auch hier entstanden ist und sich nicht etwa anderswo in der Milchstraße gebildet, dann hierher verlagert und weiterentwickelt hat. Dies trifft wahrscheinlich zu, ist aber noch nicht erwiesen. Als nächstes setzte ich voraus, daß Leben sich im Wasser bildet. Stimmt das? Auch das wiederum wissen wir noch nicht, allerdings sind die meisten Entwicklungsbiologen dieser Auffassung. Sodann habe ich behauptet, das Wasser, in dem die ersten Lebensformen entstanden, habe flüssig sein müssen. Muß es so gewesen sein? Auch dies bejaht die Mehrheit der Entwicklungsbiologen. Viertens ging ich davon aus, daß Wasser im Sonnensystem durch die Sonnenenergie im flüssigen Zustand erhalten wird. Das scheint plausibel und trifft für das Wasser auf der Erde zu. Aber es gilt nicht generell.

Sehr vieles deutet darauf hin, daß sich unter der festen Oberfläche des Jupitermonds Europa flüssiges Wasser befindet. Von ihm jedoch ist die Sonne zu weit entfernt, um genug Wärme zu spenden, damit das Wasser schmilzt, und erst recht, um es Milliarden von Jahren in flüssigem Zustand zu erhalten. Die Temperatur auf der Oberfläche des Mondes Europa beträgt minus 100 Grad Celsius. Die Wärme, die notwendig ist, um dort Wasser flüssig zu erhalten, kommt von dem wechselnden Gravitationszug des Jupiter und seiner anderen Monde Io und Ganymed. Wenn Io (der näher zum Jupiter ist als Europa) sich auf derselben Seite des Planeten befindet wie Europa, zieht er diese an sich (und an Jupiter) heran. Wenn Ganymed (der weiter vom Jupiter entfernt ist als Europa) sich auf derselben Seite des Planeten befindet wie Europa, zieht er sie weiter von Jupiter weg als sonst. Diese Entfernungswechsel bewirken, daß Europa ihre Form ändert, aus demselben Grund, aus dem sich die Ozeane auf der Erde in Reaktion auf die Stellung des Mondes bewegen. Dieser sogenannte Tideneffekt erzeugt im Inneren des Mondes Europa Reibung, da seine Atome sich relativ zueinander bewegen. Diese Reibung wiederum erzeugt Hitze, die das Wasser unter seiner Oberfläche in flüssigem Zustand erhält.

Dieser Punkt über tragfähige Annahmen ist eine der entscheidenden Regeln des Denkens. Wenn Sie von einer falschen Annahme ausgehen, wird Ihre Schlußfolgerung nicht stichhaltig sein.

9. Vergewissern Sie sich, ob Sie logisch korrekt argumentieren.

Logik ist ein Regelsystem für richtiges Denken. Wenn Sie richtige Logik und begründete Annahmen benutzen, werden Sie zu richtigen Schlußfolgerungen kommen. Die vielleicht simpelste logische Regel ist die transitive: Napoleon war Franzose. Alle Franzosen sind Europäer. Daher war Napoleon Europäer.

Betrachten Sie das folgende Extrembeispiel dafür, daß man aus einer Korrelation zwischen zwei Dingen einen falschen Schluß ziehen kann. Leute, die erfolgreich sind, fahren teure Autos. Die beste Methode, erfolgreich zu werden, ist daher, sich ein teures Auto zu kaufen. Ein solcher Fehlschluß basiert auf dem logischen Irrtum *post hoc ergo propter hoc*, sinngemäß: »Ein Ereignis muß die Folge eines vorhergehenden sein«. In die Alltagssprache übersetzt bedeutet das, das Pferd von hinten aufzäumen. Logik besteht aus einem umfangreichen und klar definierten System von Regeln und Richtlinien, die allzu leicht und oft unbeabsichtigt verletzt werden.

10. Nur weil etwas logisch möglich ist, muß es nicht notwendigerweise geschehen.

Manche Dinge können nicht sein oder geschehen, weil sie nach den Gesetzen der Logik nicht möglich sind. So sagt der Satz vom Widerspruch (*principium contradictionis*), daß etwas nicht zugleich und in gleicher Hinsicht sein und nicht sein kann – eine Person kann nicht gleichzeitig lebendig und tot sein. Andererseits sind viele Dinge logisch möglich, aber physisch unmöglich. Es ist zum Beispiel logisch möglich, daß jemand eine Meile in einer Minute zurücklegt. Allerdings würde das bedeuten, eine Minute lang mit einer Geschwindigkeit von sechzig Meilen in der Stunde zu laufen, was physisch unmöglich ist.

11. Nur weil etwas physisch möglich ist, muß es nicht notwendigerweise geschehen.

Gehen wir noch einen Schritt weiter, so sehen wir, daß Dinge, die geschehen können, nicht geschehen müssen. Es ist sowohl logisch als auch physisch möglich, daß sich eine Ansammlung von Atomen von selbst zu einer Rose ausformt. Berechnungen der daran beteiligten Wechselwirkungen deuten jedoch stark darauf hin, daß ein solcher Fall höchstwahrscheinlich nicht eintritt.

12. *Nur weil etwas nicht widerlegt worden ist, heißt nicht, daß es richtig oder stichhaltig ist; umgekehrt heißt nicht, daß etwas falsch oder nicht stichhaltig ist, nur weil es nicht erwiesen worden ist.*

Die Wirksamkeit zahlloser Medikamente, die heute rezeptfrei erhältlich sind, ist wissenschaftlich noch nicht erwiesen worden. Ihr anhaltender Erfolg verdankt sich der Mundpropaganda. Sollten sie einmal wissenschaftlichen Experimenten unterzogen werden, so dürften sich einige als wirksam und andere als nutzlos oder gar gefährlich erweisen. Bis dorthin werden die Leute sie weiter kaufen, dürfen aber dabei keine Unterstützung von der Schulmedizin erwarten.

1998 kam in den USA ein Präparat auf den Markt, das unter dem verheißungsvollen Namen »Vitamin O« Krebs, Herz- und Lungenleiden zu kurieren und ihnen vorzubeugen versprach, aber aus ganz gewöhnlichem Salzwasser bestand. Die Vertreiber beriefen sich dreist auf vielversprechende medizinische und wissenschaftliche Forschungsergebnisse und angebliche Aussagen von Geheilten. Über ein Jahr lang sollen sie monatlich über 60 000 Fläschchen »Vitamin O« zu einem Stückpreis von 20 Dollar oder mehr verkauft haben. Ein Forscher, Robert Park, entlarvte dieses Produkt als nutzlos, und innerhalb eines knappen Jahres belegten die Behörden die Firma mit Strafgeld und zwangen sie, das Präparat vom Markt zu nehmen.

13. *Mißtrauen Sie gesundem Menschenverstand und spontaner Eingebung besonders dann, wenn es um wissenschaftliche Dinge geht.*

Gerade einmal fünfhundert Jahre ist es her, da sagte der gesunde Menschenverstand praktisch jedem, daß die Erde der Mittelpunkt des Universums sei. Vor zweihundert Jahren waren alle Leute aus dem gleichen Grund überzeugt, daß es unmöglich sei, innerhalb weniger Sekunden mit jemandem zu sprechen, der auf der anderen Seite der Welt oder auch nur in ein paar Kilometern Entfernung lebte. Heute ist dies für nahezu alle von uns zur puren Selbstverständlichkeit geworden. Hüten Sie sich davor, Argumenten zu glauben, nur weil sie »plausibel« zu sein scheinen.

Die meisten Leute verlassen sich gern auf ihre Intuition: »Sie scheint eine nette Person zu sein« oder »Ich vertraue diesem Arzt« hört man immer wieder. Tatsächlich haben einige von uns eine bessere Intuition als andere, nur bei ganz wenigen jedoch versagt sie nicht, wenn es um Vorgänge oder Phänomene in der Natur geht. Und gerade in diesem Zusammenhang sollten wir nicht auf unser »gutes Gefühl« bauen. Selbst wir Wissenschaftler trauen unserer Intuition nicht über den Weg. Wir stellen Berechnungen an oder führen Experimente oder Beobachtungen durch, um unsere Ideen und Annahmen auf ihre Tauglichkeit hin zu überprüfen.

14. Entdecken Sie keine Muster, wo es keine gibt, und hüten Sie sich vor Übergeneralisierungen und Vergleichen.

Unsere Fähigkeit, bestimmte Muster wiederzuerkennen, hat sich in unserer Entwicklungsgeschichte außerordentlich bewährt. Wer von unseren Vorfahren ein Raubtier am schnellsten als solches erkannte, hatte die besten Überlebenschancen. Seitdem ist diese Fähigkeit in unserem Gehirn verankert. Rasch erscheinen uns Dinge, die nur entfernt wie menschliche Gesichter aussehen, als Menschen, bis wir anderes erfahren. Dadurch bleibt uns mehr Zeit herauszufinden, ob es sich um Freunde oder Feinde handelt. Zweige, die sich im Wind bewegen, können Ihnen, wenn Sie nachts durch einen Wald laufen, wie eine bedrohliche Gestalt vorkommen. Kinder sehen in bizarren Schatten oftmals Ungeheuer und dergleichen. Das Problem ist nur, daß wir aus derartigen Wahrnehmungen leicht falsche Schlüsse ziehen und zu Fehlurteilen kommen.

Auch Naturwissenschaftler stellen oft Ähnlichkeiten zwischen Dingen fest, die bei genauerer Prüfung überhaupt nichts miteinander zu tun haben. Wenn Sie irgend etwas Neues über die Natur erfahren, hüten Sie sich also vor völlig normalen Reaktionen wie »Das erinnert mich an …« oder »Das ist genauso wie …« Verbindungen zu entdecken oder Analogien herzustellen, die in Wirklichkeit nicht existieren, kann Sie zu Schlüssen verleiten, die durch nichts gerechtfertigt sind. So hat Feuer auf der Erde einen ganz anderen Ursprung als Hitze und Licht, die aus heißen Gasen der Sonne hervorgehen. Leider tragen die Astronomen zur Verwirrung des Laien bei, wenn sie die Licht und Energie erzeugende Kernverschmelzung in der Sonne als »Verbrennungsprozeß« bezeichnen. Ebenso haben die Schweife von Kometen und Meteoren, auch wenn dafür dasselbe Wort verwendet wird, verschiedene Ursachen (und verschiedene Richtungen, bezogen auf die Körper eines Kometen und eines Meteors); und wie wir gesehen haben, ziehen Kometenschweife selten hinter den Kometen her.

15. Erkennen Sie die Kernprobleme und gehen Sie ihnen nach.

In einer Radioshow mit dem Titel »Car Talk« nehmen zwei Brüder telefonische Anfragen über defekte Autos entgegen. Oft schon rief ein Hörer an und gab als erstes die

Marke, das Alter, den Kilometerstand und die Farbe seines Wagens an. Die ersten drei Informationen sind für die Moderatoren hilfreich, um herauszufinden, wo das Problem liegt. Die Farbe des Autos ist jedoch für eine Schadensdiagnose vollkommen irrelevant. Wenn wir von einem uns neuen Phänomen der Natur erfahren, müssen wir nach den wichtigen Merkmalen und Gesetzmäßigkeiten forschen und nicht nach oberflächlichen Erscheinungsformen, die unerheblich sind.

Beim Verstehen der Natur geht es außerdem darum, wissenschaftliche und technische Fragen auseinanderzuhalten. Wie Sie sich vielleicht noch erinnern, waren die Aufnahmen, die das 1990 ins All entsandte Hubble-Weltraumteleskop zur Erde funkte, anfangs unklar und verschwommen. Folglich lag die wissenschaftliche Ausbeute während der ersten drei Jahre deutlich unter den Erwartungen. Die Probleme hatten, wie sich dann herausstellte, eine technische Ursache – einen falsch geformten Spiegel. Selbstverständlich haben die Erkenntnisse, die nach dieser Korrektur erzielt wurden, die NASA für den Spott, den sie jahrelang ertragen mußte, mehr als entschädigt.

Bei Entscheidungen, ob auf einem Gebiet weitergeforscht werden soll, geben häufig technische, ingenieurwissenschaftliche Gesichtspunkte den Ausschlag. Das läuft letztlich auf eine Kostenfrage hinaus. Für viele Experimente und Beobachtungen sind heutzutage komplexe und kostspielige Ausrüstungen erforderlich. Oft lassen sich die Ausgaben schwer rechtfertigen, weil keine Garantie besteht, daß das Wissen, das bei einer Milliardeninvestition in aufwendige Anlagen herauskommt, zu einer nutzbaren Technologie führen wird. In diesem Sinne sind einige wissenschaftliche Großprojekte in der Tat Glücksspiele. Die Erfahrung zeigt, daß solche Spielereien sich oftmals lohnen; sie können immerhin zu technischen Innovationen führen, die zur Verbesserung unserer Lebensqualität beitragen. Und eines ist gewiß: Wenn wir auf derlei Anstrengungen und Investitionen verzichten, werden wir *mit Sicherheit* keine potentiell nützliche neue Wissenschaftsdisziplin entdecken, die solche Experimente enthüllen könnten.

16. Entwickeln Sie intellektuelle Bescheidenheit.

Geben Sie zu, wenn Sie etwas nicht wissen oder verstehen. Machen Sie sich nichts vor, wenn Sie von einer Sache keine Ahnung haben, und versuchen Sie nicht, sich durchzumogeln, wo echtes Wissen verlangt wird. Fragen Sie lieber. Ein Beispiel: Ich unterhielt mich einmal mit einem befreundeten Geologen. Da ich mit jemandem sprach, dessen Berufsausbildung in etwa der meinen entsprach, ging ich davon aus, daß er zu denselben Fakten Zugang hatte wie ich. Zum Glück stellte er diese Annahme sogleich richtig.

»Wie du weißt, gibt es geschätzt fünfzig Milliarden Galaxien im sichtbaren Universum.«

»Tatsächlich? Das wußte ich nicht. Wie kommst du auf diese Zahl?«

»Durch einen sehr kleinen Raumkegel haben wir tief ins Universum hineingeschaut, zurück in die Zeit, als sich Galaxien bildeten. Du kannst dir das gut veranschaulichen, indem du ein leeres Eiswaffelhörnchen nimmst, davon die Spitze abschneidest und vom dünnen Ende her durch die Waffel guckst. Wir zählen alle Galaxien in diesem Raumausschnitt und nehmen an, daß es in jeder anderen Richtung ungefähr ebenso viele Galaxien gibt, und multiplizieren die Zahl der Galaxien in dem Kegelschnitt mit der Zahl der entsprechenden Kegel, die man bräuchte, um das gesamte Weltall auszumessen, das wir mit Hilfe von Teleskopen beobachten können.«

17. Vergewissern Sie sich, ob Sie die richtige Bedeutung eines Fachbegriffs oder Fremdworts kennen.

Wie oft haben Sie schon an Gesprächen teilgenommen, in denen Leute Fachbegriffe oder Fremdwörter benutzten, mit denen Sie nichts anzufangen wußten? Aus Angst, als unwissend dazustehen, scheuen wir uns meist, nach der Bedeutung eines unbekannten Begriffs zu fragen. Unsere Eitelkeit kann uns jedoch teuer zu stehen kommen, weil wir wichtige Informationen nicht mitbekommen und an Vorurteilen festhalten oder uns falsche Vorstellungen über etwas machen. Angenommen, es sagt jemand zu Ihnen: »Wie Sie wissen, haben drei Planeten retrograde Rotation«, und Sie haben keine Ahnung, was »retrograd« bedeutet. Ferner verstehen Sie unter »Rotation«, daß ein Gegenstand um einen anderen kreist. Würden Sie danach fragen, könnten Sie eine Erklärung wie die folgende bekommen und vor neuen Mißverständnissen bewahrt bleiben.

Sowohl »retrograd« als auch »Rotation« haben in der Astronomie besondere Bedeutungen. Viele Leute meinen, alle Planeten drehten sich in derselben allgemeinen Richtung wie die Erde um ihre Achsen, und zwar gegen den Uhrzeigersinn, wenn man vom Weltraum aus auf den Nordpol der Erde herunterschaut. Weil die der Erde, vom selben Blickpunkt aus gesehen, ebenfalls im Gegenuhrzeigersinn um die Sonne kreist, nennt man die Rotation »vorwärts gerichtet« – Rotation und Umlauf (Revolution) vollziehen sich im »Drehsinn«. Drei Planeten jedoch haben keine vorwärts gerichtete Rotation. Venus, Uranus und Pluto rotieren in der ihrer Umlaufbahn um die Sonne entgegengesetzten Richtung – sie haben eine rückwärts gerichtete, retrograde Rotation. Falsch verstandene Wörter falsch zu verwenden, kann fatale Folgen haben.

18. In der Wissenschaft zumindest ist die Wahrheit nicht notwendigerweise mit der Mehrheitsmeinung identisch.

Wenn die meisten Astronomen weltweit glauben, alle Quasare im Universum seien mehr als zehn Milliarden Lichtjahre von der Erde entfernt, aber Beobachtungen ergeben, daß der Abstand einiger dieser »quasistellaren Objekte« von uns weniger als eine Milliarde Lichtjahre beträgt, dann irrt sich die Mehrzahl der Kosmologen in diesem Punkt. Meinungen über die Welt der Natur müssen auf wissenschaftlichen Beweisen, sowohl theoretischen als auch experimentellen, gründen, und selbst dann muß man für neue Ideen offen sein, wenn diese sich auf bessere Versuche, Beobachtungen und Theorien stützen. Daß sich auch Experten in ihren Annahmen irren können, ist ein anerkanntes Berufsrisiko. Es sollte jedermann daran erinnern, daß wissenschaftliche Annahmen permanenten Veränderungen unterliegen und man immer mit der Möglichkeit rechnen muß, daß eine Theorie widerlegt wird.

19. Wenn Sie gute Gründe haben, bestimmten Vorstellungen Glauben zu schenken, und eine neue Idee zu diesen im Widerspruch steht, dann sollten Sie letztere in Zweifel ziehen.

Viele von uns sind sehr empfänglich für neue Ideen. Wenn eine neue Diät angepriesen wird, ändern zuweilen Tausende, die abnehmen wollen, ihre Eßgewohnheiten. Taucht eine neue Lehrmethode auf, so werfen etliche Pädagogen ihre alten Konzepte über Bord. Zeichnen sich neue Möglichkeiten ab, Raumsonden zu den Planeten zu entsenden, schlagen unter Umstände Tausende von Ingenieuren neue Wege in der Raketentechnik ein. Neue Mutmaßungen darüber, wie sich die äußeren Sonnenschichten aufheizen, kann Hunderte von Astrophysikern (sie bilden nur eine kleine Gemeinde) in eine neue Forschungsrichtung treiben. Man sollte jedoch eine neue Idee immer sorgfältig mit bereits vorhandenen Annahmen vergleichen, ehe man den Kurs ändert.

Nehmen wir an, Sie haben sich einer Kohlehydrate meidenden und auf Eiweißprodukte setzenden Diät unterzogen und innerhalb eines Jahres ein paar Pfund abgenommen. Nun hören Sie von einer auf hohen Kohlehydrat- und geringen Proteinanteilen beruhenden Diät, die eine schnellere Gewichtsreduktion verheißt. Sollten Sie nun alles, was Sie zuvor glaubten, über den Haufen werfen und die neue Diät anfangen oder abwarten und schauen, welche von beiden bei wissenschaftlichen Studien besser getestet wird?

Gesetzt den Fall, Sie hätten jahrelang Viertklässlern Mathematik nach der immer gleichen Methode beigebracht und damit ganz ordentliche Prüfungsergebnisse erzielt. Dann hören Sie plötzlich von einer »neuen Mathematik«, die behauptet, zu besseren Resultaten zu führen, wie die Mengenlehre in den 1960er Jahren. Solchen Behauptungen sollte man vernünftigerweise mit Skepsis begegnen. Sie können sich nicht vorstellen, wie viele neue Lehransätze jedes Jahr vorgeschlagen werden und wie viele danach die versprochenen Resultate nicht erbringen können.

Verstehen Sie mich nicht falsch. Manchmal können Sie auf etwas Neues setzen und eine Menge dabei gewinnen, wie viele Leute, die in New-Economy-Aktien einstiegen und damit auf den Internetboom vertrauten. Aber selbst diese Seifenblase platzte. Wenn Sie hören, daß etwas Neues ganz anders und besser funktioniert, als ein Ihnen bekanntes Produkt, mit dem Sie zufrieden waren, lohnt es sich meistens abzuwarten, bis Sie genügend Information haben, um eine sinnvolle Entscheidung treffen zu können. Dasselbe gilt in der Wissenschaft.

20. Bleiben Sie widersprüchlichen Ideen gegenüber aufgeschlossen, aber nicht so, daß Sie vor lauter Aufgeschlossenheit die Orientierung verlieren.

Ich bin soeben für eine gesunde Skepsis gegenüber neuen, mit ihren bisherigen Überzeugungen im Widerspruch stehenden Ideen eingetreten. Viele Leute allerdings vertreten Auffassungen über wissenschaftliche Konzepte, die plausibel erscheinen, aber durch keinerlei Beweise gestützt sind. Wenn Sie mit einer neuen Ansicht konfrontiert werden und Sie die Ihre nicht wirklich begründen können, dann ziehen Sie die Vorzüge der Alternative in Betracht.

Die meisten Menschen wissen, daß die Ozonschicht der Erde wegen der Auswirkungen stabiler, auf Chlor und Brom basierender Verbindungen, insbesondere von Fluor-Chlor-Kohlenwasserstoffen (FCKW), geschwunden ist. Und die meisten führen diesen Abbau (zu Recht) auf die chemischen Reaktionen zwischen FCKW und den Ozonatomen zurück. Nicht vorstellen können sie sich jedoch, daß das Ozon wieder aufgefüllt werden kann, nachdem es zerstört ist. Daher gelangen sie oft zu dem Schluß, daß das Ozon, wenn es erst einmal weg ist, unwiederbringlich verloren sei, und wir irgendwann tödlichen Dosen ultravioletter Strahlung von der Sonne ausgesetzt sein werden.

Falls auch Sie dieser Auffassung sind, lassen Sie sich hier einmal eine anderslautende Annahme durch den Kopf gehen: Es wird eines Tages aufgefüllt werden. Kurzfristig gesehen, solange noch FCKW die Luft belasten, sind Bedenken wegen zunehmender ultravioletter Strahlung durchaus begründet – wir *sind* tatsächlich einer höheren Strahlung ausgesetzt als frühere Generationen.

Hochenergetische ultraviolette Photonen aus der Sonne durchdringen jedoch nicht nur die Atmosphäre hin zur Erdoberfläche, sondern prallen auch auf normale Sauerstoffmoleküle (O_2) hoch oben in der Atmosphäre und reißen die beiden Sauerstoffatome in diesen Molekülen auseinander. Die freigesetzten Sauerstoffatome verbinden sich dann mit verbleibenden Sauerstoffmolekülen und bilden neue Ozonmoleküle (O_3). Wenn erst einmal genügend Fluor-Chlor-Kohlenwasserstoffe und andere schädliche Verbindungen aus der Atmosphäre verschwunden sind, wird durch die Sonnenenergie die Ozonschicht auf früherem Niveau wiederhergestellt.

Wann immer Sie also von Ideen erfahren, die zu Ihren Ansichten eine Alternative darstellen, verlangen Sie nach wissenschaftlichen Begründungen und vergleichen Sie sie mit den eigenen Auffassungen. Was ist überzeugender?

21. Lernen Sie, eine Überzeugung nicht weiter zu verteidigen, als Beweise dies rechtfertigen.

Diese Regel ist besonders schwer zu befolgen, weil sie den Kern unseres Ego berührt. Es verlangt viel Energie, etwas zu verteidigen, wenn einem die Argumente ausgegangen sind. An diesem Punkt wird die Sache dann oft irrational oder führt sogar zu Handgreiflichkeiten. Könnten wir uns bei einer Diskussion manchmal unvoreingenommen selbst zuhören, würden wir merken, wie wir uns wiederholen und unlogisch argumentieren, nur um unseren Standpunkt zu verteidigen.

Sich die besseren Argumente des Gegenübers anhören zu müssen, ist nicht selten schmerzlich. Manchmal stimmen Sie mit Ihren Annahmen nicht überein. Manchmal gefallen Ihnen die Schlußfolgerungen nicht, zu denen sie führen. Manchmal können Sie einfach die Person nicht leiden, die eine andere Meinung vertritt. Dennoch ist es, falls Ihre Vorstellungen falsch sind, in Ihrem eigenen Interesse, sie aufzugeben und sich anderen Standpunkten zu öffnen.

Seien Sie bereit, andere Denkansätze in Erwägung zu ziehen, auch wenn sie Ihnen zunächst abwegig oder unannehmbar erscheinen. Angenommen, Sie glauben, Gott habe das Leben erschaffen, und erfahren nun, daß es Biologen gelungen ist, aus verschiedenen Grundelementen, die schon auf der noch jungen Erde vorhanden gewesen waren, einfaches Leben zu erzeugen.[45] Was machen Sie also? Verwerfen Sie das wissenschaftliche Ergebnis als einen glücklichen Zufall oder sehen Sie darin ein weiteres Beispiel für das Wirken Gottes? Oder ziehen Sie in Betracht, daß die Schöpfung vielleicht ganz anders abgelaufen sein könnte, als es die Bibel behauptet? Wägen Sie die beiden Mechanismen, göttlichen Eingriff und willkürliche Evolution, gegeneinander ab? Erkennen Sie an, daß der natürliche Evolutionsprozeß mit weniger unbewiesenen Voraussetzungen auskommt und es gemäß dem Ockhamschen Rasiermesser-Prinzip somit gerechtfertigt ist, wenn Sie Ihr Weltbild ändern?

8 *Außerirdische sind unter uns*

Zweifel an den Wissenschaften

Allen Bemühungen der Aufklärung zum Trotz ziehen es noch immer zahllose Menschen vor, an Dinge zu glauben, die mit wissenschaftlicher Erkenntnis unvereinbar und durch keine empirische Erfahrung belegt sind: Außerirdische, Reisen in die Vergangenheit,[46] Astrologie, Engel, Geister, Dämonen, die biblische Schöpfungsgeschichte, Homöopathie, Telepathie, übersinnliche Wahrnehmung, Magie, Okkultismus oder andere Methoden, mit den Toten Kontakt aufzunehmen. Jeder, der einem Irrglauben dieser Art anhängt, muß sich von der Natur und ihren Mechanismen zwangsläufig falsche Vorstellungen machen und paßt seine Sicht der Natur diesen Annahmen an.

»Aber was ist, wenn ich gern mit meinen bequemen und sei es auch falschen Vorstellungen von der Natur lebe? Das tue ich schon seit Jahren, und sie haben mir nicht geschadet.«

Filme wie *Men in Black* und *Independence Day*, in denen es um die Besuche Außerirdischer auf der Erde geht, finde auch ich unterhaltsam und spannend, eine harmlose Art von Weltflucht. Die zugrundeliegende Prämisse lehne ich natürlich ab. Aber unterziehen Sie sich einmal der Mühe, zu Ende zu denken, was es bedeutet, wenn Sie an die Existenz von Außerirdischen mitten unter uns glauben. Zunächst einmal müssen Sie annehmen, daß diese Wesen von woher auch immer unbemerkt und unbehelligt den Weltraum durchqueren konnten. Theoretisch ist es denkbar, daß sie sich irgendwo unentdeckt im Sonnensystem aufhalten, das wir ja nicht vollständig überwachen können.

Angesichts des ständigen technologischen Fortschritts möchte ich auf die Möglichkeiten und Folgen interstellaren Reisens nicht weiter eingehen und nur eines wiederholen: Nichts, aber auch gar nichts spricht dafür, daß sich ein Gegenstand oder Körper schneller als das Licht fortbewegen kann, obwohl zahlreiche Science-fiction-Abenteuer auf dieser Prämisse beruhen. Ja, es liegen überzeugende wissenschaftliche Beweise vor, daß die Lichtgeschwindigkeit für die Fortbewegung von Materie wirklich die äußerste Grenze darstellt. Daher würden Außerirdische Jahrzehnte, wahrscheinlicher jedoch Jahrhunderte oder sogar Jahrtausende benötigen, um zur Erde zu gelangen. Das wiederum heißt, sie müßten sich riesiger Raumschiffe bedienen, in denen sie unglaubliche Mengen des für so eine lange Reise Lebenswichtigen mitführen könnten. *Independence Day* hat ein solches Raumschiff eindrucksvoll in Szene gesetzt.

Falls Sie also glauben, Außerirdische hätten es geschafft, auf unserer Erde zu landen, so haben Sie sich bestimmt schon gefragt, warum eigentlich. Drei Erklärungen sind denkbar: Entweder kamen sie aus (für uns) positiven Motiven, zum Beispiel um ihr Wissen mit uns zu teilen, oder aus Forscherdrang, etwa um die Lebensformen auf der Erde für ihre Datenbanken zu dokumentieren; oder aber in feindlicher Absicht, sei es, um irdische Rohstoffe zu rauben oder uns zu versklaven oder noch Schlimmeres anzutun.

Man kann sich nun fragen, warum uns die Außerirdischen in den beiden erstgenannten Fällen ihren Besuch nicht vorher angekündigt haben. Vielleicht sind sie der Meinung, wir seien noch nicht bereit dazu, etwas über sie zu erfahren, oder sie wollen unsere kulturelle Entwicklung nicht beeinträchtigen.

Wenn sie in kriegerischer Absicht gekommen sind, dann diktierte eine vernünftige Strategie, uns auf der Stelle zu vernichten oder den Überraschungseffekt zu nutzen und uns zu überrumpeln, ehe wir unsere immer besser werdende Technik gegen sie einsetzen könnten. Das Argument, daß aggressive Außerirdische uns erst auskundschaften, ehe sie losschlagen, leuchtet nicht ein, weil einfach zu viel schiefgehen könnte und sie folglich von uns entdeckt würden. Wenn sie hier wären, um uns zu unterjochen, hätten wir es an der Zerstörung, die sie anrichten würden, bestimmt schon gemerkt. Da dies nicht der Fall ist, sagt uns die Vernunft, daß bösartige Außerirdische nicht hier sind ... noch nicht.

Wenn Sie also von der Gegenwart Außerirdischer tatsächlich überzeugt sind, vertreten Sie vermutlich die Auffassung, daß sie uns entweder ausspionieren, um von und über uns zu lernen, oder wohlwollend im Hintergrund warten, bis wir bereit sind, von ihnen zu lernen. Oder aber Sie haben eine ganz andere Vorstellung vom Verhalten feindseliger Außerirdischer als ich.

Wenn Sie ferner annehmen, daß Außerirdische nicht einfach in verborgenen Landungsbooten (UFOs) sitzen bleiben, sondern mitten unter uns herumspazieren, müssen Sie sich eigentlich immer irgendwie fragen, ob ein Fremder, der Ihnen begegnet, sich nicht als Außerirdischer entpuppen könnte. Wie ich schon erwähnte, ist das Risiko, entdeckt zu werden, durchaus nicht gering, wenn man bedenkt, was alles schiefgehen könnte; da noch keiner von ihnen vorgeführt wurde, erhebt sich die Frage, ob die Regierung uns möglicherweise etwas verheimlicht. Diese unter vielen UFO-Gläubigen verbreitete Überzeugung kann sich sogar auf einen konkreten Ort stützen, nämlich das Sperrgebiet 51 am Groom Lake in Nevada.

Der Glaube, daß es mitten unter uns Außerirdische gibt, erzeugt eine Art von Verfolgungswahn, der sich auch auf Ihren Umgang mit anderen Menschen auswirken wird. Um nicht aufzufallen, müssen Außerirdische entweder genauso aussehen wie wir oder sich unglaublich gut verkleiden können. Falls Sie glauben, sie sähen genauso aus wie wir, liegt das an ihren Vorstellungen über die Evolution des Menschen. Die Evolutionstheorie gibt deutlich zu verstehen, daß sich unser gegenwärtiges Äußeres in Reaktion auf unsere Umwelt entwickelt hat und daß wir auch ganz anders aussehen könnten. Wären die Umstände auch nur geringfügig anders gewesen, so könnten wir ohne weiteres vier Beine und vier Arme mit drei Fingern an jeder Hand und Augen rings um den Kopf haben. Die Möglichkeiten sind nahezu unbegrenzt – schon leicht veränderte Umweltbedingungen auf der jüngeren Erde hätten zu vollkommen anders gearteten »Menschen« geführt. Wenn Sie also der Meinung sind, Außerirdische sehen auch nur entfernt so aus wie wir, müssen Sie entweder annehmen, daß die Evolution nach viel engeren Richtlinien verläuft, als die Biologen glauben, so daß selbst Wesen aus anderen Welten uns ähnlich sehen, oder zu dem Schluß gelangen, daß die Evolution gar nicht stattfand und alles Leben in der gesamten Galaxis von Gott »nach seinem Bilde« geschaffen wurde.

Angesichts der vielen Begegnungen mit Außerirdischen, von denen Jahr für Jahr berichtet wird, müßten sich hier eigentlich verschiedene Rassen von ihnen tummeln. Gesetzt den Fall, es wäre so, stellt sich die Frage, ob sie untereinander befreundet oder verfeindet sind. Wenn sie sich als Feinde betrachten, müssen Sie zudem noch befürchten, daß sie beim Kampf um die Herrschaft unser Sonnensystem zerstören. Zu Ende gedacht, kann ein solches nicht untermauertes Weltbild ganz schön kompliziert werden.

Da jeder von uns seine eigenen Gedankengänge entwickelt, gelingt es uns immer weniger, andere Blickwinkel auf tief verankerte oder provozierende Überzeugungen zu schätzen. Es ist schwer, neben sich zu treten und die Welt mit den Augen oder Denkweisen anderer zu betrachten. Daher wissen wir oft gar nicht, daß unsere Vorstellungen mit denen anderer Leute nicht übereinstimmen.

Manchmal, so wenn wir annehmen, daß sich Außerirdische hier auf der Erde befinden, betreffen die Folgen solcher Überzeugungen hauptsächlich die Verhaltensweisen, was schlecht genug ist. Sie bringen uns mit anderen Leuten zusammen, mit denen wir sonst nichts zu tun haben wollten, oder halten uns von Kontakten oder Aktivitäten ab, die unser Leben bereichern würden, ganz zu schweigen davon, daß man uns vielleicht als merkwürdig meiden würde. Manchmal, wie beim Glauben an die Stichhaltigkeit der Astrologie, wirken sie sich sowohl auf das Verhalten als auch auf den Geldbeutel aus – veranlassen Leute nicht nur dazu, andere Entscheidungen zu treffen, als sie sonst fällen würden, sondern auch, Geld zum Fenster hinauszuwerfen. Das ist allerdings nicht annähernd so schlimm wie das, was passiert, wenn man an homöopathische Medizin und Gesundbeterei glaubt. In solchen Fällen verändern Leute nicht nur ihr Verhalten und vertun Geld, sondern bringen ihr Leben und das ihrer Angehörigen in Gefahr, besonders das von Kindern, die nicht selbst über die erforderlichen Behandlungsmethoden entscheiden können.

Wissenschaftsfeindlichkeit

Einstellungen wie der Glaube an die Existenz von Außerirdischen oder die Heilkraft der Homoöpathie gehen nicht selten mit einer latenten Wissenschaftsskepsis oder gar Wissenschaftsfeindlichkeit einher, die auf zahlreichen Vorurteilen beruht. Eine solch ablehnende Haltung nehmen Leute unter anderem deshalb ein,

- weil sie die Wissenschaft vom Grundsatz her falsch verstehen und deshalb zu Fehlschlüssen darüber kommen, was sie sagt und was sie nicht sagt;

- weil sie eine persönliche Überzeugung nicht ändern wollen, die mit dem wissenschaftlichen Kenntnisstand unvereinbar ist;
- weil sie glauben, an der Wirklichkeit sei mehr dran, als die Wissenschaft je enthüllen kann;
- weil sie die Wissenschaftsgemeinde für eine monolithische Organisation halten, die jeden gnadenlos vernichtet, der gegen sie Einwände erhebt, und dann lieber ihre Gegner unterstützen;
- weil sie der festen Überzeugung sind, die Gesellschaft sei durch die Wissenschaft inhumaner geworden; und damit verbunden,
- weil sie die Wissenschaft für viele unserer heutigen Probleme wie Luftverschmutzung, Nuklearwaffen, Unfälle in Kernkraftwerken und Atommüll, verantwortlich machen.

Ich nahm vor einiger Zeit an einer öffentlichen Debatte mit einem Mann teil, der an die Theorie des stationären Kosmos glaubte. Er lehnte die Urknalltheorie aus mehreren Gründen ab. Erstens konnte er sich nicht vorstellen, wie das Universum auf diese Weise hätte entstehen können. Dies ist ein stichhaltiger Einwand, da die Wissenschaft noch keine Erklärung dafür hat. Angenommen, die Beobachtungen, wonach das Universum expandiere, seien korrekt, schloß er, dann habe es schon immer existiert und die Theorie des stationären Kosmos erkläre daher, warum es die ganze Zeit über gleich aussehen konnte.

Außerdem hielt er es für unannehmbar, daß die Urknalltheorie im Laufe der Jahre des öfteren revidiert werden mußte. Wie wir gesehen haben, entspricht dies durchaus dem Grundsatz, demzufolge die Wissenschaft ein evolutionärer Prozeß von Theorie, Experiment, Korrektur und weiterem Experiment ist. Mein Diskussionspartner sah sich hingegen gerade deshalb in seiner Ablehnung des

Modells bestätigt, weil jede verbesserte Version der Urknalltheorie immer noch Mängel aufwies. Während wir Wissenschaftler sehr gern mit einem vielversprechenden Modell arbeiten, um es nach und nach mit der Wirklichkeit in Einklang zu bringen, muß in den Augen vieler Laien eine wissenschaftliche Theorie auf Anhieb richtig sein, um nicht als falsch zu gelten.

Sein stärkstes Argument gegen die Urknalltheorie zielte auf die Singularität am Anfang der Zeit. Unter dem Begriff »Singularität« verstand er einen Ort, wo Materie unendlich dicht wird. Auf diesen Gedanken brachte ihn das mathematische Prinzip, wonach, wenn Sie etwas durch null dividieren (im vorliegenden Fall die Masse des Universums durch null Durchmesser oder Größe), unendlich herauskommt (hier also: unendliche Dichte). Aufgrund derselben Überlegung argumentierte er, daß es Schwarze Löcher nicht geben könne, weil sie entstehen, wenn die Konzentrationen der Masse unendlich dicht werden. Seine Vorstellung von »Singularität« ist sehr verbreitet und leider falsch.

Wenn mathematische Gleichungen »explodieren«, weil sie die Zahl Null als Divisor haben, bedeutet das für Mathematiker, daß sie die Wirklichkeit nicht genau widerspiegeln. Singularitäten, die von solchen Gleichungen dargestellt werden, sind Orte, für deren Art von Materie, Energie, Raum oder Zeit wir noch keine Erklärung haben. Mit Hilfe der Einsteinschen Gleichungen zur Allgemeinen Relativitätstheorie konnten sich Astrophysiker bis auf ein Zehntel eines Millionstels eines Milliardstels eines Milliardstels eines Milliardstels eines Milliardstels (10^{-43}) einer Sekunde an den Ursprungszeitpunkt des Universums heranarbeiten; danach versagen die Gleichungen aufgrund ihrer Singularitäten. Noch verfügen wir nicht über Gleichungen, die diese unvorstellbar winzige Spanne zum eigentlichen Anfang darstellen könnten. Sie sind für die Naturwissenschaften eine Art »Heiliger Gral«. Wenn wir sie entwickelt haben, werden wir herausfinden, wie das Universum begann.

Die öffentliche Debatte, an der ich teilnahm, dauerte fast anderthalb Stunden. Während dieser Zeit erläuterte ich viele naturwissenschaftliche Vorstellungen und eben auch, was man unter Singularitäten versteht. Nach seinen Antworten und seinem Verhalten zu urteilen, weigerte sich mein Opponent, auch nur eines meiner Argumente anzunehmen – sie waren zu bedrohlich für seine Privatkosmologie.

Für die (tatsächlichen und eingebildeten) Übel der Welt wie Massenvernichtungswaffen, Umweltverschmutzung oder die Entmenschlichung in einer hochtechnisierten Gesellschaft werden oft die Wissenschaftler verantwortlich gemacht. Vorwürfe dieser Art erscheinen mir fehlgeleitet, weil sie auf der falschen Einschätzung beruhen, Wissenschaftler wüßten schon im voraus, welche Folgen ihre Entdeckungen für die Allgemeinheit haben. Das ist nur selten der Fall. Ein Gegenbeispiel allerdings war das sogenannte Manhattan-Projekt während des Zweiten Weltkriegs, wo es um die Entwicklung der Atombombe ging. Die Wissenschaftler, die daran arbeiteten, wußten um die Zerstörungskraft einer solchen Waffe. Aber sie mußten einen Krieg gewinnen, und je schneller sie das schafften, desto mehr Menschenleben würden gerettet, dachten sie.

Ein Großteil der für den Bau der ersten Atombombe notwendigen wissenschaftlichen Kenntnisse wurde erworben, lange bevor man deren waffentechnologische Konsequenzen erkannte. Einstein hatte 1905 keine Ahnung, daß seine Entdeckung des Verhältnisses von Energie und Masse ($E=mc^2$) durch Kernspaltung oder Kernfusion zur Herstellung von Atombomben führen könnte. Zu jener Zeit wußte man noch nicht einmal, aus welchen Teilen sich ein Atomkern zusammensetzt, was jedoch unabdingbar ist, um die Funktionsweise einer Bombe zu verstehen. Die Struktur des Atomkerns trat erst 1920 ins Blickfeld, als der britische Physiker Ernest Rutherford die Existenz von elektrisch neutralen Partikeln im Kern voraussagte. Diese 1932 von Rutherfords Kollegen und Landsmann James Chadwick entdeckten »Neutronen« lieferten ein entscheidendes Teilstück des nuklearen Puzzles, das zusammengesetzt werden mußte, ehe man Atomwaffen, Kernkraftwerke und die Nuklearmedizin entwickeln konnte. Diese kamen jedoch erst später und wurden, zumindest was die Atomwaffen betrifft, von Politikern, und nicht von Wissenschaftlern, in Auftrag gegeben und zum Einsatz gebracht.

Tatsächlich liegt die Verantwortung für wissenschaftliche Entdeckungen, die großen Schaden anrichten können, in erster Linie bei den Leuten, die ermächtigt sind, sie in die Praxis umzusetzen. Diese Entscheidungen kann man nicht einfach Wissenschaftlern und Ingenieuren überlassen, weil es immer Menschen geben wird, die bereit sind, für Geld oder ideologische Ziele sogar Massenvernichtungswaffen herzustellen. Wenn das Motiv, gefährliche Produkte zu entwickeln, moralisch gerechtfertigt scheint, wie beim Manhattan-Projekt während des Zweiten Weltkriegs, so treffen doch Politiker, damals Präsident Roosevelt, und nicht Wissenschaftler die Entscheidung und treiben die dafür nötigen Gelder auf. Da solche nationale Alleingänge heutzutage das Leben auf der Erde insgesamt in Gefahr bringen könnten, begegnet die internationale Gemeinschaft bereits ersten Anzeichen mit großer Wachsamkeit. Wenn eine Person, ein Unternehmen oder ein Staat gefährliche Produkte herstellt, ist die übrige Menschheit gezwungen, darauf zu reagieren, um sich selbst zu schützen.

Angesichts der erschreckenden Zerstörungsgewalt, die die Atombomben über Hiroshima und Nagasaki entfesselt hatten, setzten sich nach dem Zweiten Weltkrieg viele Wissenschaftler für eine Ächtung dieser Waffen ein. Der Kernphysiker J. Robert Oppenheimer, Direktor des Los Alamos National Laboratory, in dem die ersten Atombomben entwickelt und getestet worden waren, bekannte Präsident Henry Truman gegenüber: »Herr Präsident, an meinen Händen klebt Blut.« Lassen Sie mich zur Verteidigung der Wissenschaft als eines Prozesses noch anmerken, daß viele der späteren Probleme, die bei der friedlichen Nutzung der Kernenergie auftraten, technischer und nicht physikalischer Natur waren.

Technische Fehler sind in jeder Industriebranche ein ernstes Problem. Viele von uns sind betroffen und die meisten verärgert, wenn Autos wegen möglicherweise lebensbedrohlicher Fabrikationsmängel vom Hersteller zurückgerufen werden. Vermeiden lassen sich Probleme dieser Art jedoch nur, wenn man in einer Welt ohne Technologie und hochentwickelte Medizin lebt. Ich hoffe, gezeigt zu haben, daß der Preis einer solchen Alternative inakzeptabel wäre. Von den Krankheiten abgesehen, die uns heimsuchen würden, hätten wir alle weitaus weniger Möglichkeiten, unsere Lebensqualität zu erhalten oder zu erhöhen. Ein unvoreingenommener Blick auf unsere hochtechnisierte Gesellschaft kommt nicht umhin festzustellen, daß die meisten Produkte laufend verbessert und die in ihnen steckenden Gefahren minimiert werden.

Anstatt die Wissenschaft insgesamt abzulehnen, steht es jedem von uns frei, sich für oder gegen ihre Produkte zu entscheiden, indem er sie kauft oder nicht kauft.

Wissenschaftler und der wissenschaftliche Prozeß

Die Streitfrage, ob eine naturwissenschaftlich geprägte Weltsicht berechtigt ist oder nicht, wird durch weitverbreitete Mißverständnisse über das, was Wissenschaft *tut*, noch komplizierter. Viele Leute machen sich falsche Vorstellungen darüber, wie wir Physiker oder Astronomen uns wissenschaftliche Fakten aneignen, warum wir an sie glauben und wie sehr jeder andere dazu berechtigt ist. Es ist erstaunlich, daß Wissenschaftlern oft entweder mehr oder aber weniger zugetraut wird, als sie verdienen.

Viele Leute glauben, eine wissenschaftliche Entdeckung sei, einmal gemacht, irgendwie unantastbar. Das ist selten, wenn überhaupt je der Fall. Um es noch einmal zu betonen: Wissenschaft besteht darin, daß man Beobachtungen anstellt oder Versuche durchführt und dabei wissenschaftliche Theorien entwickelt, um die Ergebnisse zu erklären, die Theorien dann anhand von weiteren Beobachtungen und Experimenten testet und sie, wenn nötig, verbessert oder durch andere ersetzt.

Wenn eine Theorie etwas vorhersagt, das durch Beobachtungen oder Versuche bestätigt wird, fließt der Champagner – aber nicht, weil die Theorie bewiesen worden ist, sondern einfach deshalb, weil die Theorie mit der Realität übereinstimmt. Es gibt niemals eine Garantie dafür, daß die nächste Beobachtung oder der nächste Versuch – unter leicht veränderten Bedingungen – ebenso positive Resultate erbringen wird. Mit anderen Worten: *wissenschaftliche Theorien lassen sich nie als richtig erweisen.*

Beobachtungen und Experimente können Theorien untermauern, aber genausogut auch widerlegen, indem sie zeigen, daß diese mit der Wirklichkeit nicht im Einklang stehen. Wenn das geschieht, und es geschieht oft, müssen Wissenschaftler entscheiden, ob die Theorie überarbeitet oder durch eine andere ersetzt werden soll. Da Wissenschaftler auch nur Menschen sind, geben sie langgehegte Überzeugungen nur ungern auf und nehmen lieber Änderungen daran vor, bis sich zwischen den Daten und der Theorie wirklich unüberwindliche Widersprüche auftun. Wie man an der Theorie des stationären Kosmos sieht, bestehen einige selbst dann noch fort, und manche werden buchstäblich erst mit ihren Verfechtern zu Grabe getragen.

Sie werden zweifellos bemerkt haben, daß ich in den vorangegangenen Kapiteln mit dem Begriff »Theorie« recht großzügig umgegangen bin. In der Umgangssprache bedeutet »Theorie« eine unbewiesene Idee, Erklärung oder Methode, etwas zu tun. Daraus erklärt sich die irrige Vorstellung, wissenschaftliche Theorien seien einfach nur verrückte Ideen, die stimmen können oder auch nicht. Anders als naturwissenschaftliche Gesetze hält man Theorien für nicht eindeutig, eher vage. So klingt »Newtons Gravitationsgesetz« viel Respekt gebietender als »Einsteins Gravitationstheorie« (= Einsteins Allgemeine Relativitätstheorie), obwohl diese genauer und von weitaus größerer Wirkung ist als jene.

In den Naturwissenschaften hat der Begriff »Theorie« eine ganz andere Bedeutung. Eine naturwissenschaftliche Theorie besteht in der Regel aus mehreren Ideen, die ein physikalisches Phänomen erklären sollen. Sie läßt sich durch eine oder mehrere Gleichungen darstellen, die man, wenn nötig, überprüfen und verändern kann. Darwins Evolutionstheorie, Einsteins Relativitätstheorien und Daltons Atomtheorie machen allesamt verifizierbare Voraussagen, die überprüft und aufgrund von Beobachtungen und Versuchsergebnissen modifiziert worden sind.

Die Naturwissenschaften zeichnen sich auch dadurch aus, daß sie vor der Öffentlichkeit kaum je irgendwelche Erkenntnisse geheimhalten.[47] Wissenschaftler haben es sogar gern, wenn andere Leute etwas über ihr Fach erfahren. Weil wir wissen, wie interessant und befriedigend es ist, Einsichten in die Mechanismen des Kosmos zu gewinnen, freuen sich die meisten von uns, wissenschaftliche Entdeckungen und Erkenntnisse mit anderen zu teilen. Zudem kann im Prinzip jeder, der bereit ist, Zeit und Mühe aufzuwenden, um sich das nötige Hintergrundwissen und die wissenschaftliche Versuchs- und Beobachtungsmethodik anzueignen, die naturwissenschaftlichen Theorien auf ihre Tragfähigkeit überprüfen. (In der Praxis sind jedoch viele Experimente sehr kostspielig, so daß sich Interessenten Forschungsmittel beschaffen müßten, wie wir Wissenschaftler es tun.)

Es ist daher jeder eingeladen, sich mit den Naturwissenschaften zu beschäftigen. Auch ohne akademische Weihen können fähige Leute wichtige und interessante Dinge herausfinden. Wenn Sie zum Beispiel einen Himmelskörper beobachten möchten, könnten Sie sich vorübergehend an einem der astronomischen Observatorien bewerben. Ihr Antrag würde sachlich geprüft und die Meinung von Astronomen herangezogen werden. Hielte das Zulassungsgremium Ihre Beobachtungen für wichtig genug, so dürften Sie eine Zeitlang an einem Teleskop arbeiten.

Lassen wir uns nun noch einmal die schon weiter oben gestellte Frage durch den Kopf gehen, ob man sich für naturwissenschaftliche Theorien wie zum Beispiel der des Urknalls einfach deshalb entscheiden sollte, weil es die meisten Astronomen tun. Wenn Sie von einer Theorie hören, die von der Wissenschaftsgemeinde zur Erklärung gewisser Aspekte der Natur angenommen wurde, dann können Sie sicher sein, daß etliche Beobachtungen und Experimente stattfanden, die sie bestätigen. Alle Voraussagen der Urknalltheorie stimmen mit Beobachtungen überein, und bisher steht *keine andere kosmologische Theo-*

rie mit allen durchgeführten Beobachtungen im Einklang. Deshalb halten nahezu alle Astronomen sie für zutreffend, und das könnte auch Sie von ihrer Richtigkeit überzeugen, wenn Sie denn wollen.

Sowohl in der Wissenschaft als auch im alltäglichen Leben fällt es uns schwer, Überzeugungen zu ändern. Der Prozeß des Umdenkens ist oft so quälend und langwierig, daß wir am Ende an früheren Fehlurteilen festhalten und uns gleichzeitig neue Informationen zu eigen machen, die jene möglicherweise widerlegen. Damit wir dies tun können, errichten wir eine geistige Barriere zwischen den widersprüchlichen Elementen der beiden Denksysteme und durchbrechen sie nur, wenn wir gezwungen sind, bestimmte Vorstellungen unter einen Hut zu bringen. So sitzen oft in unseren Köpfen von Kindheit an widerstreitende Überzeugungen, die sich nicht vereinbaren lassen. Ich kenne tiefreligiöse Wissenschaftler, die ihr Berufsleben damit verbrachten, Theorien aufzustellen, deren Aussage zu den Lehren ihres Glaubens im Widerspruch stand.

Wir Menschen sind Bündel von Widersprüchen und kommen damit erstaunlich gut zurecht. Wir urteilen aufgrund von falschen Vorstellungen und unserem Gefühl, das meistens trügt. Wir vertrauen unzuverlässigen Informationsquellen und handeln nach Überzeugungen, die wir für die reine Wahrheit halten, weil man es uns einmal so beigebracht hat. Wir tun Dinge, deren negative Folgen uns klar bewußt sind. Ob wir auf der Autobahn dahinrasen oder zu viel Alkohol trinken, wir wissen genau, daß uns das nicht guttut. Aber der Geschwindigkeitsrausch beziehungsweise das Bedürfnis, der schmerzlichen Wirklichkeit zu entfliehen, setzt unser Urteilsvermögen außer Kraft. Wir reden lieber von der auf Abgase zurückzuführenden Umweltverschmutzung, als auf das eigene Auto zu verzichten – bis der Schaden so groß ist, daß man ihn nicht mehr übersehen kann. Oft schaffen wir es, ohne eine wissenschaftliche Einschätzung der Natur zu überleben, und sogar recht gut. Aber reicht das? Soll sich unser Leben darin erschöpfen, daß wir auf falschen Informationen unsere Sicht der Welt gründen? Ich denke, wir können Besseres tun.

Epilog

Spätestens als Teenager haben sich die meisten von uns eine Reihe von Vorstellungen darüber zurechtgebastelt, wie und warum das Universum begann, wie die Erde entstand, warum wir als Individuen hier sind und dergleichen mehr. Ich nenne das eine Privatkosmologie. In der Regel unterscheiden sich solche privaten Modelle von der allgemeinen Kosmologie, die von Astrophysikern und anderen Naturwissenschaftlern ständig weiterentwickelt wird. Privatkosmologien sind geprägt durch die individuell einzigartigen Erfahrungen, die ein jeder Mensch beim Heranwachsen macht, und oft durch religiöse Erziehung. Viele Menschen glauben zum Beispiel, die Erde habe sich als unmittelbare Folge des Urknalls gebildet, aus dem das Universum hervorging, und nicht erst circa acht Milliarden Jahre später aus den Trümmern früherer Sterne. Andere sind überzeugt davon, daß Gott die Erde in sechs Tagen erschaffen hat, sie erst sechstausend Jahre alt ist und von einer Flut biblischen Ausmaßes bedeckt war. Diese Auffassungen stehen im Widerspruch zur offiziellen Kosmologie, die auf astronomischen und geologischen Beobachtungen und daraus abgeleiteten Theorien beruht. Zuweilen halten Menschen an ihren von der Bibel geprägten Vorstellungen ein Leben lang fest, aber heutzutage stehen uns so viele andere Informationsquellen zur Verfügung, daß sich Privatkosmologien mit der Zeit häufig weiterentwickeln oder sogar radikal ändern.

Alljährlich nehmen an meinem Einführungskurs in die Astronomie einige Studenten teil, die sich zum fundamentalistischen Christentum bekennen. Durch ausführliche Gespräche habe ich erfahren, daß sie alles, was ich sage und was ihren religiösen Überzeugungen widerspricht, einfach für ein alternatives Glaubenssystem halten, das sie für die Prüfungen lernen und gleich danach wieder vergessen. Anderen fällt es sehr schwer, sich mit der astrophysikalischen Version kosmischer Ereignisse zu befassen. Mehrere Studenten erzählten mir, in welchen inneren Zwiespalt sie in der Lehrveranstaltung geraten waren, die Sachverhalte behandelte, die für sie zuvor reine Glaubensfragen gewesen waren, wie etwa die Entstehung der Erde und die Entwicklung des Lebens. Sie fühlten sich zutiefst verunsichert und beunruhigt, als ihnen klarwurde, daß die Naturwissenschaften ein riesiges System von Theorien entwickelt haben, das viele Dinge erklären kann, ohne von einem Eingreifen Gottes ausgehen zu müssen.

Der Gegensatz zwischen der Logik, Vorhersagegenauigkeit und inneren Folgerichtigkeit naturwissenschaftlicher Theorien und den unberechenbaren und in sich widersprüchlichen theologischen Erklärungen des Kosmos kann Menschen, die willens sind, beide Deutungsmuster wirklich gegeneinander abzuwägen, in große seelische Bedrängnis bringen. Viele der Studenten, mit denen ich sprach, äußerten Wut, manchmal mir, meist jedoch ihren Religionslehrern, Pfarrern, Eltern gegenüber, auf deren Druck hin sie sich Privatkosmologien zurechtgelegt hatten, die, wie sie nun feststellen mußten, falsch waren. Ich verlor diese bibelgläubigen Studenten meist schnell aus den Augen, so daß ich nie erfuhr, ob einer von ihnen aufgrund des an der Universität Gelernten seine Privatkosmologie ersetzte oder deutlich korrigierte. Es wäre interessant, dies herauszufinden.

Privatkosmologien sind selten vollständig, aber die meisten von uns benutzen, was wir für wahr halten, um über Antworten zu verfügen, wenn man uns über den Kosmos (oder eigentlich jedes andere Wissensgebiet) Fragen stellt, die wir noch nie zuvor bedacht haben. Wenn ich zum Beispiel frage, wo in der Milchstraße unser Sonnensystem sitzt, lauten die Antworten gemeinhin: in der Mitte (falsch, aber plausibel, weil sich von unserem Blickwinkel aus die Milchstraße rund um die Erde ausdehnt), in einem Spiralarm (falsch, aber aus dem eben genannten Grund plausibel) und außerhalb der Milchstraße (falsch, aber plausibel, weil wir »in unserer Nähe« keine Sterne sehen).[48] Genau genommen, liegt das Sonnensystem zwischen zwei Spiralarmen.

Es ließen sich noch viele Beispiele anführen: Alle Sterne sind von der Erde gleich weit entfernt; alle Sterne in der Galaxie sind mit bloßem Auge sichtbar (auf jeden Stern, den wir erkennen, kommen in der Galaxie 30 Millionen Sterne, die wir nicht sehen können); Sterne bestehen immer und ewig (je nach Masse scheinen sie über einen Zeitraum von zwischen ein paar tausend Millionen und über hundert Milliarden Jahren); Sterne entwickeln sich nicht (das tun sie sehr wohl: Alle Elemente in Ihrem Körper außer Wasserstoff, Helium und Lithium haben sich im Innern von Sternen gebildet, die einen Großteil ihres Inhalts durch Supernovaexplosionen in den Weltraum zurückschleuderten); die Sternbildung hörte vor vielen Milliarden Jahren auf (wir beobachten sie täglich); es gibt viel weniger Sterne, als tatsächlich existieren (mindestens 10 000 Billionen Sterne gibt es im Universum); es gibt nur eine Galaxie im Weltall oder allenfalls einige wenige.

Anders als eine Religion, die Ihren Glauben fordert und Ihnen dafür absolute Wahrheit verspricht, ermuntert Sie die Wissenschaft zu selbständigem, kritischem Denken und verspricht Ihnen nur, beim Aussortieren logischer Vorstellungen aus unlogischen zu helfen. So hat sich gezeigt, daß die Theorie des stationären Kosmos im Unterschied zur Urknalltheorie nicht begründet ist. Obwohl letztere einen konzeptionellen Rahmen darstellt, um die Evolution des Kosmos zu verstehen, gibt es absolut keine Garantie, daß alle gegenwärtig als wahr erkannten Details stimmen.

Höchstwahrscheinlich ist zumindest bei einigen das Gegenteil der Fall. Worin besteht dann also der Vorteil eines naturwissenschaftlichen Standpunkts, der einer Sache nie absolut sicher sein kann, gegenüber einem Standpunkt auf einem Fundament religiösen Glaubens? In der intellektuellen Freiheit – dem Recht, alles und jedermann hinsichtlich seiner Behauptungen und Überzeugungen in Frage zu stellen, jeden Aspekt der Natur zu prüfen, eigene Ideen zu verfechten und sie auf den Prüfstand gestellt zu sehen. Unsere falschen Vorstellungen zu erkennen und zu überwinden, ist der erste Schritt zur Befreiung unseres Geistes. Erst dann verstehen wir, wie unsere Welt tatsächlich funktioniert, und können dieses Wissen anwenden, um unser Leben selbst in die Hand zu nehmen.

Anhang

Anmerkungen

1. Kapitel

1 Wenn Sie noch dazu die Umlaufbahn der Erde um die Sonne für einen Kreis halten, dann müssen Sie unsere wechselnde Entfernung von der Sonne natürlich mit einer kreisförmigen Umlaufbahn in Einklang bringen. Vielleicht befindet sich die Sonne gar nicht im Mittelpunkt des kreisrunden Orbits. Tatsächlich ergaben die Beobachtungen, die Tycho Brahe (1546–1601) unter Anleitung von Johannes Kepler (1571–1630) durchführte, daß alle Planeten die Sonne auf elliptischen Umlaufbahnen umkreisen.

2 Die Menschen werden immer wieder ermahnt, während einer Sonnenfinsternis nie in die Sonne zu blicken. Das ist ein vernünftiger Rat. Diese strengen Warnungen werden jedoch nur bei Sonnenfinsternissen ausgesprochen, was bei vielen Leuten den Eindruck erweckt, man könne zu anderen Zeiten ohne weiteres in die Sonne schauen. Doch man sollte nie länger als für einen Sekundenbruchteil direkt in die Sonne oder ihre Spiegelung blicken. Sie ist eine zu mächtige Energiequelle, als daß Ihre Augen es ohne extremen Schutz unbeschadet überstehen würden, einen längeren Blick auf unser Zentralgestirn zu riskieren. Solche mit speziellen Filtern versehene Schutzbrillen können Sie bei Herstellern von astronomischen Geräten beziehen.

3 Bei dem Attribut »rotglühend« denkt man spontan an einen extrem heißen Gegenstand. Von allen Objekten, die, weil sie heiß sind oder brennen, glühen, sind die rot glühenden am kältesten. Dagegen gehören blau glühende Gegenständen zu den heißesten, was uns erstaunt, da wir mit der Farbe blau normalerweise Kälte, Frische oder Gletscher assoziieren.

4 Die Sonnenmasse errechnet man aus einer Gleichung, die sich aus Newtons Gravitationsgesetz ergibt. Wissen muß man dazu lediglich die Entfernung eines Planeten (das heißt der Erde) von der Sonne und dessen Umlaufzeit um die Sonne. Diese Werte eingesetzt, erhält man aus der Gleichung die Sonnenmasse.

5 »Ein namhafter Wissenschaftler (man sagt, es sei Bertrand Russell gewesen) hielt einmal einen öffentlichen Vortrag über Astronomie. Er schilderte, wie die Erde um die Sonne und die Sonne ihrerseits um den Mittelpunkt einer riesigen Ansammlung von Sternen kreist, die wir unsere Galaxis nennen. Als der Vortrag beendet war, stand hinten im Saal eine kleine alte Dame auf und erklärte: ›Was Sie uns da erzählt haben, stimmt alles nicht. In Wirklichkeit ist die Welt eine flache Scheibe, die von einer Riesenschildkröte auf dem Rücken getragen wird.‹ Mit einem überlegenen Lächeln hielt der Wissenschaftler ihr entgegen: ›Und worauf steht die Schildkröte?‹ – ›Sehr schlau, junger Mann‹, parierte die alte Dame. ›Ich werde es Ihnen sagen: Da stehen lauter Schildkröten aufeinander.‹« (Stephen Hawking, *Eine kurze Geschichte der Zeit*, dt. v. H. Kober, München 2001, S. 7)

6 Der Gasschweif wird oft als Ionenschweif bezeichnet, da das Gas hauptsächlich aus Kernen besteht, die von weniger Elektronen als gewöhnlich umgeben sind. Solche Kerne nennt man Ionen.

7 Am Ende des Albums *Dark Side of The Moon* erklärt eine leise Stimme, daß der Mond gar keine dunkle Seite, wie eben definiert, habe.

8 Vergessen Sie nicht, daß der Mond zu ganz unterschiedlichen Tages- und Nachtzeiten aufgeht, je nach der Phase, in der er sich gerade befindet.

9 Entgegen landläufiger Auffassung sieht man den Mond auch tagsüber. Ja, er ist bei Tag genau so oft zu sehen wie während der Nacht.

10 Statt sie hier einzufügen, habe ich die gesamte [englischsprachige] Liste ins Netz gestellt unter http://www.umephy.maine.edu/ncomins/. Vielleicht finden Sie dort auch Meinungen, die Sie vertreten oder vertraten, und Sie können neue hinzufügen, richtige Erklärungen über Phänomene auf der Liste liefern und Links vorschlagen.

2. Kapitel

11 Um Ihnen noch einmal vor Augen zu führen, wie schwierig das Problem mit der Sprache ist: Weil diese Wendungen aus Wörtern des normalen Sprachgebrauchs gebildet sind, fallen Ihnen beim bloßen Lesen sofort ihre gewöhnlichen Bedeutungen ein. Daher verbinden Sie mit jedem Ausdruck eigentlich immer schon ein bestimmtes Vorverständnis, ehe Ihnen seine fachspezifische Definition in einem theoretischen Kontext klar wird.

12 Ein Gegenbeispiel ist die Urknalltheorie. Hier gingen die Gleichungen den Beobachtungen voraus.

13 Die berühmteste Ausnahme war Aristarch von Samos, ein Philosoph aus dem dritten vorchristlichen Jahrhundert, der glaubte, daß alles um die Sonne kreise.

14 Hitze äußert sich dadurch, daß sie Atome und Moleküle in Schwingung versetzt oder zum Fließen bringt. Je heißer ein Gegenstand ist, desto mehr bewegen sich seine Atome und Moleküle.

15 Es gibt durchaus wissenschaftliche Anhaltspunkte dafür, daß eine positive Lebenseinstellung Menschen in Zeiten von Krankheit helfen kann. Falls Gebete zu dieser Haltung beitragen, dann fördern natürlich auch sie den Genesungsprozeß. Wenn Sie Leute kennen, die für Sie beten, kann auch deren Einstellung helfen. Aber das ist etwas anderes, als wenn Leute für Ihre Genesung beten, ohne daß Sie davon wissen. Unzweifelhaft haben Menschen, die auf die Kraft des Gebets statt auf ärztliche Behandlung vertrauten, zahllose Tode und viel unnötiges Leiden verursacht.

16 Null Grad auf der Kelvin-Skala entsprechen minus 273 Grad auf der Celsius-Skala, null Grad Celsius entsprechen 273 Grad Kelvin.

17 Es gibt mehr Sterne in Doppelsternsystemen als isolierte Sterne wie die Sonne. Mindestens die Hälfte aller Objekte, die Sie als »Sterne« am Nachthimmel wahrnehmen, sind in Wirklichkeit Doppelsternsysteme. Dies bedeutet, daß zwei Drittel aller Sterne in unserer näheren Umgebung der Galaxie sich in Doppelsternsystemen befinden.

3. Kapitel

18 Interessanterweise glaubte man im biblischen Zeitalter, die menschliche Seele bestehe aus sieben Eigenschaften, die auf den Einfluß der damals bekannten fünf Planeten plus Sonne und Mond zurückgingen. Diese Sinne waren Sprache, Gehör, Geruch, Sehvermögen, Geschmack, Lebhaftigkeit und Gefühl. Die beiden letztgenannten fielen dann später einer exakteren Begriffsdefinition zum Opfer.

19 Streuung nennt man den Vorgang, wenn Licht auf unberechenbare Weise in alle Richtungen ausgeschickt wird, während es beim Vorgang der Spiegelung in eine bestimmte, vorhersehbare Richtung fällt. Die Atmosphäre streut violettes Licht, das sie durchdringt, stärker als andersfarbiges Licht, in absteigender Reihenfolge folgen: Blau, Grün, Gelb, Orange und Rot. Da Violett am stärksten gestreut wird, müßte eigentlich, so könnten Sie vermuten, der Himmel violett aussehen. Die Sonne emittiert jedoch viel weniger violettes als blaues Licht, weshalb der Himmel blau aussieht.

20 Er sagte auch, daß die Sonne im Weltraum blendend weiß aussieht.

21 Letzteres behaupten Leute aufgrund der Beobachtung, daß die Milchstraße, die wir am Nachthimmel sehen, weit weg von uns und daher außerhalb der Region zu sein scheint, in der die Erde sich befindet.

22 Im landläufigen Sinne versteht man unter »Sternbild« eine charakteristische Gruppe von Sternen, etwa den Großen Wagen oder eben Orion. Im wissenschaftlichen Gebrauch versteht man unter Sternbild (oder Konstellation) jedoch ein Gebiet an der Himmelskugel, in dem nicht nur die namengebende Sterngruppe, sondern auch noch viele andere Objekte liegen. Der Himmel ist in 88 unregelmäßig geformte Sternbilder unterteilt.

23 Ein Lichtjahr entspricht der Entfernung, die Licht in einem Jahr durch leeren Raum zurücklegt, nämlich 946 050 000 000 Kilometer.

24 Wieviel unsichtbare, gegenwärtig noch unentdeckte Materie es im Universum gibt, wissen wir aufgrund ihrer Gravi-

tationswirkung auf sichtbare Materie wie etwa Sterne. Wir können die Gesamtmasse berechnen, die dafür sorgt, daß Sterne einschließlich der Sonne auf ihren Umlaufbahnen um den Mittelpunkt unserer Galaxie bleiben. Man beobachtet die Bahnen der Sterne und setzt sie dann mittels einfacher Gleichungen in Relation zu der Schwerkraft, die auf jene Himmelskörper wirken muß. Durch Subtraktion der Gravitationswirkungen der gesamten beobachtbaren Materie kommt man auf die Menge an unsichtbarer Materie, die vorhanden sein muß, um die Himmelskörper auf ihren beobachteten Umlaufbahnen zu halten. Die unsichtbare Materie wird oft dunkle Masse oder fehlende Masse genannt. Letztere Bezeichnung ist irreführend, sie »fehlt« ja nicht, wir haben sie bloß noch nicht entdeckt. Beschaffenheit und Eigenschaften der dunklen Materie sind noch strittig.

25 Ich danke Alan Cromer (Autor des Buchs *Uncommon Sense*) und entschuldige mich bei Thomas Paine (1737–1809).

26 Andere innere Drehbücher, die einige von uns benutzen, entsprechen weder dem gesunden Menschenverstand, noch helfen sie uns beim Überleben. Wenn man zum Beispiel dazu neigt, Menschen in Klischees zu zwängen, enthebt man sich der Notwendigkeit, mit ihnen zu kommunizieren und herauszufinden, wie sie wirklich sind.

27 Stichwort Common sense in *Webster's College Dictionary*, New York 1991.

28 Übergeneralisierung ist die Übersetzung des Begriffs »overgeneralization« und bezeichnet in wissenschaftlichen Zusammenhängen ungerechtfertigte, unrichtige Verallgemeinerungen (A. d. Ü.)

29 Man sollte nicht vergessen zu erwähnen, daß die meisten Sterne in verschiedenen Sternbildern keine Muster bilden, die ihren Namensvettern ähneln. Es würde mich interessieren, ob Sie im Kleinen Löwen einen Löwen, in Cepheus einen König, in der Leier eine Harfe, in Bootes einen Bärenjäger oder im Kleinen Hund einen kleinen Hund entdecken können.

30 Ich werde hier nicht definieren, was lebt und was nicht. Es ist so schwer zu bestimmen, was Leben ausmacht, daß es keine allgemeingültige Definition gibt. Außerdem wird es für unsere Zwecke in dieser Erörterung Ihre vom gesunden Menschenverstand diktierte Auffassung von Leben tun.

4. Kapitel

31 Superstring-Theorien versuchen, die grundlegenden Merkmale von Teilchen und den spezifischen Zusammenhang der in der Natur waltenden Kräfte (Gravitation, Elektromagnetismus sowie die schwachen und starken Kernkräfte) zu beschreiben.

32 Die meisten Wissenschaftshistoriker würden wohl behaupten, daß die Ursprünge der Naturwissenschaften in der Kultur des antiken Griechenlands vor 3000 Jahren lagen, und ich würde dem zustimmen. Die Wissenschaft, verstanden als Prozeß (vgl. 1. Kapitel), nahm indessen erst zur Zeit Roger Bacons (1214–1294) Gestalt an und entfaltete sich in der Renaissance des 15. Jahrhunderts zu voller Blüte.

33 Das Wissen um die fiebersenkenden (schmerzlindernden) Eigenschaften der Rinde war seit Jahrhunderten, wenn nicht sogar Jahrtausenden überall dort auf der Welt verbreitet, wo Menschen Zugang zu Weidenbäumen hatten. Schamanen und Medizinmänner wußten außerdem von einer Vielzahl anderer Heilmittel und wandten sie an. Einige halfen, andere nicht, aber damals verstand niemand, warum und wieso.

34 Ich füge ausdrücklich »die die Natur studieren« hinzu, weil Wissenschaftler, die nicht über ihr Fachgebiet nachdenken, oft ähnlich falsche, dem gesunden Menschenverstand geschuldete Überlegungen anstellen wie alle anderen auch.

5. Kapitel

35 Lassen Sie sich zum Beispiel »Simpson's Paradox« durch den Kopf gehen: Angenommen, Sie müssen sich einer Operation unterziehen und können sie im St. Mary's oder im St. Jude's Krankenhaus durchführen lassen. Sie fragen Ihren Arzt, der Ihnen erklärt, die Sterblichkeit (Todesfälle innerhalb von sechs Wochen nach dem Eingriff und infolge desselben) liege im St. Mary's bei 37/1000 und im St. Jude's bei 30/1000. In welchem Krankenhaus würden Sie sich also operieren lassen? Spontan würden Sie sich natürlich

für das St. Jude's entscheiden, aber das könnte sich als Fehler erweisen. Sie gehen der Sache weiter nach und erfahren, daß im St. Mary's von 1000 Leuten, die sich, wie Sie, vor der Operation bei guter Gesundheit befinden (laut Statistik), 12 sterben, während es im St. Jude's 15 von 1000 sind. Bei Leuten mit schlechter körperlicher Verfassung beträgt die Sterblichkeitsrate im St. Mary's 42 von 1000, im St. Jude's 46 von 1000. Moment mal! Wie kann das St. Jude's mit einer niedrigeren Gesamtsterblichkeitziffer bei Operationen höhere Sterblichkeitsziffern für Patienten in guter und in schlechter körperlicher Verfassung haben? Angesichts dieses Ergebnisses sollten Sie sich doch lieber im St. Mary's operieren lassen, obwohl es Ihnen intuitiv zuwiderläuft. Die Auflösung dieses scheinbaren Paradoxons ist die Anzahl von Patienten in guter und in schlechter gesundheitlicher Verfassung an den beiden Krankenhäusern. Von allen Patienten, die am St. Mary's operiert werden, sind mehr bei schlechter als bei guter Gesundheit. Dies hebt die Gesamtsterblichkeitsrate von Operationspatienten im St. Mary's. Von den Patienten, die sich am St. Jude's operieren lassen, befinden sich mehr in guter als in schlechter körperlicher Verfassung, was die Gesamtsterblichkeitsrate von Operationspatienten im St. Jude's senkt. Sie sollten den Eingriff also doch lieber im St. Mary's vornehmen lassen.

36 Eine detailliertere Erörterung dieses Problems finden Sie unter »New Thoughts on Understanding the Moon Illusion« im Internet bei
www.griffithobs.org/IPSMoonIllus.html
oder in *Planetarium* 14, 4, Dez. 1985.

37 Ich persönlich glaube durchaus, daß man auf dem Mars oder in seinem Innern primitive Lebensformen entdecken wird. Auch flußbettartige Strukturen auf der Oberfläche dieses Planeten scheinen tatsächlich durch strömendes Wasser hervorgerufen worden zu sein. Ich habe von den Alternativen für die Strukturen nur gesprochen, um darauf hinzuweisen, daß wir allzu gern Ideen oder Ergebnisse annehmen, die unsere Vorstellungen bestätigen, und jene verwerfen oder abwerten, mit denen wir nicht übereinstimmen. Mit Hilfe eines mittelgroßen Fernrohrs können Sie

übrigens auch auf unserem Mond gewundene flußbettartige Strukturen erkennen. Sie entstanden, als unterirdische Magmaströme erstarrten, wobei sich Hohlräume bildeten, die dann einbrachen und auf der Mondoberfläche Rillen hinterließen.

38 Die Allgemeine Relativitätstheorie im einzelnen darzulegen, würde den Rahmen dieses Buchs sprengen, aber Sie erfahren mehr darüber bei Kip Thorne, *Black Holes and Time Warps* (*Gekrümmter Raum und verbogene Zeit*), um nur eine von mehreren Veröffentlichungen zu diesem Thema zu nennen.

39 Anders als der gesunde Menschenverstand vermuten würde, heißt das, daß wir uns nicht im Mittelpunkt des Universums befinden. Würden Sie dieselben Beobachtungen von irgendeiner anderen Galaxie aus anstellen, kämen sie auf die gleichen Ergebnisse.

40 Interessanterweise haben 1998 Beobachtungen gezeigt, daß das Universum womöglich schneller expandiert, als mit der Gewalt der Urknall-Explosion zu erklären ist, auf die es nach Auffassung der meisten Astronomen zurückgeht. Es dehnt sich offenbar zunehmend schneller aus, was eine ständige äußere (Antigravitations-)Kraft erfordern würde. Um dieses Phänomen zu erklären, kehren die Astronomen zu der verschmähten kosmologischen Konstante zurück und setzen sie wieder in die Gleichungen ein.

41 Diese Analogie ist eigentlich irreführend, weil die Ausdehnung von Materie und Energie im Universum mit der Expansion des Raums zusammenfällt. Als das Universum kleiner war, war es daher auch der Raum, der die gesamte Materie und Energie enthielt. Als das All die Größe eines Golfballs hatte, war dies auch der Rauminhalt des Weltraums. Es gab kein getrenntes »Außen«, in welchem das winzige, expandierende Universum hätte existieren können.

6. Kapitel

42 Im Falle der meisten Themen vertreten die Leute mehrheitlich eine von ein paar falschen Auffassungen, die dazu im

Umlauf sind, und nur eine relativ geringe Anzahl hängt einer der wenigen entlegenen irrigen Ansichten an. Da man in solchen Fällen die verbreiteten falschen Vorstellungen und deren Grundlagen kennt, wird dieser Ansatz möglich. Einige Themen sind jedoch so weit von der Alltagserfahrung entfernt, daß ihre Erklärung verschiedene Leute zu einer ganzen Reihe unterschiedlicher falscher Ansichten führt, die viel schwerer anzugehen sind. Fragen Sie zum Beispiel einmal in Ihrem Bekanntenkreis, wie ein Polarlicht entsteht, und Sie werden Dutzende von (falschen) Erklärungen bekommen.

7. Kapitel

43 Meine drei Lieblingsbücher zum Thema kritisches Denken sind: Theodore Schick Jr. und Lewis Vaughan, *How to Think About Weird Things: Critical Thinking for a New Age;* Carl Sagan, *The Demon-Haunted World: Science as a Candle in the Dark* (*Der Drache in meiner Garage oder die Kunst der Wissenschaft, Unsinn zu entlarven*); Thomas Gilovich, *How We Know What Isn't So: The Fallibility of Human Reasoning in Everyday Life.* Diese Bücher liefern weitere Einsichten darüber, wie man in einer Welt mit Schieflage das Gleichgewicht bewahrt.

44 Das Phänomen, wonach die Versuchsteilnehmer nur deshalb ihr Verhalten ändern, weil sie von den mit ihnen durchgeführten Studien wissen, bezeichnet man als Hawthorne-Effekt (nach dem Namen des Werks, in dem die Studie durchgeführt wurde).

45 Dies ist noch nicht gelungen, aber es wurden bei solchen Versuchen einige der Vorläufermoleküle erzeugt, die eine Vorstufe der komplexeren Moleküle sind, aus denen Lebewesen bestehen.

8. Kapitel

46 Nach Einsteins Spezieller Relativitätstheorie ist es möglich, der Zeit vorauszureisen. Wie im 4. Kapitel angesprochen, besteht diese Möglichkeit, weil, sowie Dinge sich schneller

fortbewegen, ihre Uhren langsamer ticken. Mit anderen Worten, wenn Sie in einem Raumschiff mit annähernd Lichtgeschwindigkeit ins All aufbrechen und dann zur Erde zurückkehren würden, wären die Leute hier viel mehr gealtert als Sie. Wenn Sie lange und schnell genug gereist wären, könnten Sie nach Tausenden von Jahren oder mehr zurückkommen und wären nur um ein paar Jahre gealtert.

47 Ausnahmen von der Regel sind militärische und industrielle Geheimnisse, die jedoch auch nicht an unbeteiligte Wissenschaftler weitergegeben werden. Bei geheimgehaltenen Projekten geht es zumeist weniger um Wissenschaft als um technische Informationen. Jeder, der sich wirklich über ein wissenschaftliches Thema informieren möchte, das gegenwärtig nur ausgewählten, zur Geheimhaltung verpflichteten Wissenschaftlern in Militär und Industrie bekannt ist, kann dies unter anderen Vorzeichen durchaus tun, zum Beispiel als Forscher an einer Universität.

Epilog

48 »Nähe« ist natürlich ein relativer Begriff. Wenn wir zum Nachthimmel emporblicken, kommen uns die Entfernungen zu Sternen sehr groß vor im Vergleich zu allem, was uns sonst vertraut ist. Oft haben wir den Eindruck, die Erde sei vom übrigen Kosmos völlig isoliert. Trotz der offensichtlichen Ferne der Sterne unterschätzen die meisten Leute noch immer ihre Entfernungen, und nennen gewöhnlich Millionen oder Milliarden von Kilometern. Tatsächlich ist jedoch der uns nächste Stern, Proxima Centauri, 40 Billionen Kilometer von der Erde entfernt.

Ausgewählte Literatur

Armstrong, Thomas, Multiple Intelligences in the Classroom. Alexandria, Va.: Association for Supervision and Curriculum Development, 1994.

Arons, Arnold B., A Guide to Introductory Physics Teaching. New York 1990.

Bad Astronomy: www.badastronomy.com

Baron, Joan Boykoff und Robert J. Sternberg (Hrsg.), Teaching Thinking Skills: Theory and Practice. New York 1987.

Burnham, John C., How Superstition Won and Science Lost: Popularizing Science and Health in the United States. New Brunswick, N. J., 1987.

Cromer, Alan, Uncommon Sense: The Heretical Nature of Science. New York 1993.

Damer, T. Edward, Attacking Faulty Reasoning: A Practical Guide to Fallacy-Free Argument. Blemont, Calif., [4]2000.

Gardner, Howard, Multiple Intelligences: The Theory in Practice. New York 1993.

–, The Unschooled Mind: How Children Think and How Schools Should Teach. New York 1991.

–, Der ungeschulte Kopf: Wie Kinder denken. Stuttgart 1993.

Gardner, Martin, Science: Good, Bad and Bogus. Buffalo, N. Y., 1981.

–, Kabarett der Täuschungen: unter dem Deckmantel der Wissenschaft. Berlin 1981.

Gentner, Dedre und Albert L. Stevens (Hrsg.), Mental Models. Hillsdale, N. J., 1983.

Giere, Ronald N., Understanding Scientific Reasoning. New York [4]1998.

Gilovich, Thomas, How We Know What Isn't So: The Fallibility of Human Reasoning in Everyday Life. New York 1991.

Gleick, James, Faster: The Acceleration of Just About Everything. New York 1999.

–, Schneller!: Eine Zeitreise durch die Turbo-Gesellschaft. Stuttgart/München 2000.

Gouguenheim, Lucienne, Derek McNally und John R. Percy (Hrsg.), New Trends in Astronomy Teaching: IAU Colloquium 162. Cambridge 1998.

Harding, T. Swann, The Joy of Ignorance. New York 1932.
Hawking, Stephen W., A Brief History of Time: From the Big Bang to Black Holes. New York 1988.
–, Eine kurze Geschichte der Zeit. Die Suche nach der Urkraft des Universums. Hamburg 1988.
Helm, Hugh und Joseph Novak, Proceedings of the International Seminar on Misconceptions in Science and Mathematics. Ithaca, N. Y., 1983.
Holton, Gerald, Einstein, History and Other Passions: The Rebellion Against Science at the End of the Twentieth Century. New York 1996.
–, Einstein, die Geschichte und andere Leidenschaften: der Kampf gegen die Wissenschaft am Ende des 20. Jahrhunderts. Braunschweig 1998.
Jastrow, Joseph (Hrsg.), The Story of Human Error. Freeport, N. Y., 1936.
Lipps, Jere H., Beyond Reason: Science in the Mass Media. In: J. W. Schopf (Hrsg.), Evolution! Facts and Fallacies. San Diego 1999.
Mackay, Charles, Extraordinary Popular Delusions and the Madness of Crowds. 1841; Reprint, New York 1932.
–, Außergewöhnliche, populäre Illusionen und die Wahnsinnsspekulationen großer Menschenmassen. München 1992.
Nelkin, Dorothy, Selling Science: How the Press Covers Science and Technology. New York 1995.
Nickell, Joe, Entities: Angels, Spirits, Demons, and Other Alien Beings. Buffalo, N. Y., 1995.
Nickerson, Raymond S., Reflections on Reasoning. Hillsdale, N. J., 1986.
Nickerson, Raymond S., David N. Perkins und Edward E. Smith, The Teaching of Thinking. Hillsdale, N. J., 1985.
Novak, Joseph, Proceedings of the Second International Seminar on Misconceptions in Science and Mathematics. Ithaca, N.Y., 1987.
–, http://www2.ucsc.edu/mlrg/mlrghome.html
–, http://www2.ucsc.edu/mlrg/proc1abstracts.html
–, http://www2.ucsc.edu/mlrg/proc2abstracts.html
–, http://www2.ucsc.edu/mlrg/proc3abstracts.html
–, http://www2.ucsc.edu/mlrg/proc4abstracts.html
Odenwald, Sten, The Astronomy Café: 365 Questions and Answers from »Ask the Astronomer«. New York 1998.

Paulos, John Allen, Innumeracy: Mathematical Illiteracy and Its Consequences. New York 1990.

–, Zahlenblind: mathematisches Analphabetentum und seine Konsequenzen. München 1990.

Pirsig, Robert, Zen and the Art of Motorcycle Maintenance. New York 1984.

–, Zen und die Kunst, ein Motorrad zu warten: ein Versuch über Werte. Frankfurt a. M. 1992.

Randi, James, Flim-Flam! Psychics, ESP, Unicorns, and Other Delusions. Buffalo, N. Y., 1988.

Rothman, Milton A., The Science Gap: Dispelling the Mythos and Understanding the Reality of Science. Buffalo, N. Y., 1992.

Rutherford, F. James und Andrew Ahlgren, Science for All Americans: Education for a Changing Future. New York 1990.

Sadler, Philip Michael, The Initial Knowledge State of High School Astronomy Students. Ph.D. Diss., Graduate School of Education, Harvard University, 1992.

Sagan, Carl, The Demon-Haunted World: Science as a Candle in the Dark. New York 1995.

–, Der Drache in meiner Garage oder die Kunst der Wissenschaft, Unsinn zu entlarven. München 1997

Sagan, Carl and Thornton Page (Hrsg.), UFOs – A Scientific Debate. Ithaca, N. Y., 1972.

Schick, Theodore, Jr. und Lewis Vaughan, How to Think About Weird Things: Critical Thinking for a New Age. Mountain View, Calif., ^{2}1999.

Schnabel, Jim, Round in Circles: Physicists, Poltergeists, Pranksters, and the Secret History of the Cropwatchers. Buffalo, N. Y., 1994.

Scott, P. H., H. M. Asoko und R. H. Driver, Teaching for Conceptual Change: A Review of Strategies. In: R. Duit, F. Goldberg und H. Niederer (Hrsg.), Research in Physics Learning: Theoretical Issues and Empirical Studies. Proceedings of an International Workshop. IPN 131, 310–329. Kiel 1991.

Seeds, Michael A., Foundations of Astronomy: 1999 Edition. Belmont, Calif., 1999.

Shermer, Michael, Why People Believe Weird Things: Pseudoscience, Superstition, and Other Confusions of Our Time. New York 1997.

Stepans, Joseph, Targeting Students' Science Misconceptions: Physical Science Activities Using the Conceptual Change Model. Riverview, Fla., 1994.

Thorne, Kip S., Black Holes & Time Warps: Einstein's Outrageous Legacy. New York 1994.

–, Gekrümmter Raum und verbogene Zeit: Einsteins Vermächtnis. München 1994.

White, Richard T., Learning Science. Oxford 1988.

Wiggam, Albert Edward, Sorry But You're Wrong About That. Indianapolis, Ind., 1931.

Wolpert, Lewis, The Unnatural Nature of Science. Cambridge, Mass., 1992.

Ziman, John, The Force of Knowledge: The Scientific Dimension of Society. Cambridge 1976.

–, Reliable Knowledge: An Exploration of the Grounds for Belief in Science. Cambridge 1978.

–, Wie zuverlässig ist wissenschaftliche Erkenntnis? Braunschweig 1982.

–, Teaching and Learning About Science and Society. Cambridge 1980.

Bildnachweis

Abb. 1: Yerkes-Observatorium der University of Chicago

Abb. 2, 3, 5, 7, 9, 10, 12, 13, 14, 16: aus *Discovering the Universe* von Neil F. Comins und William J. Kaufmann III., © Neil F. Comins; mit freundlicher Genehmigung des Verlags W. H. Freeman & Co.

Abb. 4: aus *Universe* von William J. Kaufmann III. und Roger A. Freedman, © 1999 mit freundlicher Genehmigung des Verlags W. H. Freeman & Co.

Abb. 6: mit Änderungen übernommen aus *Astronomy Today* von Eric Chaisson und Steve McMillan, © 1996 Prentice Hall

Abb. 8: Fotografien des Yerkes-Observatorium; Graphik aus: *Discovering the Universe* von Neil F. Comins und William J. Kaufmann III.

Abb. 11: Mitgeteilt von Professor Joel Mintzes

Abb. 15: William C. Keel, University of Alabama, Lowell Observatory

Abb. 17, 19: NASA

Abb. 18: mit Änderungen übernommen aus *Foundations of Astronomy*, von Michael A. Seeds, © 1999 Wadsworth

Register